Python+ChatGPT

办公自动化**实战**

杨永刚 □ 著

人民邮电出版社

北京

图书在版编目（CIP）数据

Python+ChatGPT 办公自动化实战 / 杨永刚著.
北京 ：人民邮电出版社，2024. 9. -- ISBN 978-7-115
-64687-3

Ⅰ. TP18

中国国家版本馆 CIP 数据核字第 2024H839K8 号

内 容 提 要

本书对 Python 在职场办公领域的应用进行了系统梳理与介绍，讲解了使用 ChatGPT 进行 Python 代码编写的方法。全书共 12 章，第 1～7 章主要围绕与 Python 办公自动化相关的基础知识及 ChatGPT 入门知识展开；第 8～12 章包括文件操作自动化，Word、PPT 办公自动化，Excel 办公自动化，PDF 文档操作自动化和邮件发送，数据分析与可视化等内容。本书提供了丰富的案例，并配有相关资源，以增强读者的实战能力。

本书内容易学易懂，适合追求高效工作、对办公自动化感兴趣的职场人士阅读。

◆ 著　　　　杨永刚
　　责任编辑　贾鸿飞
　　责任印制　王 郁　胡 南
◆ 人民邮电出版社出版发行　北京市丰台区成寿寺路 11 号
　　邮编　100164　电子邮件　315@ptpress.com.cn
　　网址　https://www.ptpress.com.cn
　　三河市君旺印务有限公司印刷
◆ 开本：800×1000　1/16
　　印张：22.5　　　　　　　　2024 年 9 月第 1 版
　　字数：508 千字　　　　　　2024 年 9 月河北第 1 次印刷

定价：99.90 元

读者服务热线：(010)81055410　印装质量热线：(010)81055316
反盗版热线：(010)81055315
广告经营许可证：京东市监广登字 20170147 号

前言
PREFACE

作为人工智能、云计算、大数据、物联网等热门技术背后的主要应用语言之一，Python这些年得到迅猛普及。

Python的代码很简洁，可加载许多优秀的模块快速实现复杂的功能。完成一项同样的工作，C语言可能要1000行代码，Java可能要100行代码，而Python可能只要10行代码。

因此，各大培训机构纷纷推出各种Python培训课程，招聘网站上要求会Python的岗位比比皆是，教育部教育考试院在全国计算机等级考试二级考试科目中加入了Python语言程序设计……可以预见，未来会有更多的人学习Python，使用Python编程可能就像现在使用Office软件办公般普遍。

但是，很多人在学习Python的过程中遇到了各种困难。

有些人工作繁忙，虽然想学习用Python实现办公自动化，却总是被各种琐碎的事打断，有心无力。

有些人学习Python没有目标和计划，不知道自己该往哪个方向发展，导致"三天打鱼，两天晒网"，最后只能"从入门到放弃"。

有些人虽然一直在学，但是脑海中没有建立Python办公自动化的知识体系，很难真正将所学知识用到实际工作中。

大部分人学习Python遇到的问题，我也遇到过。于是我就想，有没有办法帮助大家渡过这个难关，从而享受Python带来的便捷与美好呢？值得一提的是，2023年，成熟的人工智能大语言模型应用问世并迅速风靡全球，经验证，它能帮助我们更高效地学习Python。

在长达20年的职场生涯中，我积累了一些高效学习的经验，发现无论是编程、写作还是沟通，都有一些共通的部分，而这些共通的部分就是高效学习的基础逻辑。

于是，我把高效学习的思路融进了本书。希望通过思维导图、支持碎片化学习等方式帮助读者快速搭建起学习Python办公自动化的知识框架，也希望读者拥有一种轻松学习的心态。

简而言之，希望本书能让读者在学习Python办公自动化相关知识的过程中，感受到广度、深度和温度，进而掌握相关技能。

本书针对的读者

本书从结构上可以分为两部分，前7章为Python和ChatGPT的基础知识，后5章为几个不同的应用方向，读者可以有选择地进行学习。

1. Python初学者

本书的每一章都采用循序渐进的讲解方法，初学者可以在短时间内入门 Python 办公自动化。书中提供的大量案例，可以帮助初学者理解 Python 办公自动化中的一些疑点和难点。

2. 职场人士

推荐职场人士根据应用场景重点学习办公自动化（第 8 章～第 11 章）和数据分析与可视化（第 12 章），学会利用 Python 操作 Word、Excel 等办公软件，工作起来如虎添翼。

3. 培训机构的教师和学员

本书提供了众多的代码和丰富的案例 *，这些案例都是从实际项目演变而来的。通过举一反三，读者可快速将案例经验变为实战经验。

学习方法

在编排上，本书内容主要由入门知识、代码演示、实战案例三大部分组成。

入门知识：通过图解、比喻、类比等方式循序渐进地讲解知识点。

代码演示：每一个知识点都配有代码进行解释，并展示代码执行结果，方便读者对照学习。

实战案例：通过对案例的讲解，帮助读者将所学知识快速应用到实际工作中，且所有案例涉及的知识点都在前 7 章的基础知识部分讲解过。

我提倡利用碎片化时间学习本书，比如：早晨，用 15 分钟学习概念；中午，用 30 分钟进行巩固；晚上，用 1 小时学习编写代码。本书在每一章的开始都列出学习需要的时间、目标知识点和学习要求，照此计划执行，学习完本书内容只需要约 21 天。

建议读者能够对每章的知识点进行复盘，并且形成可以交付的成果，如代码、思维导图、PPT、视频、文章等。这样做的好处是，可以快速搭建 Python 办公自动化的知识框架，同时有助于理解高效学习的精髓。

本书配套资源

读者可以加入"Python办公自动化实战"QQ群（群号：865358767），获取完整的配套资源，也可以在群里交流和互相学习，快速解决实际问题。读者还可以关注我的微信公众号"Python有温度"，学习编程知识及获取帮助。

最后，祝大家在学习 Python 办公自动化的道路上一帆风顺！

致谢

感谢我的家人，如果没有他们的悉心照顾和鼓励，我不可能完成本书。

感谢人民邮电出版社的编辑贾鸿飞老师，他的鼓励和帮助引导我顺利地完成了写作。

最后，谨以此书，献给我远在天国的父亲。您永远都是我的榜样。

杨永刚
2023 年 12 月

---

* 注：本书所有实例用到的数据均为虚拟数据，仅作为演示示例使用，与任何现实数据无对应关系。

目 录

CONTENTS

第 1 章

Python及其在办公中的应用

在职场办公中用好工具，往往可以事半功倍。Python 在办公中的应用场景非常多，第 1 章主要就 Python 的办公自动化应用、Python 的开发环境搭建、相关开发工具 VS Code 编辑器等做了简单介绍，并帮读者着手写出第一个 Python 程序。

本章的目标知识点与学习要求如表 1-1 所示。

表 1-1　　　　　　　　　　　　　　目标知识点与学习要求

时间	目标知识点	学习要求
1 天	• Python 办公自动化应用场景 • 安装 Python 和创建开发环境 • 安装 VS Code 编辑器	• 了解和熟悉 Python 在办公中的应用场景 • 用 VS Code 编写第一个程序 • 编写一个 Python+Excel 的办公自动化程序 • 亲自写一遍代码

▶1.1　为什么要用Python实现办公自动化

为什么要用 Python 实现办公自动化？

在回答这个问题之前，先来看看什么是办公自动化。

办公自动化（Office Automation，OA）是将现代化办公和计算机技术结合起来的一种办公方式。办公自动化没有统一的定义，一般来说，采用各种新技术、新工艺、新设备办公，都属于办公自动化的范畴。办公自动化常用的软件有 Word、Excel、PPT 等。

那么，日常办公中的什么任务可以自动化？

比如有一家大型企业，计划 2022 年招聘各类技术和管理人员 500 名，招聘方式有校园招聘、社会招聘、猎头公司推荐以及内推等。招聘会涉及各种各样的文档，典型的有求职者的个人简历、报名人员的信息汇总表、面试人员的成绩排序表、人员的录用通知单以及劳动合同等。

要整理这么多文档，该如何做呢？如果有一套人力资源管理系统，人力资源管理者可能动动鼠标就能轻松搞定。但如果没有，该怎么办呢？

如果只有 10 份简历，人力资源管理者可以通过手动操作，逐一打开简历，把关键信息找到，然后复制粘贴到报名人员的信息汇总表中。但是如果有 1000 份简历呢？

让烦琐的、重复的工作自动化，是引入程序开发的一个重要理由。Python 简单易懂，且拥有强大的第三方库，我们能想到的功能，几乎都能在其中找到相应的模块来实现。我们只需要了解一些基础的 Python 知识以及与办公自动化相关的库，就能快速上手。

当我们发现工作变得重复的时候，就可以考虑通过设计程序来解决。

▶1.2 Python办公自动化应用场景

Python 办公自动化的主要应用及其相应的库如图 1-1 所示。

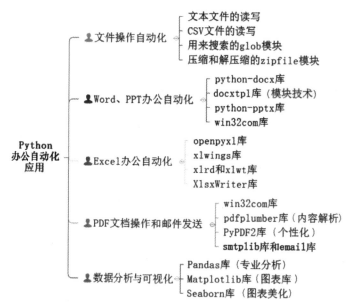

图1-1　Python办公自动化应用及其相应的库

接下来一一进行介绍。

（1）文件操作自动化。

工作中，人力资源或综合岗位经常需要整理员工信息、物品信息等，比如创建员工姓名文件夹、重命名文件、复制文件等。当需要整理的信息很多时，进行任何小的修改都会耗时耗力，无形中增加了很多工作量。

通过 Python 和文件交互，只需少许代码，就能轻松搞定工作。

（2）Word、PPT 办公自动化。

很多人制作简历、汇报材料少不了用 Word 和 PPT。使用 python-docx 库对大量的简历进行筛选，不必一份份打开看，在很短时间内就能找到需要的简历。

商贸公司每天都需要向很多家客户发送当天的产品报价信息，也就意味着每天都要重复修改价格和时间。作为资料员，使用 docxtpl 库很快就能批量完成，不用一个个打开文档修改。

（3）Excel 办公自动化。

人力资源、审计、财务、物流、生产、销售等岗位经常用到 Excel。Python 提供了 openpyxl、xlwings 等数量众多的库，根据场景选择适合的库可快速完成 Excel 相关工作。

（4）PDF 文档操作和邮件发送。

在工作中，有时会面临从上百份 PDF 资料中找出关键字并生成明细，以及对多个 PDF 文档拆分或合并、加密传输的情况。使用 Python 能快速解决这些问题。另外，可以使用 smtplib、email 等库，让邮件发送自动化变得非常简单。

（5）数据可视化分析。

在大数据时代，人们对数据的价值越来越重视。数据可以帮助企业领导进行决策、发现业务蓝海、提高用户的忠诚度等，数据分析和挖掘技术得到了日益广泛的应用。Python 在数据分析方面有名的工具库有 NumPy、Pandas、Matplotlib 等。其中，NumPy 提供了许多数学计算的数据结构和方法，较 Python 自带的列表效率高很多；Pandas 是基于 NumPy 实现的数据处理工具，提供了大量数据统计、分析方面的模型和方法；Matplotlib 是 Python 中最基础的绘图工具，功能丰富，定制性强，可满足日常各类绘图需求。

▶1.3　创建Python开发环境

本书所有案例均可在 Windows 7 和 Windows 10 操作系统下运行，使用的 Python 版本为 3.8.2，开发工具采用了 VS Code 编辑器。

1.3.1　Python的下载和安装

在 Python 的官网上可以下载 Python 3.8.2 的安装包。在官网的下载页面中，选择对应的版本号，本书中演示代码所用的 Python 是在 Windows 系统中使用的，所以选择页面中的 Windows x86-64 executable installer 类型。

双击下载好的安装文件 Python 3.8.2 (64-bit) Setup，启动安装程序。记住勾选下方的

"Add Python 3.8 to PATH"复选框，并单击"Customize installation"链接，如图 1-2 所示。

图1-2　Python安装配置界面（1）

在 Optional Features 界面中，勾选全部复选框，单击"Next"按钮，如图 1-3 所示。

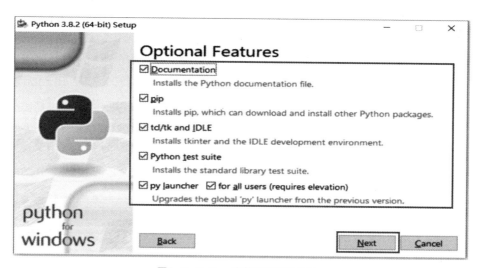

图1-3　Python安装配置界面（2）

在 Advanced Options 界面中，勾选第 2、3、4 个复选框，然后选择安装路径，单击"Install"按钮，等待安装完成，如图 1-4 所示。

如果安装界面中出现"Successful"字样，说明 Python 安装成功。

接下来进行测试。按 Win+R 组合键，在运行界面输入命令"cmd"，按 Enter 键进入命令提示符窗口，执行命令"python"，若显示结果如图 1-5 所示，则说明安装成功。

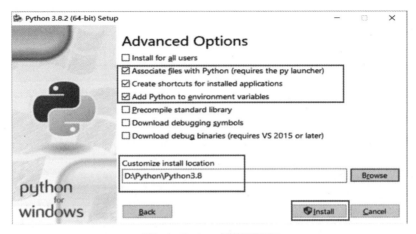

图1-4 Python安装配置界面

图1-5 安装成功

1.3.2 IDLE

IDLE 是 Python 软件包自带的集成开发环境，初学者可以利用它方便地编写、运行、测试和调试 Python 程序。

安装好 Python 后，IDLE 是默认安装好的，可以单击菜单 "开始" → "Python 3.8" → "IDLE（Python 3.8 64-bit）" 启动，如图 1-6 所示。

图1-6 启动IDLE

启动 IDLE 后，可以在 IDLE 内执行 Python 命令，利用 IDLE 可以与 Python 进行命令行互动。输入 print（"hello Python"），按 Enter 键就可以看到输出效果，如图 1-7 所示。

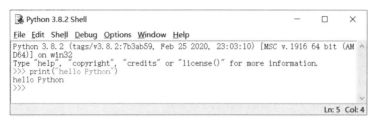

图1-7　IDLE下的代码输出效果

1.4　VS Code编辑器

Visual Studio Code（简称 VS Code）是一款免费的、开源的现代化轻量级代码编辑器，支持 Windows、macOS 和 Linux 系统。其拥有丰富的插件生态系统，可通过安装插件使其支持 C++、C#、Python、PHP 等 30 多种语言。

本书主要基于 VS Code 编辑器进行讲解，读者可以使用 VS Code 编辑器高效、快捷地编写 Python 代码。

1.4.1　VS Code的下载与安装

在 VS Code 官网上，根据自己的操作系统版本下载相应的 VS Code 版本。本书使用的是适用于 Windows 系统的 1.45.1 版本。

下载 VSCodeSetup-x64-1.45.1.exe 文件后，双击直接运行。然后单击"下一步"按钮就可以完成安装。如图 1-8 所示，可以勾选全部复选框。

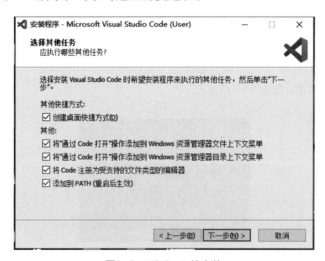

图1-8　VS Code的安装

VS Code 的启动界面如图 1-9 所示。

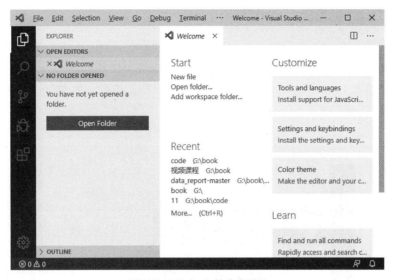

图1-9 VS Code的启动界面

1.4.2 将VS Code设置成中文界面

VS Code 的界面默认是英文版本的，如果不习惯，可以设置成中文界面。在 VS Code 中设置中文界面，需要安装插件。

安装插件的界面如图 1-10 所示，单击左侧边栏中线框标注处的按钮，然后在搜索框中输入"chinese"，在出现的选项中选择"Chinese (Simplified) Language Pack for Visual Studio Code"，单击"Install"按钮进行安装。安装完语言包，需要重新启动 VS Code 才可以看到中文界面。

图1-10 为VS Code 安装中文插件

1.4.3 为VS Code配置Python环境

为了能在 VS Code 中正常运行 Python 代码，需要安装 Python 插件。在 VS Code 界面中单击左侧的扩展按钮，输入"python"，选择微软（Microsoft）的 Python 插件，单击"安装"按钮进行安装，如图 1-11 所示。安装完成之后会提示重新启动。安装好这个插件后，就能流畅地开发 Python 程序了。

图1-11　为VS Code中安装Python插件

1.5　第一个Python程序"hello python"

在 VS Code 界面中单击菜单"文件"→"新建文件"，将文件命名为"hello.py"，把新建的文件保存为 Python 格式。

下列代码演示第一个程序，源代码见 code\1\hello.py。

```
print('hello python')
```

单击右上角的绿色三角形按钮就可以运行程序，这样就可以在终端看到输出结果，如图 1-12 所示。

图1-12　第一个程序输出

这里的 print() 函数是学习 Python 遇到的第一个内置函数。print() 函数的作用是把必要的数据输出到终端设备上，以便查看程序状态、代码运行结果等。

1.6　用Python操作Excel的入门程序

这里根据一些姓名，批量生成以姓名为名称的 Excel 文件。

在编写第一个操作 Excel 的程序前，需要导入 openpyxl 库。使用 pip 命令可以方便快捷地安装 openpyxl 库，打开 Windows 的命令提示符窗口，执行以下命令。

```
pip install openpyxl
```

如果在安装过程中遇到问题，请阅读第 6 章的模块部分。

下列代码演示用 Python 调用 openpyxl 库，且根据人员姓名生成对应的 Excel 文件，源代码见 code\1\build_name.py。

```
1    from openpyxl import Workbook
2    names=["刘一","陈二","张三","李四","王五","赵六","孙七","周八","吴九","郑十"]
3    for i in names:
4      # 新建工作簿对象
5        wb = Workbook()
6        filename=f"d:\info\人员信息_{i}.xlsx"
7        # 必须保存后，上述操作才能生效。
8      wb.save(filename)
```

代码执行结果如图 1-13 所示。其中代码的含义会在后文详细介绍。

通过 Python 和 openpyxl 库的强大组合，我们仅仅用了短短的 8 行代码就给工作带来了便利。这个例子还可以扩展为从文件名中读取人员姓名，感兴趣的读者可以自行尝试。

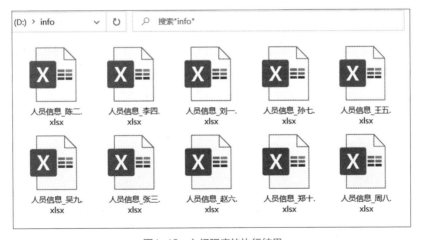

图1-13　入门程序的执行结果

第 **2** 章

Python基础

第2章介绍变量、标识符、内置函数、数字类型、输入和输出、字符串和运算符等知识。这些知识请重点消化、掌握，在后续的开发实战中，这些基础知识非常重要。

本章的目标知识点与学习要求如表2-1所示。

表 2-1 目标知识点与学习要求

时间	目标知识点	学习要求
第1天	• 变量 • 标识符 • 数字类型 • 字符串	• 理解变量 • 了解标识符的使用规则 • 熟悉数字类型和字符串
第2天	• 输入和输出 • 代码注释 • 缩进 • 运算符	• 熟悉字符串的常用方法以及格式化方式 • 理解输入和输出 • 理解运算符

▶2.1　变量

变量可以看作符号，代表的是数据。比如一个门牌号代表着一栋房屋，这里的门牌号就是变量。

变量不仅可以是数字，还可以是其他类型的数据。在 Python 程序中，变量用变量名表示，变量名可以是英文字母，也可以是英文字母、数字和下划线（_）的组合，但不能以数字开头。需要注意的是，Python 变量名是区分大小写的，比如 name 和 Name 是两个完全不同的变量。

在 Python 中，如果要使用一个变量，不需要提前定义类型，在用的时候直接给这个变量赋值即可。这里特别强调，如果要用一个变量，就要给这个变量赋值。

将一个值通过等号（=）赋给变量名，就完成了变量的赋值。变量的类型和值在赋值时被初始化。同一个变量可以被反复赋值。

声明变量的语法格式如下。

```
name=value
```

其中，name 是变量名，value 为变量的值。

下列代码演示变量的赋值，源代码见 code\2\var_assign.py。

```
1  a=1
2  b=2.5
3  c='python'
4  print(a)
5  print(b)
6  print(c)
7  a='hello'
8  print(a)
```

其中，第 1 行代码将整数值赋给变量 a，第 2 行代码将浮点数值赋给变量 b，代码的执行结果如下。

```
1
2.5
python
hello
```

对变量必须按照一定的规范命名，要遵循 Python 标识符的命名规范。接下来，一起学习标识符。

▶2.2　标识符

标识符是用户编程时使用的名字，用于给变量、函数等命名，以建立名称与其使用对象之间的关系。

Python 标识符的命名规则如图 2-1 所示。

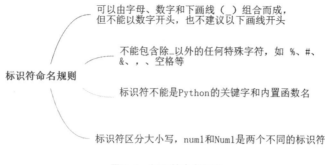

图2-1　标识符命名规则

图 2-2 给出了部分正确的标识符命名和错误的标识符命名。

图2-2　部分正确的标识符命名和错误的标识符命名

2.3　关键字

变量的命名要避免和 Python 关键字重名。

关键字是 Python 预先定义的有特定意义的标识符，供 Python 自身使用。有时候关键字也叫作保留字。关键字不能用于其他用途，否则会引起语法错误。在 Python 3.8 中，预留的关键字有 35 个，数量比之前的版本有所增加。

下列代码用来获取 Python 中的关键字，源代码见 code\2\keyword.py。

```
1  import keyword
2  print(keyword.kwlist)
```

代码的执行结果如下。

```
['False', 'None', 'True', 'and', 'as', 'assert', 'async', 'await', 'break',
'class', 'continue', 'def', 'del', 'elif', 'else', 'except', 'finally', 'for',
'from', 'global', 'if', 'import', 'in', 'is', 'lambda', 'nonlocal', 'not', 'or',
'pass', 'raise', 'return', 'try', 'while', 'with', 'yield']
```

Python 3.8 的 35 个预留关键字如图 2-3 所示。

Python 3.8的35个关键字				
False	None	True	and	as
assert	async	await	break	class
continue	def	del	elif	else
except	finally	for	from	global
if	import	in	is	lambda
nonlocal	not	or	pass	raise
return	try	while	with	yield

图2-3　Python 3.8的关键字

2.4　内置函数

函数是一段可以复用的代码。关于函数更多的内容，将在第 5 章中详细介绍。

内置函数指 BIF（built in function），就是 Python 自带的函数。开发者可以不导入任何模块而直接使用。不建议使用 Python 中的内置函数名作为变量名。

Python 3.8 有 69 个内置函数。具体的内置函数以官方文档为主。本书配套资源包含 69 个内置函数的思维导图。

2.5　数字类型

在 Python 中声明的每个变量都有一个确定的数据类型。数据类型使得变量具有确定的使用方法，比如，数字类型的变量可以参与加减乘除运算。

Python 中最基本的数据类型有以下 6 种：数字（Number）、字符串（String）、列表（List）、元组（Tuple）、集合（Set）、字典（Dictionary）。

本节先介绍数字类型，其余的数据类型将在后文介绍。

数字类型有整数类型（int）、浮点数类型（float）和布尔类型（bool）。

2.5.1　整数类型

整数类型包括正整数、负整数和 0，不包括小数、分数。可以使用 Python 的内置函数 type() 查看变量的数据类型。

下列代码演示整数类型的定义和使用，源代码见 code\2\number_int.py。

```
1  a=2
2  b=3
3  c=2222222222222222222222222
4  # 输出 a 和 b 之和
5  print(a+b)
6  # 输出 a 和 b 的乘积
```

13

```
7    print(a*b)
8    #查看a、b和c的数据类型
9    print(type(a))
10   print(type(b))
11   print(type(c))
```

代码的执行结果如下。

```
5
6
<class 'int'>
<class 'int'>
<class 'int'>
```

2.5.2 浮点数类型

浮点数类型，简写为 float，由整数部分与小数部分组成。浮点数类型可以使用科学记数法表示，科学记数法会使用大写的 E 或小写的 e 表示 10 的指数，如 $3.8e2=3.8 \times 10^2=380$。

下列代码演示浮点数类型数字的输出，源代码见 code\2\number_float.py。

```
1    print(3.8)
2    print(3.8e2)#相当于3.8与10的平方的积
3    print(3.8e-2) #相当于3.8与10的-2次方的积
```

代码的执行结果如下。

```
3.8
380.0
0.038
```

2.5.3 布尔类型

在 Python 中，布尔类型简写为 bool，代表真、假值，分别用 True 和 False 表示（请注意大小写）。布尔类型用于表示逻辑判断结果，其中的 True 可以用 1 替换，代表"真"；False 可以用 0 替换，代表"假"。布尔类型在 if 选择语句、for 循环语句中比较常见。关于 if 选择语句、for 循环语句的使用方法，在第 3 章中会详细介绍。

下列代码演示布尔类型的运算，源代码见 code\2\number_bool.py。

```
1    flag=False
2    print(flag)
3    flag=True
4    print(flag)
5    print(True+True)#布尔类型相加，相当于数字相加：1+1=2。
6    print(True+False)#布尔类型相加，相当于数字相加：1+0=1。
7    print(False+False)#布尔类型相加，相当于数字相加：0+0=0。
```

```
8    #True==1 与 False==0 会返回 Ture。
9    print(True==1)
10   print(False==0)
```

代码的执行结果如下。

```
False
True
2
1
0
True
True
```

2.6 输入和输出

编程中有两个基本概念：输入和输出。简单来说，输入就是程序通过外部设备获取数据或指令，输出就是将信息"打印"到显示器。在 Python 中，使用 input() 函数输入数据，使用 print() 函数输出数据。

2.6.1 input()函数

在 Python 中的输入功能由内置函数 input() 实现，其语法格式如下。

```
input()
```

input() 会等待键盘输入，可以添加键盘提示信息，返回值是字符串类型，如果需要整数类型必须强制进行类型转换。

下列代码演示 input() 函数的用法，源代码见 code\2\input_1.py。

```
1    # 等待键盘输入
2    name = input('请输入名字:')
3    print(name)
```

代码执行后，结果显示区域会提示"请输入名字:"，此时输入"python"，按 Enter 键，结果显示如下。

```
请输入名字:python
python
```

2.6.2 print()函数

print() 函数已经提及很多次了。在程序运行过程中，可使用 print() 函数把必要的数据输出到显示器，以便查看程序状态、数据结果等，这在 Python 程序的调试中很有用。

Python 的输出显示通过内置函数 print() 完成，其语法格式如下。

```
print(value, …, sep='', end='\n')
```

其中，参数 value 指用户要输出的信息，后面的 "…" 表示可以有多个要输出的信息。

sep 指输出信息之间的分隔符，默认值是一个空格。

end 指所有信息输出之后添加的符号，默认值为换行符。

下列代码演示 print() 函数的用法，源代码见 code\2\print.py。

```
1   username="python"
2   age="18"
3   print('你的姓名 :',username,'你的年龄 :',age)
```

代码的执行结果如下。

```
你的姓名 : python 你的年龄 : 18
```

从输出结果来看，print() 函数默认以空格分隔多个变量。可以通过 sep 参数进行设置，改变默认的分隔符。

下列代码演示 print() 函数中分隔符的用法，源代码见 code\2\print_sep.py。

```
1   username="python"
2   age="18"
3   #换一种分隔符
4   print('你的姓名 :',username,'你的年龄 :',age,sep='|')
```

代码的执行结果如下。

```
你的姓名 :|python| 你的年龄 :|18
```

print() 函数执行后默认是换行的，如果不想换行，就需要改变 print() 函数默认换行的参数 end。

下列代码演示 print() 函数中 end 参数的用法，源代码见 code\2\print_end.py。

```
1   print("今天讲解的是 print() 函数的用法 ",end=' ')
2   print(" 谢谢 ")
```

代码的执行结果如下。

```
今天讲解的是 print() 函数的用法  谢谢
```

2.7 注释

Python 中的注释可以分为单行注释和多行注释。注释的最大用途是提高代码的可读性，让阅读或修改代码的人能够快速理解代码的含义。

使用注释有几个原则，如图 2-4 所示。

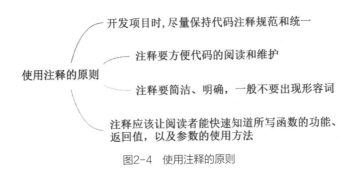

图2-4　使用注释的原则

2.7.1　单行注释

Python 中的单行注释以 # 开头，# 右边的任何内容都会被当作注释。

下列代码演示单行注释的方法，源代码见 code\2\notes1.py。

```
1    # 当我写这段代码的时候，只有老天和我自己知道我在做什么。
2    # 现在，只剩老天知道了
3    print("print() 函数里的内容可以输出 ")
```

代码的执行结果如下。

```
print() 函数里的内容可以输出
```

2.7.2　多行注释

在 Python 中也会出现有很多行注释的情况，这时就需要使用多行注释符。多行注释用 3 个单引号或 3 个双引号表示。

下列代码演示多行注释的方法，源代码见 code\2\notes2.py。

```
1    '''
2    ******************************************************************
3    * @File name: notes.py
4    * @Author: yyg
5    * @Version: 1.0
6    * @Date: 2020-01-24
7    * @Description: 多行注释的用法
8    * @CopyRight:2020
9    ******************************************************************
10   '''
11   print("print() 函数里的内容可以输出 !!")
```

代码的执行结果如下，注释部分不会被输出。

```
print() 函数里的内容可以输出 !!
```

17

▶2.8 缩进

Python 采用代码缩进（Indentation）和冒号（:）区分代码之间的层次。

Python 规定必须使用 4 个空格来表示每级缩进，不建议使用 Tab 键。Python 对缩进非常敏感，对代码格式要求非常严格。

在 VS Code 中很容易看到缩进的变化，更有利于编写严谨的代码（源代码见 code\2\codeIndentation.py）。如图 2-5 所示，可以看到第 4、5、7、8、9 行行首的 4 个缩进点号。

如果缩进点号少于或多于 4 个呢？如图 2-6 所示，其中，第 9 行行首只有 3 个缩进点号。

```
✿ codeIndentation.py
1  #定义变量，并赋初值
2  age=20
3  if (age>=8):
4  ····#如果大于8，则执行下面的代码块
5  ····print("雯雯，你不是一个小孩子了，要懂事了")
6  else:
7  ····#否则，执行下面的代码块
8  ····print("雯雯还是小孩子，这次我忍了")
9  ····print("不管几岁，你始终是我的宝贝")
```

图2-5 VS Code中的缩进（1）

```
✿ codeIndentation.py
1  #定义变量，并赋初值
2  age=20
3  if (age>=8):
4  ····#如果大于8，则执行下面的代码块
5  ····print("雯雯，你不是一个小孩子了，要懂事了")
6  else:
7  ····#否则，执行下面的代码块
8  ····print("雯雯还是小孩子，这次我忍了")
9  ···print("不管几岁，你始终是我的宝贝")
```

图2-6 VS Code中的缩进（2）

代码的执行报错，如下所示。

```
PS E:\book> & D:/Python/Python38/python.exe E:/book/code/2/codeIndentation.py
  File "e:/book/code/2/codeIndentation.py", line 10
print(" 不管几岁，你始终是我的宝贝 ")
IndentationError: unindent does not match any outer indentation level
```

最后一句指匹配不到其他的缩进级别。

VS Code 之所以使用者众多，主要原因就是在这些细节方面做得非常好，方便编码。读者可以通过 VS Code 轻松地学习 Python 办公自动化。

▶2.9 字符串入门

在 Python 中，字符串可以用来做注释内容，以及使用字符串变量定义内容。字符串通常由单引号（'）、双引号（"），或者由 3 个单引号或 3 个双引号引起来的任意文本组成，并且引号必须成对出现。引起来的内容可以是任何字符，可以是英文，也可以是中文。

创建字符串很简单，为变量分配一个带引号的值即可。下面是正确的字符串定义示例。

```
str1='hello world'
str2="python"
str3='''python'''
```

下列代码演示字符串的使用，源代码见 code\2\python_str.py。

```
1  strName='Life is short,you need Python'
2  print(strName)
```

代码的执行结果如下。

```
Life is short,you need Python
```

2.9.1 基本操作

字符串的基本操作主要包括通过索引获取字符串中的字符、重复输出字符串、修改字符串和连接字符串。

1. 通过索引获取字符串中的字符

定义如下所示的字符串。

```
str_name ="I Love Python"
```

字符串在计算机内存中的存储顺序如图 2-7 所示。

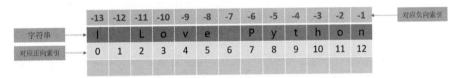

图2-7　字符串存储顺序

从图 2-7 中可以看到，字符串中的每一个字符都对应一个正向索引和一个负向索引，可以利用 "[索引]" 的方式来获取字符串对应的值，这种读取方式称为索引读取。字符串的索引可以从 0 开始，到字符串的最大长度 −1；也可以从 −1 开始，到字符串的最大长度。

下列代码演示通过索引获取字符串中的字符，源代码见 code\2\str_define.py。

```
1  str_name='I Love Python'
2  print(len(str_name))
3  print(str_name[0])
4  print(str_name[7])
5  print(str_name[-13])
6  print(str_name[-6])
```

代码的执行结果如下。

```
13
I
P
I
P
```

其中，len() 函数可以获取字符串的长度。通过索引方式获取字符串中的内容，可以使用正向索引，也可以使用负向索引，如 str_name[7] 和 str_name[-6] 得到同样的值 "P"。

2. 重复输出字符串

有时候需要对一个字符串重复输出多次，可以使用星号（*）。* 代表重复操作。

下列代码演示重复输出字符串，源代码见 code\2\str_repeat.py。

```
1  a='hello python'
2  print(a*3)
```

代码的执行结果如下。

```
hello python hello python hello python
```

3. 修改字符串

在 Python 中，可通过字符串的切片方式对字符串进行修改。

下列代码演示错误的字符串修改方式，源代码见 code\2\str_modify_err.py。

```
1  a='hello python'
2  a[1]='f'
```

代码的执行报错，如下所示。

```
Traceback (most recent call last):
  File "e:/book/code/2/str_modify.py", line 2, in <module>
a[1]='f'
TypeError: 'str' object does not support item assignment
```

大致的意思是，str 对象不支持项目的赋值。无法对字符串的某一个字符直接进行修改。

下列代码演示使用切片方式修改字符串，源代码见 code\2\str_modify.py。

```
1  a='I Love Python'
2  b=a[0:7]+"Life"
3  print(b)
```

代码的执行结果如下。

```
I Love Life
```

其中 a[0:7] 属于字符串的切片用法，将在 2.9.3 小节进行详细介绍。

4. 连接字符串

连接两个字符串使用加号 "+" 进行操作。

下列代码演示字符串的连接，源代码见 code\2\str_add.py。

```
1  a="hello"
2  b="python"
3  #用加号连接三个字符串
```

```
4  c=a+","+b
5  print(c)
```

代码的执行结果如下。

```
hello,python
```

当对多个字符串进行连接时，推荐使用 join() 函数，性能更好。join() 函数会在后文详细介绍。

2.9.2 字符串转义

在 Python 中，当需要在字符串中使用一些特殊字符时，需要用到反斜线（\）表示的转义字符。Python 中常见的转义字符如表 2-2 所示。

表 2-2 常见的转义字符

转义字符	说明
\\	反斜线
\'	单引号
\"	双引号
\t	制表符
\r	回车符
\n	换行符

下列代码演示转义字符的使用，源代码见 code\2\python_trans1.py。

```
1  # 制表符和换行符转义
2  print('Life\tIs\tShort\nI\tUse\tPython')
3  # 单引号和双引号转义
4  print("单引号输出 \'\n双引号输出 \"")
```

代码的执行结果如下。

```
Life    Is      Short
I       Use     Python
单引号输出 '
双引号输出 "
```

如果不想让转义字符生效，只想显示字符串原来的样子，就要用 r 或 R 来定义原始字符串。如对于一个 Windows 文件路径 E:\book\code，若要原样输出，可以在字符串前面加字母"r"或"R"。

下列代码演示原样输出字符串，源代码见 code\2\python_trans2.py。

```
1    print(r'E:\book\code')
2    print(R'E:\book\code')
```

代码的执行结果如下。

```
E:\book\code
E:\book\code
```

2.9.3　字符串切片

在 Python 中，使用字符串切片来完成字符串截取操作。字符串切片指从字符串中取出相应的元素，组成新的字符串。

使用一对中括号、开始索引、结束索引以及可选的步长，可以定义一个切片。使用切片的语法格式如下。

```
字符串 [ 开始索引:结束索引:步长 ]
```

其中，步长默认为正值，开始索引默认为 0，结束索引默认为字符串长度 +1。

如果步长为负值，则开始索引默认为 −1，结束索引默认为字符串长度的负值。

步长默认为 1。步长为正值，截取操作从开始索引从左往右走，称为正向索引；步长为负值，截取操作从开始索引从右往左走，称为负向索引。

步长的意义为定义跳过的长度。

具体字符串的切片索引详见图 2-8。

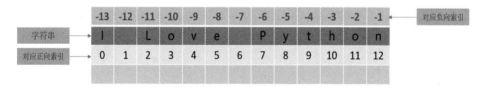

图2-8　字符串的切片索引

切片的一些常见用法如下。

[:] 指提取从开头到结尾的整个字符串。

[开始索引 :] 指从开始索引提取到结尾。

[: 结束索引] 指从开头提取到结束索引 −1。

[开始索引 : 结束索引] 指从开始索引提取到结束索引 −1。

[开始索引 : 结束索引 : 步长] 指从开始索引提取到结束索引 −1，按照步长值进行字符提取。有时为了简化，会省略开始索引和结束索引。

下列代码演示字符串切片操作，源代码见 code\2\str_slice.py。

```
1  str_name='I Love Python'
2  #长度为13
3  print(len(str_name))
4  print(str_name[0:13])
5  print(str_name[:])
6  print(str_name[0:])
7  str_name2='0123456789'
8  #逆序
9  print(str_name2[::-1])
10 #步长为2，从开头到结尾，正向索引
11 print(str_name2[0::2])
12 #反向索引
13 print(str_name2[-10::2])
```

代码的执行结果如下。

```
13
I Love Python
I Love Python
I Love Python
9876543210
02468
02468
```

2.9.4　字符串跨越多行

在实际开发中，字符串可能变得很长，这就需要解决字符串跨越多行的问题。在不拆分字符串的前提下，可以使用三引号进行处理。

三引号在字符串赋值的情况下，通常用来处理字符串跨越多行的问题，可以大大提高长字符串的可读性。三引号允许一个字符串跨多行，字符串中可以包含换行符、制表符以及其他特殊字符。

下列代码演示三引号方法的使用，源代码见 code\2\str_line.py。

```
sql= '''
create table test1(id int not null auto_increment primary key,
username varchar(50),password varchar(50))
'''
```

代码的执行结果如下。

```
create table test1(id int not null auto_increment primary key, username
varchar(50),password varchar(50))
```

这段操作数据库的赋值语句比较长，采用三引号来解决字符串跨越多行的问题，字符串不需要转义，也不需要拼接，还方便修改。

▶2.10 玩转字符串必须要掌握的方法

Python 常用的字符串操作包括字符串的连接、分割、置换、判断、查找，以及去除字符等。下面一一进行介绍。

2.10.1 连接字符串

join() 函数可以用来连接两个字符串，可指定连接符号，其语法格式如下。

```
'sep'.join(str)
```

其中，参数 'sep' 是分隔符，可以为空。str 是要连接的字符串。其语法含义是以 sep 作为分隔符，将 str 所有的元素合并成一个新的字符串。

该函数返回一个以分隔符 sep 连接各个元素后生成的字符串。

下列代码演示 join() 函数的用法，源代码见 code\2\str_join.py。

```
1   s = 'abcdef'
2   #用逗号将列表中的所有字符重新连接为字符串
3   s1 = ','.join(s)
4   print(s1)
```

代码的执行结果如下。

```
a,b,c,d,e,f
```

2.10.2 分割字符串

在 Python 中分割字符串，可使用字符串函数 split() 把字符串分割成列表（关于列表的知识在后续章节会详细介绍），split() 函数的语法格式如下。

```
str.split("sep", maxsplit)
```

其中，sep 是分隔符，maxsplit 是分隔的最大次数。

下列代码演示 split() 函数的用法，源代码见 code\2\str_split.py。

```
1   s="I Love Python"
2   ret=s.split("o")
3   print(ret)
```

代码的执行结果如下。根据字符 o 分割字符串，返回的是一个列表。

```
['I L','ve Pyth','n']
```

2.10.3 置换字符串

使用字符串函数 replace() 可以把字符串中指定的子字符串替换成指定的新子字符串。

下列代码演示 replace() 函数的用途，源代码见 code\2\str_replace.py。

```
1  str_name='Life is short,you need Python'
2  replace_name=str_name.replace("s", "S")
3  print(replace_name)
```

代码的执行结果如下。

```
Life iS Short,you need Python
```

2.10.4　判断字符串及字母大小写转换

Python 中提供了一组字符串函数来判断该字符串是否全部是数字、是否全部是字母，以及实现字符串字母大小写的转换。

下列代码判断字符串是否全部为数字，源代码见 code\2\str_isdigit.py。

```
1  a="1111"
2  print(a.isdigit())
3  a="1a1b"
4  print(a.isdigit())
```

代码的执行结果如下。

```
True
False
```

下列代码判断字符串是否全部为字母，源代码见 code\2\str_isalpha.py。

```
1  a="abcd-ef"
2  print(a.isalpha())
3  a="abcdef"
4  print(a.isalpha())
```

代码的执行结果如下。

```
False
True
```

下列代码将字符串转为大写或小写，源代码见 code\2\str_lower_upper.py。

```
1  a='HELLO WORLD'
2  print(a.lower())
3  b='hello world'
4  print(b.upper())
```

代码的执行结果如下。

```
hello world
HELLO WORLD
```

2.10.5　查找字符串

在 Python 中，可使用字符串函数 find( ) 查找指定的字符串。find( ) 函数的语法格式如下。

```
find(substr, start=0, end=len(string))
```

其中，参数 substr 表示在 [start, end] 范围内查找的子字符串，如果找到，返回 substr 的起始下标，否则返回 −1。len( ) 函数用来获取字符串的长度。

下列代码演示 find() 函数的用法，源代码见 code\2\str_find.py。

```
1  str1='Hello Python'
2  print(str1.find('h',0,len(str1)))
3  print(str1.find('thon'))
4  print(str1.find('thon',9,len(str1)))
```

代码的执行结果如下。

```
9
8
-1
```

2.10.6　去除某些字符

使用字符串函数 strip() 可以去除头尾字符、空白符（包括 \n、\r、\t、' '，即换行符、回车符、制表符、空格符）。

下列代码演示 strip() 函数去除字符的用法，源代码见 code\2\str_strip.py。

```
1  str1=' hello python\n\r '
2  print(str1.strip('\n\r ')) # 去除 \n\r 空格
3  print(len(str1.strip('\n\r ')))
4  str2='hello python'
5  print(str2.strip("h"))# 去除头部的字符 h
```

代码的执行结果如下。

```
hello python
12
ello python
```

▶2.11　格式化字符串的3种方法

在 Python 3.6 之前，主要有两种将 Python 表达式嵌入字符串文本中进行格式化的方法：

%-formatting 和 str.format()。在 Python 3.6 及其后续版本中，可使用 f 字符串进行字符串格式化。下面一一进行介绍。

2.11.1　%-formatting

下列代码演示传统的 %-formatting 的用法，源代码见 code\2\formatting.py。

```
name=" 雯雯 "
age=8
print(" 你的姓名 :%s"%name)
print(" 你的姓名 :%s, 你的年龄 :%s"%(name,age))
```

代码的执行结果如下。

```
你的姓名 : 雯雯
你的姓名 : 雯雯 , 你的年龄 :8
```

当使用多个参数或字符串更长时，代码将变得不太容易阅读。

2.11.2　str.format()

str.format() 方法是对 %-formatting 方法的改进。使用 str.format() 方法替换字段时，用大括号标记。通过下列代码演示 str.format() 的用法，源代码见 code\2\str_format.py。

```
1  name=" 雯雯 "
2  age=8
3  print(" 你的姓名 :{} ".format(name))
4  print(" 你的姓名 :{}, 你的年龄 :{}".format(name,age))
```

代码的执行结果与第一种方式的一致，这里不再赘述。

使用 str.format() 方法的代码比使用 %-formatting 方法的代码更易读，但处理多个参数或更长的字符串时，代码仍然可能非常冗长。

2.11.3　f字符串

f 字符串也称为"格式化字符串文字"，意思是开头有一个 f 的字符串文字，包含表达式的大括号将被其值替换。

下列代码演示 f 字符串的用法，源代码见 code\2\f-strings.py。

```
1  name=" 雯雯 "
2  age=8
3  print(f" 你的姓名 :{name}")
4  print(f" 你的姓名 :{name}, 你的年龄 :{age}")
```

代码的执行结果与上述两种方式的一致。其中，第 3、4 行代码执行后，大括号内的表达式将被具体的值替换。f 字符串用起来更加简单，推荐使用。

▶2.12 运算符

Python 支持的运算符类型有算术运算符、关系运算符、逻辑运算符、赋值运算符，如图 2-9 所示。

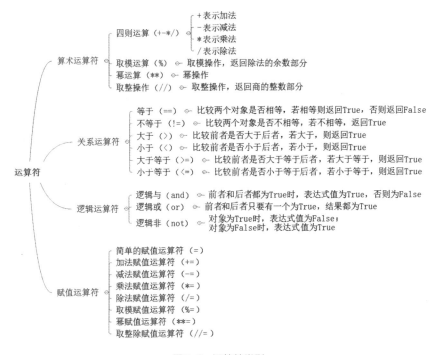

图2-9 运算符类型

接下来一一进行介绍。

2.12.1 算术运算符

算术运算符也称为数学运算符，用来对数字进行数学运算，比如加、减、乘、除、求模、取整。表 2-3 列出了 Python 支持的所有算术运算符。

表 2-3　　　　　　　　　　算术运算符

名称	描述
+	加法
−	减法
*	乘法
/	除法

名称	描述
%	取模操作，返回除法的余数部分
**	两个数的幂操作
//	取整操作，返回商的整数部分

下列代码演示算术运算符的使用，源代码见 code\2\calculate.py。

```
1   a=3
2   b=2
3   print("加法运算符:a+b=",a+b)
4   print("减法运算符:a-b=",a-b)
5   print("乘法运算符:a*b=",a*b)
6   print("除法运算符:a/b=",a/b)
7   print("取模运算符:a%b=",a%b)
8   print("幂运算符:a**b=",a**b)
9   print("取整运算符:a//b=",a//b)
```

代码的执行结果如下。

```
加法运算符:a+b= 5
减法运算符:a-b= 1
乘法运算符:a*b= 6
除法运算符:a/b= 1.5
取模运算符:a%b= 1
幂运算符:a**b= 9
取整运算符:a//b= 1
```

对字符串也可以使用 + 和 * 运算符。

下列代码演示字符串中的 + 和 * 的使用，源代码见 code\2\str_calc.py。

```
1   a="abcde"
2   b="hijkl"
3   print("加法运算符:a+b=",a+b)
4   print("乘法运算符:a*2=",a*2)
```

代码的执行结果如下。

```
加法运算符:a+b= abcdehijkl
乘法运算符:a*2= abcdeabcde
```

注意：在 * 运算符的表达式中，第一个变量是字符串，第二个变量是整数，表示重复该字符串多次。

一个字符串和一个数字是不可以直接连接的，此处通过下列代码来演示，源代码见 code\2\str_calc.py。

```
1   a="abcde"
2   b=12345
3   print("加法运算符: a+b=",a+b)
```

代码的执行结果如下。

```
Traceback (most recent call last):
  File "g:/book/code/str_cale.py", line 3, in <module>
print("加法运算符: a+b=",a+b)
TypeError: can only concatenate str (not "int") to str
```

系统提示，字符串只能与字符串连接，如果要连接字符串与整数类型的数据，需要用 str() 函数进行处理。

下列代码演示两种不同类型的变量相加，源代码见 code\2\str_calc.py。

```
1   a="abcde"
2   b=12345
3   print("加法运算符: a+b=",a+str(b))
```

代码的执行结果如下。

```
加法运算符: a+b= abcde12345
```

2.12.2 关系运算符

关系运算符主要用于对两个对象进行比较。表 2-4 列出了 Python 支持的关系运算符。

表 2-4   关系运算符

运算符	名称	例子	说明
==	等于	a==b	比较两个对象是否相等，若相等则返回 True，否则返回 False
!=	不等于	a!=b	比较两个对象是否不相等，若不相等，返回 True
>	大于	a>b	比较 a 是否大于 b，若大于则返回 True
<	小于	a<b	比较 a 是否小于 b，若小于则返回 True
>=	大于等于	a>=b	比较 a 是否大于等于 b，若大于等于则返回 True
<=	小于等于	a<=b	比较 a 是否小于等于 b，若小于等于则返回 True

下列代码演示关系运算符的使用，源代码见 code\2\relational.py。

```
1   a=3
2   b=2
3   print("等于运算符: a==b ",a==b)
4   print("不等于运算符: a!=b ",a!=b)
5   print("大于运算符: a>b ",a>b)
6   print("小于运算符: a<b ",a<b)
7   print("大于等于运算符: a>=b ",a>=b)
8   print("小于等于运算符: a<=b ",a<=b)
```

代码的执行结果如下。

```
等于运算符:a==b  False
不等于运算符:a!=b  True
大于运算符:a>b  True
小于运算符:a<b  False
大于等于运算符:a>=b  True
小于等于运算符:a<=b  False
```

在 Python 中，还可以使用关系运算符比较字符串、列表。列表会在第 4 章详细介绍。下列代码演示关系运算符的使用，源代码见 code\2\relational_1.py。

```
1  a="abcde"
2  b="hijkl"
3  print("字符串比较:a==b ",a==b)
4  print("字符串比较:a>b ",a>b)
5  print("字符串比较:a<b ",a<b)
6  a=[1,2,3]
7  b=[1,2,3]
8  print("列表比较:a=b ",a==b)
9  b=[4,5,6]
10 print("列表比较:a<b ",a<b)
```

代码的执行结果如下。

```
字符串比较:a==b  False
字符串比较:a>b  False
字符串比较:a<b  True
列表比较:a=b  True
列表比较:a<b  True
```

2.12.3　逻辑运算符

逻辑运算就是将变量用逻辑运算符连接起来，并对其进行求值的运算过程。表 2-5 列出了 Python 支持的 and、or 和 not 等 3 种逻辑运算符。

表 2-5　　　　　　　　　　　　　　　　逻辑运算符

运算符	名称	例子	描述
and	逻辑与	a and b	a 和 b 都为 True 时，表达式值为 True，否则为 False
or	逻辑或	a or b	a 和 b 中只要有一个为 True，结果就为 True
not	逻辑非	not a	a 为 True 时，表达式值为 False； a 为 False 时，表达式值为 True

下列代码演示逻辑运算符的使用，源代码见 code\2\logical_1.py。

```
1  a=3
2  b=2
3  #a、b 都为 True
4  if a and b:
5      print('逻辑与为 True')
6  else:
7      print('逻辑与为 False')
8  #a>b 为 True,a>5 为 False
9  if a>b and a>5:
10     print('逻辑与为 True')
11 else:
12     print('逻辑与为 False')
13 #a、b 都为 True
14 if a or b:
15     print('逻辑或为 True')
16 else:
17     print('逻辑或为 False')
18 #a<b 为 False,b>0 为 True
19 if a<b or b>0:
20     print('逻辑或为 True')
21 else:
22     print('逻辑或为 False')
23 #not a 为 False
24 if not a:
25     print('逻辑非为 True')
26 else:
27     print('逻辑非为 False')
```

代码的执行结果如下，读者可以反复测试分析。

```
逻辑与为 True
逻辑与为 False
逻辑或为 True
逻辑或为 True
逻辑非为 False
```

2.12.4 赋值运算符

赋值运算符用于给某个变量或表达式设定一个值。表 2-6 中列出了 Python 支持的赋值运算符。

表 2-6   赋值运算符

运算符	描述	例子	展开形式
=	简单的赋值运算符	a=b	a=b
+=	加法赋值运算符	a+=b	a=a+b

运算符	描述	例子	展开形式
-=	减法赋值运算符	a-=b	a=a-b
*=	乘法赋值运算符	a*=b	a=a*b
/=	除法赋值运算符	a/=b	a=a/b
%=	取模赋值运算符	a%=b	a=a%b
**=	幂赋值运算符	a**=b	a=a**b
//=	取整赋值运算符	a//=b	a=a//b

下列代码演示赋值运算符的使用，源代码见 code\2\assign.py。

```
1   a=3
2   b=2
3   print("+= 加法赋值运算符: a+=b ",a+b)
4   print("-= 减法赋值运算符: a-=b ",a-b)
5   print("*= 乘法赋值运算符: a*=b ",a*b)
6   print("/= 除法赋值运算符: a/=b ",a/b)
7   print("%= 取模赋值运算符: a%=b",a%b)
8   print("**= 幂赋值运算符: a**=b",a**b)
9   print("//= 取整赋值运算符: a//=b",a//b)
```

代码的执行结果如下。

```
+= 加法赋值运算符: a+=b   5
-= 减法赋值运算符: a-=b   1
*= 乘法赋值运算符: a*=b   6
/= 除法赋值运算符: a/=b   1.5
%= 取模赋值运算符: a%=b 1
**= 幂赋值运算符: a**=b 9
//= 取整赋值运算符: a//=b 1
```

3

程序流程控制

计算机程序之所以能够自动完成任务，一个重要的原因是它能够进行判断，根据不同条件做出不同的控制处理，并能通过循环操作反复执行指定的代码。

程序设计中的控制语句有选择语句和循环语句。这两种语句适用于不同的情况，一个复杂的程序中往往同时包含这两种语句。

本章的目标知识点与学习要求如表 3-1 所示。

表 3-1　　　　　　　　　　　　　　　目标知识点与学习要求

时间	目标知识点	学习要求
1 天	• 选择语句 • 循环语句 • 循环控制语句	• 熟练掌握 3 种选择语句的用法 • 熟练掌握两种循环语句的用法 • 了解 break 语句和 continue 语句

3.1　选择语句

选择语句又称为分支语句，它通过对给定的表达式进行判断，从而决定执行两个或多个分支中的哪一个。因此，在编写选择语句之前，应判断表达式是什么，并确定当判断结果为 True 或 False 时应分别执行什么样的操作。

3.1.1　if语句

如果表达式计算结果为 True 就执行"代码块"，否则就执行 if 结构后面的代码。

if 语句的语法格式如下。

```
if 表达式：
    代码块
```

if 语句的流程图如图 3-1 所示。

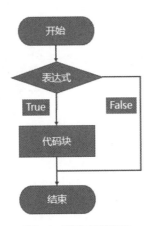

图3-1　if语句的流程图

其中，表达式由运算符和操作数所构成。表达式可以是一个单纯的布尔值或变量，也可以是比较表达式或逻辑表达式（例如：a > b and a != c）。如果表达式为 True，则执行"代码块"；如果表达式为 False，就跳过"代码块"，继续执行后面的语句。

下列代码演示了使用 if 语句的过程，源代码见 code\3\if1.py。

```
1    score=int(input('请输入考试成绩:'))
2    if score>=60:
3        print('及格')
4    print('本次程序结束')
```

代码执行后，当输入分数大于等于 60 时，则输出"及格"，并输出"本次程序结束"；当输入分数小于 60 时，表达式不成立，直接结束 if 语句，输出"本次程序结束"。

3.1.2　if...else语句

如果表达式计算结果为 True 就执行 if 表达式后面的代码块 1，否则就执行 else 分支后面的代码块 2。

if...else 语句的语法格式如下。

```
if 表达式：
    代码块 1
```

```
else:
    代码块 2
```

if...else 语句的流程图如图 3-2 所示。

使用 if...else 语句时，表达式可以是一个单纯的布尔值或变量，也可以是比较表达式或逻辑表达式。如果满足表达式则执行 if 表达式后面的代码块 1，否则执行 else 分支后面的代码块 2。else 不可以单独使用，它必须和关键字 if 一起使用。

可以通过网上的一个段子来加深了解。

老婆给当程序员的老公打电话："下班顺路去买一个西瓜，如果看见西红柿，就买两个。"

当晚，程序员老公手捧两个西瓜进了家门……

老婆怒道："你怎么买了两个西瓜？！"

老公答："因为看到了西红柿。"

这个网上的段子是一个典型的 if...else 结构，下面通过代码来演示两种版本，源代码见 code\3\ifelse.py。

首先是程序员思维的版本。

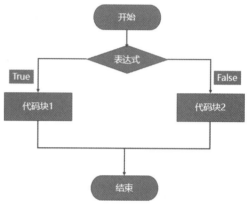

图3-2　if...else语句的流程图

```
1   # 程序员的版本
2   # 如果看见在销售的西红柿
3   if tomato_is_sell:
4       print("买两个西瓜")
5   else:
6       print("买一个西瓜")
```

再看看正常思维的版本，是一个 if 语句结构，源代码见 code\3\ifelse1.py。

```
1   # 正常思维的版本
2   print("买一个西瓜")
3   # 如果看见在销售的西红柿
4   if tomato_is_sell:
5       print("买两个西红柿")
```

3.1.3　if...elif...else语句

使用 if...elif...else 语句时，如果表达式为 True，执行相应代码块；而如果表达式为 False，则跳过该代码块，进行下一个 elif 的判断；只有在所有表达式都为 False 的情况下，才会执行 else 分支的代码块。

if...elif...else 语句的语法格式如下。

```
if 表达式 1:
    代码块 1
```

```
elif 表达式 2:
    代码块 2
elif 表达式 3:
    代码块 3
......
else:
    代码块 n
```

if...elif...else 语句的流程图如图 3-3 所示。

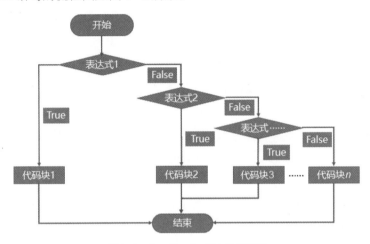

图3-3　if...elif...else语句的流程图

下列代码演示 if...elif...else 语句的使用，源代码见 code\3\if_elif_else.py。

```
1   score=int(input('请输入考试成绩:'))
2   if score==100:
3       print ('恭喜你,满分')
4   elif score>=90 and score<100:
5       print('很棒')
6   elif score>=80 and score<90:
7       print('成绩良好,继续努力')
8   elif score>=70 and score<80:
9       print('一般')
10  elif score>=60 and score<70:
11      print('勉强')
12  elif score>=0 and score<60:
13      print('不及格,重新来过')
14  else:
15      print('输入错误!')
```

注意事项如下。

（1）Python 中用 elif，而不是 else if。

（2）每个条件后面都要使用冒号。

（3）使用缩进划分语句，相邻的缩进数相同的语句一起组成一个代码块。

▶3.2 循环语句

计算机擅长执行重复的任务。在做程序设计时经常会遇到循环的场景，比如从 1 加到 100、输出 100 行 "我爱 Python" 等。在 Python 中，可以用循环语句来处理这种任务的重复执行。循环语句是在一定条件下，反复执行某部分代码的操作语句。

在 Python 中，提供了 for 和 while 语句，for 语句用来执行次数固定的循环，while 语句用来执行次数不固定的循环。接下来分别介绍。

3.2.1 for语句

for 语句常用于遍历字符串、列表、字典等序列，逐个获取这些序列中的各个元素。关于列表、字典的知识，将在第 4 章详细介绍。

for 语句的语法格式如下。

```
for 变量 in 序列:
    代码块
```

关于 for 语句的语法格式，需要注意以下几点。

（1）Python 中的 for 语句通过遍历某一序列（如列表、字典等）来构建循环，每次循环都会执行代码块，遍历所有元素后循环结束。

（2）序列后面以冒号结尾。

for 语句的流程图如图 3-4 所示。

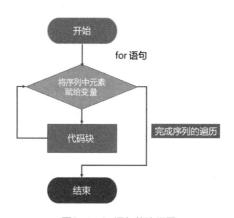

图3-4　for语句的流程图

下列代码演示 for 语句的使用，源代码见 code\3\for_1.py。

```
1  for letter in 'Python':# 遍历字符串
2      print(' 当前元素 :'+letter)
3  myList = ['a','b','c']
```

```
4    for item in myList:# 遍历列表
5        print(' 当前元素 :'+item)
```

代码的执行结果如下。

```
当前元素 :P
当前元素 :y
当前元素 :t
当前元素 :h
当前元素 :o
当前元素 :n
当前元素 :a
当前元素 :b
当前元素 :c
```

Python 中，还可以通过序列索引迭代的方式实现循环功能。如通过 Python 的 range() 函数生成一个整数列表来完成循环功能。

range() 函数的语法格式如下。

```
range([start,]stop[,step])
```

其中，参数的具体含义如下。

- start：可选参数，起始值默认为0。
- stop：终止数。
- step：可选参数，表示步长。
- 当range()函数只有一个参数n的时候，会产生一个从0到$n-1$的整数列表。比如range(100)会生成一个包含0到99的整数列表。

以 range(0,6,1) 为例，start 为 0，stop 为 6，step 为 1，最终输出 [0,1,2,3,4,5]。函数详解如图 3-5 所示。

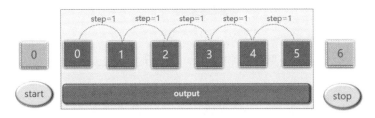

图3-5　range()函数详解

下列代码演示利用 for 语句做从 1 加到 100 的计算，源代码见 code\3\for_range.py。

```
1    sum=0
2    for i in range(101):
```

```
3      sum+=i
4  print(sum)
5  sum=0
6  for i in range(0,101,1):
7      sum+=i
8  print(sum)
```

代码的执行结果如下。

```
5050
5050
```

3.2.2 while语句

当 while 语句的表达式条件为 True 时，将循环执行代码块，直到表达式条件为 False 时退出循环。

while 语句的语法格式如下。

```
while 表达式:
    代码块
```

while 语句的流程图如图 3-6 所示。

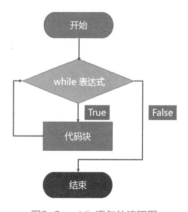

图3-6 while语句的流程图

下列代码演示 while 语句的使用，源代码见 code\3\while_1.py。

```
1  i = 0
2  #定义最终结果的变量
3  result = 0
4  while i <= 100:
5      #每次循环，result 与 i 相加
6      result += i
7      #处理计数器
8      i += 1
9  print(f'0~100 的整数求和结果为 {result}')
```

代码的执行结果如下。

0~100 的整数求和结果为 5050

3.3　循环控制语句

不需要循环语句继续执行时，就需要特定的循环控制语句来实现跳转功能。在 Python 中，循环控制语句有两种，分别是 break 语句和 continue 语句。

3.3.1　break语句

Python 中的 break 语句用来终止循环语句，跳出整个循环。break 语句的语法格式如图 3-7 所示。

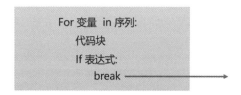

图3-7　break语句的语法格式

下列代码演示 break 语句的使用，源代码见 code\3\for_break.py。

```
1  for i in range(5):
2      if i==3:
3          break
4  print(i)
```

代码的执行结果如下。

```
0
1
2
```

3.3.2　continue语句

continue 语句主要作用在循环体内，用于跳过当前循环的剩余语句，继续进行下一轮循环。

continue 语句的语法格式如图 3-8 所示。

此处通过下列代码演示循环体内 continue 语句的使用，源代码见 code\3\for_continue.py。

图3-8　continue语句的语法格式

```
1  for i in range(1,20):
2      if i%2!=0:
3          continue
4      print(f'{i=} 是偶数 ')
```

其中，第 2、3 行代码指当出现奇数 i%2!=0 时，跳出本次循环，继续执行下一轮循环。代码的执行结果如下。

```
i=2 是偶数
i=4 是偶数
i=6 是偶数
i=8 是偶数
i=10 是偶数
i=12 是偶数
i=14 是偶数
i=16 是偶数
i=18 是偶数
```

第 **4** 章

列表和字典

列表和字典是 Python 中常见的序列。序列是 Python 中最基本的数据结构之一，可以把序列看作一个盛放数据的容器。列表（list）是一种有序、有重复元素的序列，字典（dict）是一种以键值对为基本元素的序列。Python 的字典数据类型比起其他数据类型更加灵活、复杂，读者需要重点掌握。

本章的目标知识点与学习要求如表 4-1 所示。

表 4-1   目标知识点与学习要求

时间	目标知识点	学习要求
第 1 天	• 列表基本用法 • 列表推导式	• 熟悉列表推导式及其常见的用法 • 熟悉内置函数 enumerate() 的用法 • 熟悉字典的遍历和嵌套用法
第 2 天	• 字典基本用法	

4.1 列表

列表是 Python 中最基本的数据结构之一。列表和其他开发语言中的数组很相似，但是其他语言中的数组要求元素类型是一致的，而 Python 不要求列表中元素的数据类型保持一致，可以在列表中放入任何东西，比如字符串、数字、其他列表。所以，列表可以成为各种复杂数据结构的基础。

4.1.1 列表的创建

在 Python 中，用中括号"[]"来表示列表，并用逗号来分隔其中的元素。列表中的每个元素都会被分配一个数字，这个数字表示这个元素的索引。索引从 0 开始。

创建列表的语法格式如下。

```
列表名字 =[ 元素 1, 元素 2, 元素 3, …, 元素 n]
```

接下来，创建一些常见的列表。

（1）创建数字列表。

```
numbers=[1,2,3,4,5,6,7,8,9]
```

或使用下述代码。

```
numbers=list(range(1,10))
```

（2）创建元素为字符串的列表。

```
names=["Life","is","short","I","use","python"]
```

（3）创建空列表。

```
a=[]
```

（4）创建元素为不同类型值的列表。

下列代码演示不同类型列表的创建，源代码见 code\4\diff_types.py。

```
1  numbers=[1,2,3,4,5]
2  names=["Life","is","short",numbers]
3  # 获取元素个数
4  print(len(names))
5  print(names)
```

代码的执行结果如下。

```
4
['Life', 'is', 'short', [1, 2, 3, 4, 5]]
```

4.1.2 列表元素的访问

列表中的每一个元素都带一个索引。在 Python 中，索引是从 0 开始的。要根据索引访问列表元素，只需指出索引位置即可。

根据索引访问列表元素的语法格式如下。

```
变量 = 列表名字 [ 索引 ]
```

下列代码演示根据索引访问列表元素，源代码见 code\4\list_access.py。

```
1  names=["I","Love","Python"]
2  print(names[0]) # 输出第一个元素
3  print(names[1]) # 输出第二个元素
4  print(names[2]) # 输出第三个元素
```

代码的执行结果如下。

```
I
Love
Python
```

此外，还可以通过 for 语句遍历列表对象来访问列表元素。

下列代码演示 for 语句遍历访问列表元素，源代码见 code\4\list_access1.py。

```
1  names=["Life","is","short"]
2  #for 语句输出元素
3  for x in names:
4      print(x)
```

代码的执行结果如下。

```
I
Love
Python
```

4.1.3　列表元素的插入和追加

在 Python 中，对列表元素的添加常常使用 insert() 方法和 append() 方法，下面将分别进行介绍。

1. insert()方法

insert() 方法的功能是在列表的任何位置插入新元素，在插入时需要指定新元素的索引和值。insert() 方法的语法格式如下。

```
list.insert(index,x)
```

其中，list 代表列表，参数 index 是要插入的元素的索引，参数 x 是要插入的元素的值。

下列代码演示列表的插入操作，源代码见 code\4\list_insert.py。

```
1  # 定义一个字符串列表
2  animals=[' 老鼠 ',' 黄牛 ',' 老虎 ',' 兔子 ',' 小马 ']
3  # 输出列表
```

45

```
4   print(animals)
5   #在列表索引 0 处插入新元素
6   animals.insert(0,'绵羊')
7   #输出修改后的列表
8   print(animals)
```

代码的执行结果如下。

```
['老鼠', '黄牛', '老虎', '兔子', '小马']
['绵羊', '老鼠', '黄牛', '老虎', '兔子', '小马']
```

2. append()方法

append() 方法的功能是在列表尾部添加新元素。

append() 方法的语法格式如下。

```
list.append(obj)
```

其中，list 代表列表，参数 obj 表示添加到列表末尾的元素。

下列代码演示列表的追加操作，源代码见 code\4\list_append.py。

```
1   #定义一个字符串列表
2   animals=['老鼠','黄牛','老虎','兔子','小马']
3   #输出列表
4   print(animals)
5   #在列表末尾插入新元素
6   animals.append('绵羊')
7   #输出修改后的列表
8   print(animals)
```

代码的执行结果如下。

```
['老鼠', '黄牛', '老虎', '兔子', '小马']
['老鼠', '黄牛', '老虎', '兔子', '小马', '绵羊']
```

在实际项目开发中，append() 方法经常被用来构建新的列表。如先创建一个空的列表，然后在程序运行过程中使用 append() 方法为列表添加元素。

4.1.4 列表元素的修改

修改列表中元素的值，需要指定列表名和要修改元素的索引，然后指定该元素的新值。

下列代码演示修改列表中元素的值，源代码见 code\4\list_update.py。

```
1   #定义一个字符串列表
2   animals=['老鼠','黄牛','老虎','兔子','小马']
3   #输出列表
4   print(animals)
5   #将列表中第一个元素修改为 " 绵羊 "
```

```
6   animals[0]='绵羊'
7   #输出修改后的列表
8   print(animals)
```

代码的执行结果如下。

```
['老鼠','黄牛','老虎','兔子','小马']
['绵羊','黄牛','老虎','兔子','小马']
```

4.1.5 列表元素的删除

在 Python 中，可以对列表中的元素进行删除操作。接下来分别介绍这两种方法。

1. remove()方法

在 Python 中，可使用列表的 remove() 方法进行元素的删除。该方法从左到右查找列表中的元素，如果找到匹配的元素则删除。如果找到多个匹配的元素，则只删除第一个，如果没有找到则会抛出错误。

remove() 方法的语法格式如下。

```
list.remove(x)
```

其中，list 代表列表，参数 x 代表要删除的元素值。

下列代码演示 remove() 方法的用法，源代码见 code\4\list_remove.py。

```
1   animals=['老鼠','黄牛','老虎','兔子','小马','兔子']  #定义一个字符串列表
2   print(animals)  #输出列表
3   animals.remove('兔子')  #找到列表中的值并删除
4   print(animals)  #输出修改后的列表
```

代码的执行结果如下。

```
['老鼠','黄牛','老虎','兔子','小马','兔子']
['老鼠','黄牛','老虎','小马','兔子']
```

根据结果可以看到，当有多个匹配的元素时，remove() 方法只删除第一个匹配的元素。

2. pop()方法

在 Python 中，可使用列表的 pop() 方法对列表元素进行删除。

pop() 方法的语法格式如下。

```
list.pop(index)
```

其中，list 代表列表，参数 index 是要删除的元素的索引。

下列代码演示 pop() 方法指定索引参数的方法，源代码见 code\4\list_pop.py。

```
1   animals=['老鼠','黄牛','老虎','兔子','小马']
2   print(animals)  #输出列表
```

```
3  del_data=animals.pop(0) # 将列表索引为 0 的元素弹出并删除
4  print(del_data) # 输出要删除的元素
5  print(animals)
```

代码的执行结果如下。

```
['老鼠', '黄牛', '老虎', '兔子', '小马']
老鼠
['黄牛', '老虎', '兔子', '小马']
```

当不指定索引参数时，pop() 方法默认从列表末尾弹出并删除一个元素。

下列代码演示 pop() 方法不指定索引参数的用法，源代码见 code\4\list_pop1.py。

```
1  animals=['老鼠','黄牛','老虎','兔子','小马']
2  print(animals)
3  del_data=animals.pop() # 将列表末尾元素弹出并删除
4  print(del_data)
5  print(animals) # 输出修改后的列表
```

代码的执行结果如下。

```
['老鼠', '黄牛', '老虎', '兔子', '小马']
小马
['老鼠', '黄牛', '老虎', '兔子']
```

4.1.6 列表的其他操作方法

列表中还有很多重要的操作方法，比如 reverse() 方法用于颠倒列表中元素的顺序，copy() 方法用于复制列表中的元素。

1. reverse()方法

reverse() 方法没有参数，也没有返回值，功能是倒序输出列表中的元素，该方法会永久性地修改列表元素的排列顺序。

下列代码演示 reverse() 方法的使用，源代码见 code\4\list_reverse.py。

```
1  names=["Life","Is","Short","I","Love","Python"]
2  names.reverse()
3  print(" 永久性地改变原列表 ",names)
```

代码的执行结果如下。

```
永久性地改变原列表 ['Python', 'Love', 'I', 'Short', 'Is', 'Life']
```

2. copy()方法

可以使用 copy() 方法复制列表中的元素，这样可以创建一个新的列表。

copy() 方法的语法格式如下。

```
新列表 =list.copy()
```

该方法没有参数，返回复制后的新列表。

下列代码演示 copy() 方法的用法，源代码见 code\4\list_copy.py。

```
1    names=["Life","Is","Short","I","Love","Python"]
2    a=names.copy()
3    print(" 从原列表复制而来 ",a)
```

代码的执行结果如下。

```
从原列表复制而来 ['Life', 'Is', 'Short', 'I', 'Love', 'Python']
```

3. 列表的拼接与复制

可以使用 "+" 号对列表进行拼接，使用 "*" 号复制多份列表中的元素。

下列代码演示列表的拼接和复制，源代码见 code\4\list_add.py。

```
1    a=[' 老鼠 ',' 黄牛 ',' 老虎 ',' 兔子 ']
2    b=[' 狮子 ',' 绵羊 ',' 大象 ',' 野猪 ']
3    # 两个列表拼接
4    print(a+b)
5    # 列表 a 重复 2 次
6    print(a*2)
```

代码的执行结果如下。

```
[' 老鼠 ', ' 黄牛 ', ' 老虎 ', ' 兔子 ', ' 狮子 ', ' 绵羊 ', ' 大象 ', ' 野猪 ']
[' 老鼠 ', ' 黄牛 ', ' 老虎 ', ' 兔子 ', ' 老鼠 ', ' 黄牛 ', ' 老虎 ', ' 兔子 ']
```

4.1.7　列表切片

在 Python 程序开发中，经常会用到列表的切片。列表的切片可以使用一对中括号、开始索引、结束索引，以及可选的步长来定义。

列表切片的语法格式如下。

```
列表名 [ 开始索引 : 结束索引 : 步长 ]
```

其中的参数说明如下。

- 步长为正值时，开始索引默认为0，结束索引默认为字符串长度+1。
- 步长为负值时，开始索引默认为-1，结束索引默认为开始。
- 步长默认为1。从开始索引从左往右走，称为正向索引，步长为正值；从开始索引从右往左走，称为负向索引，步长为负值。
- 步长的意义为从开始索引处取一个数据，跳过步长的长度，再取一个数据，以此类推，一直到结束索引。

具体列表的切片如图 4-1 所示。

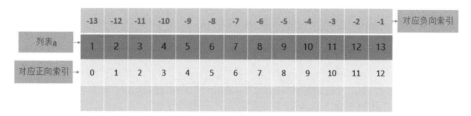

图4-1　具体列表的切片

切片的一些常见用法如下。
- [:] 提取从开头到结尾的整个列表。
- [开始索引:] 从开始索引提取到结尾。
- [:结束索引] 从开头提取到结束索引-1。
- [开始索引:结束索引] 从开始索引提取到结束索引-1。
- [开始索引:结束索引:步长] 从开始索引提取到结束索引-1，按照步长值进行列表元素的提取。有时为了简化，会省略开始索引和结束索引。

下列代码演示列表的切片操作，源代码见 code\4\list_slice.py。

```
1  names=[1,2,3,4,5,6,7,8,9,10,11,12,13]
2  print(names[0:13])
3  print(names[:])
4  print(names[0:])
5  print(names[::-1])    # 逆序
6  print(names[0::2])    # 取奇数，正向索引
7  print(names[1::2])    # 取偶数，正向索引
8  print(names[-12::2])  # 取偶数，负向索引
```

代码的执行结果如下。

```
[1, 2, 3, 4, 5, 6, 7, 8, 9, 10, 11, 12, 13]
[1, 2, 3, 4, 5, 6, 7, 8, 9, 10, 11, 12, 13]
[1, 2, 3, 4, 5, 6, 7, 8, 9, 10, 11, 12, 13]
[13, 12, 11, 10, 9, 8, 7, 6, 5, 4, 3, 2, 1]
[1, 3, 5, 7, 9, 11, 13]
[2, 4, 6, 8, 10, 12]
[2, 4, 6, 8, 10, 12]
```

列表的切片技巧在后面的案例中使用很多，请读者熟练掌握。

4.1.8　用列表推导式快速创建列表

在 Python 中，可以使用列表推导式来高效地创建列表。列表推导式在逻辑上相当于循环语句，只是在形式上更加简洁。

列表推导式的语法格式如下。

```
[表达式 for 变量 in 序列]
```

接下来，介绍采用普通方式和采用列表推导式创建列表的不同。

下列代码演示用 append() 方法创建列表，源代码见 code\4\list_comp.py。

```
1  list1=[]
2  for i in range(10):
3      list1.append(i**2)
4  print(list1)
```

代码的执行结果如下。

```
[0, 1, 4, 9, 16, 25, 36, 49, 64, 81]
```

下列代码演示用列表推导式实现列表的创建，源代码见 code\4\list_comp1.py。

```
1  #采用列表推导式方法
2  list2=[i**2 for i in range(10)]
3  print(list2)
4  #再看一个内置函数，计算圆面积
5  import math
6  list3=[round(math.pi*i*i,2) for i in range(1,6)]
7  print(list3)
```

代码的执行结果如下。

```
[0, 1, 4, 9, 16, 25, 36, 49, 64, 81]
[3.14, 12.57, 28.27, 50.27, 78.54]
```

4.1.9　内置函数enumerate()的使用小技巧

enumerate() 函数是 Python 的内置函数，该函数可以在 for 语句中同时获得索引和值，即在需要 index 和 value 的时候可以使用 enumerate() 函数。

enumerate() 函数的语法格式如下。

```
enumerate(序列,start)
```

其中，第一个参数为列表、字符串等，参数 start 是开始索引。

此处通过下列代码演示 enumerate() 函数的用法，源代码见 code\4\enumerate.py。

```
1  a = ["a","b","c","d","e","f"]
2  for index,item in enumerate(a):
3      print(index,item)
```

代码的执行结果如下，索引默认从 0 开始。

```
0 a
1 b
2 c
3 d
4 e
5 f
```

此外，索引还可以从 1 开始。这里通过下列代码演示 enumerate() 函数中索引的用法，源代码见 code\4\enumerate1.py。

```
1  b = ["a","b","c","d","e","f"]
2  for index,item in enumerate(b,1):
3      print(index,item)
```

代码的执行结果如下。

```
1 a
2 b
3 c
4 d
5 e
6 f
```

该函数在项目开发中经常会用到，请读者熟练掌握。

4.2 字典

在 Python 程序中，字典是一种以键值对为基本元素的序列。字典用大括号（{}）表示，元素之间用逗号分隔。字典中的每个元素都是一个"键值对"，包含"键"（key）和"值"（value），中间用冒号分隔，比如"张三:30"的键为张三、值为30。可以通过"键"实现快速获取、删除、更新对应的"值"。

4.2.1 字典的创建

使用大括号创建字典，创建字典的语法格式如下。

```
d={key1:value1,key2:value2,…}
```

注意：一个字典对象里所有的键必须是唯一的、不可变的，也就是说，这里的 key1、key2 键都必须是唯一的。值可以是任何数据类型，如字符串、数字、列表等。

如何创建一个字典呢？

（1）使用大括号创建字典。

```
d1={' 数学 ':100,' 语文 ':98}
```

（2）使用空的大括号创建空字典。

```
d2={}
```

如果字典的键不唯一，会出现什么情况呢？

下列代码演示字典的键不唯一的情况，源代码见 code/4/dict_notonly.py。

```
1  d1={'数学':100,'语文':98,'语文':100}
2  print(d1)
```

代码的执行结果如下，字典会保留最后出现的元素。

```
{'数学': 100, '语文': 100}
```

4.2.2　字典元素的访问

在字典中，通过访问键的方式来获取键所对应的值。

下列代码演示字典元素的访问，源代码见 code\4\dict_access.py。

```
1  dict_data={'数学':100,'语文':98,'体育':100}
2  print(dict_data["数学"])
```

代码的执行结果如下。

```
100
```

4.2.3　字典元素的添加

字典有两种添加元素的方式，下面分别进行介绍。

1.　直接赋值

下列代码演示字典元素的直接赋值，源代码见 code\4\dict_add.py。

```
1  d1={'数学':100,'语文':98}
2  d1["体育"]=100
3  print(d1)
```

代码的执行结果如下。

```
{'数学': 100, '语文': 98, '体育': 100}
```

2.　setdefault()方法

setdefault() 方法的语法格式如下。

```
d.setdefault(key,default=None)
```

其中，d 代表字典，参数 key 表示需要在字典中查找的键，参数 default 表示指定键的值不存在时的默认值。该方法没有返回值。

下列代码演示字典的 setdefault() 方法的用法，源代码见 code\4\dict_setdefault.py。

```
1   d1={'数学':100,'语文':98}
2   print('#不存在 key, 新增')
3   d1.setdefault('体育',90)
4   print(d1)
5   print("#存在 key, 显示已经存在的值,'数学':100")
6   d1.setdefault('数学',90)
7   print(d1)
8   print("#没有指定值,None")
9   d1.setdefault('英语')
10  print(d1)
```

代码的执行结果如下, 请读者反复验证。

```
#不存在 key, 新增
{'数学': 100, '语文': 98, '体育': 90}
#存在 key, 显示已经存在的值,'数学':100
{'数学': 100, '语文': 98, '体育': 90}
#没有指定值,None
{'数学': 100, '语文': 98, '体育': 90, '英语': None}
```

4.2.4　字典元素的修改

字典元素的修改可以使用直接赋值的方式。如果字典中该元素已经存在, 则进行修改; 如果字典中该元素不存在, 则进行新增。

下列代码演示使用直接赋值对字典元素进行修改, 源代码见 code\4\dict_update_1.py。

```
1   d1={'数学':100,'语文':98}
2   #对存在的键'语文'赋值
3   d1["语文"]=99
4   print(d1)
```

代码的执行结果如下。

```
{'数学': 100, '语文': 99}
```

4.2.5　字典元素的删除

字典有两种删除元素的方式, 下面分别进行介绍。

1. 使用pop()方法删除

pop() 方法的语法格式如下。

```
d.pop(key[,default])
```

其中, d 代表字典, 参数 key 指要删除的键, default 指键对应的值 (可选)。该方法返回被删除元素的值。

下列代码演示使用 pop() 方法删除字典中的元素，源代码见 code\4\dict_pop.py。

```
1  dict_data={' 数学 ':100,' 语文 ':98,' 体育 ':'100'}
2  print("# 删除键为 ' 体育 ' 的元素，并把值返回给d1")
3  d1=dict_data.pop(" 体育 ")
4  print(d1)
5  print("# 显示删除后的字典 dict_data")
6  print(dict_data)
```

代码的执行结果如下。

```
# 删除键为 ' 体育 ' 的元素，并把值返回给 d1
100
# 显示删除后的字典 dict_data
{' 数学 ': 100, ' 语文 ': 98}
```

2. 使用popitem()方法删除

popitem() 方法的语法格式如下。

```
d.popitem()
```

该方法没有参数，返回并删除字典中末尾的键值对。

下列代码演示使用 popitem() 方法删除字典中的元素，源代码见 code\4\dict_popitem.py。

```
1  dict_data={' 数学 ':100,' 语文 ':98,' 体育 ':'100'}
2  print("# 删除最后一对键和值，并把值返回给d1")
3  d1=dict_data.popitem()
4  print(d1)
5  print("# 显示删除元素后的字典 dict_data")
6  print(dict_data)
```

代码的执行结果如下。

```
# 删除最后一对键和值，并把值返回给 d1
100
# 显示删除元素后的字典 dict_data
{' 数学 ': 100, ' 语文 ': 98}
```

4.2.6　字典的遍历

遍历指按某种顺序对一个集合中的所有元素都执行某种动作。举个例子，假设有一个列表 list=['a','b','c']，要打印出它所有的元素，这就叫一次遍历。

Python 支持字典的遍历，并提供了相应的操作方法。接下来一一进行介绍。

1. 遍历所有字典的键值对

使用字典的 items() 方法进行字典的遍历。

通过下列代码演示字典键值对的遍历，源代码见 code\4\dict_bianli_items.py。

```
1   d1={'数学':100,'语文':98,'体育':99}
2   # 利用 for 语句遍历字典所有的键值对
3   for key,value in d1.items():
4       print(key,value) # 显示键和值
```

代码的执行结果如下。

```
数学 100
语文 98
体育 99
```

2. 遍历字典所有的键

可使用字典的 keys() 方法进行字典键的遍历，并以列表的形式返回字典的所有键。

下列代码演示字典键的遍历，源代码见 code\4\dict_bianli_key.py。

```
1   d1={'数学':100,'语文':98,'体育':99}
2   # 利用 for 语句遍历字典所有的键
3   for key in d1.keys():
4       print(key) # 显示键
```

代码的执行结果如下。

```
数学
语文
体育
```

3. 遍历字典所有的值

可使用字典的 values() 方法进行字典值的遍历，并返回字典的所有值。

下列代码演示字典值的遍历，源代码见 code\4\dict_bianli_values.py。

```
1   d1={'数学':100,'语文':98,'体育':99}
2   # 利用 for 语句遍历字典所有的值
3   for value in d1.values():
4       print(value) # 显示值
```

代码的执行结果如下。

```
100
98
99
```

4.2.7　字典嵌套

字典嵌套一般分为字典中嵌套字典、字典中嵌套列表和列表中嵌套字典 3 种。

1. 字典中嵌套字典

某个班级期末考试，多个人的多门成绩可以通过字典中嵌套字典来定义。

下列代码演示字典中嵌套字典，源代码见 code\4\dict_dict.py。

```
1   d1={'数学':100,'语文':99,'英语':98}
2   d2={'数学':99,'语文':90,'英语':95}
3   d3={'数学':98,'语文':100,'英语':96}
4   stu1={'小张':d1,'小王':d2,'小杨':d3}
5   print(stu1)
6   for key,value in stu1.items():
7       total=0
8       total+=sum(value.values())
9   print(f'{key}的总分为 {total}')
```

代码的执行结果如下，其中使用了内置函数 sum() 对成绩进行求和。

```
{'小张': {'数学': 100, '语文': 99, '英语': 98}, '小王': {'数学': 99, '语文':
90, '英语': 95}, '小杨': {'数学': 98, '语文': 100, '英语': 96}}
小张的总分为 297
小王的总分为 284
小杨的总分为 294
```

通过字典的嵌套使用，可以方便地体现数据之间的关系，如"小王"的成绩可以在 d2 中查找。此外，可以很容易对数据进行横向或纵向的扩展，比如增加一个同学"小马"、增加两门课程"物理"和"化学"。

2. 字典中嵌套列表

学校数学系主任比较关心每个班的考试总分，此时可以通过字典中嵌套列表来实现。

下列代码演示字典中嵌套列表，源代码见 code\4\dict_list.py。

```
1   d1=[100,99,98]
2   d2=[99,90,95]
3   d3=[98,100,96]
4   stu1={'一一班':d1,'一二班':d2,'一三班':d3}
5   print(stu1)
6   for key,value in stu1.items():
7       total=0
8       total+=sum(value)
9       print(f'{key}的总分为 {total}')
```

代码的执行结果如下。

```
一一班的总分为 297
一二班的总分为 284
一三班的总分为 294
```

3. 列表中嵌套字典

考试结束后，如果要输出每个人的数学成绩，可以采用列表中嵌套字典的方式来实现。

下列代码演示在列表中嵌套字典，源代码见 code\4\list_dict.py。

```
1    d1={'小张':100,'小王':99,'小杨':98}
2    d2={'小马':99,'小牛':90,'小朱':95}
3    d3={'小赵':98,'小李':100,'小郑':96}
4    stu1=[d1,d2,d3]
5    print(stu1)
6    # 循环输出每一个学生的成绩
7    for name in stu1:
8        print(name)
```

其中，第 5 行代码输出列表中嵌套的字典，代码的执行结果如下。

```
[{'小张': 100, '小王': 99, '小杨': 98},
{'小马': 99, '小牛': 90, '小朱': 95},
{'小赵': 98, '小李': 100, '小郑': 96}]
```

第 8 行代码输出列表中的每个元素，代码的执行结果如下。

```
{'小张': 100, '小王': 99, '小杨': 98}
{'小马': 99, '小牛': 90, '小朱': 95}
{'小赵': 98, '小李': 100, '小郑': 96}
```

第 5 章

函数

Python 中函数的应用非常广泛，前文中已经出现过多个函数，比如 input()、print()、range()、len() 等，这些都是 Python 的内置函数，可以直接使用。

所谓函数，就是由能完成某个独立事项的代码组织成的一个模块，在需要完成此事项的时候可以调用函数快速完成。使用函数可以提高编写代码的效率。

本章的目标知识点与学习要求如表 5-1 所示。

表 5-1 目标知识点与学习要求

时间	目标知识点	学习要求
1 天	• 函数的定义 • 函数的参数和返回值 • 变量的作用域	• 理解什么是函数 • 熟悉正确使用函数的方式

5.1 函数的定义

函数的定义指将常用的代码以一定的格式封装成一个独立的模块并命名，通过这个模块的名字就可以调用。

在 Python 中，使用关键字 def 定义函数，其语法格式如下。

```
def 函数名 ([ 参数 1，参数 2，…]):
    函数主体代码
    [return [ 返回值 ]]
```

其中，函数名是一个符合 Python 命名规范的标识符，函数名最好能体现该函数的功能和特点。参数列表指该函数拥有多少个参数，每个参数之间用逗号分隔。一个函数可以有返回值，也可以没有返回值。如果一个函数执行后有返回数据的要求，则使用 return 关键字。

下列代码演示一个简单函数的定义，源代码见 code\5\func_simple.py。

```
1  def run():
2      print("这是一个最简单的函数")
3  run()
```

代码的执行结果如下。

```
这是一个最简单的函数
```

5.2 函数的参数

函数的参数能够让函数根据逻辑处理更多逻辑相同的数据。比如，一个根据身份证号计算出生日期的函数，参数就是身份证号，有了参数，可以计算张三的出生日期，也可以计算李四的出生日期，极大地增加了函数的通用性。

函数的参数可以分为形参和实参、必选参数，以及默认参数，接下来一一进行介绍。

5.2.1 形参和实参

形参（formal parameter）指定义函数时小括号内的参数，是用来接收参数的，在函数内部作为变量使用。实参（actual parameter）指调用函数时小括号中的参数，是用来把数据传递到函数内部的。

下列代码演示函数形参和实参的概念，源代码见 code\5\func_parameter.py。

```
1  def student(name,age):
2      print("姓名:"+name+" 年龄:"+str(age))
3  student("雯雯",8)
```

代码的执行结果如下。

```
姓名:雯雯 年龄:8
```

对照代码可以看到，形参就是定义函数 student() 时的参数，如第 1 行代码中的参数 name、age。实参就是调用函数时实际传入的参数，如第 3 行代码中的参数 "雯雯"、8。

5.2.2 必选参数

必选参数有时候也称为关键字参数、位置参数，指在调用函数时，实参的数量、位置必须和定义函数时的形参数量、位置保持一致。

下列代码演示函数的必选参数的概念，源代码见 code\5\func_parameter1.py。

```
1    def student(name,age):
2        print("姓名:"+name+" 年龄:"+str(age))
3    student("雯雯",8)
```

student() 函数有两个参数，使用两个参数调用这个函数，运行正常。

没有参数的时候调用 student() 函数，系统提示缺少参数。代码及其执行结果如下。

```
student()
Traceback (most recent call last):
  File "<stdin>", line 1, in <module>
TypeError: student() missing 2 required positional arguments: 'name' and 'age'
```

5.2.3 默认参数

一般来说，函数定义多少个形参，就需要传入多少个实参。在一些特殊情况下，函数虽然定义了形参，但是在具体的调用过程中可以不用传入实参，此时，默认参数就该出场了。

默认参数就是给函数形参设置的默认值，如果在函数调用时没有传入相应实参，那这个默认参数值就会被传递给函数。默认参数可以简化函数的调用。

下列代码演示函数的默认参数的用法，源代码见 code\5\func_parameter2.py。

```
1    def student(name,age=8,interest="舞蹈、美术、乐器"):
2        print("姓名:"+name+" 年龄:"+str(age)+" 爱好:"+interest)
3    #调用的时候，只传入一个参数就可以了，没有传入的参数使用默认参数。
4    student("雯雯")
```

代码的执行结果如下。

```
姓名:雯雯 年龄:8 爱好:舞蹈、美术、乐器
```

▶5.3 函数的返回值

函数如果有返回值，可以在其中使用 return 关键字，其语法格式如下。

```
return [ 返回值 ]
```

其中，根据需要，返回值可以不写。如果不写，将返回空值（None）。

下列代码演示函数中 return 关键字的用法，源代码见 code\5\func_return.py。

```
1    def add(a,b):
2        return 2*a+3*b
3    print(add(3,2)) #结果为 2×3+3×2=12
```

执行代码后，可以得到函数体内语句执行返回的结果，请读者自行测试验证。

▶5.4 变量的作用域

在 Python 中，变量的作用域指变量的有效范围，就是说，变量可以在哪个范围内使用。

变量可以据此分为局部变量和全局变量。

局部变量指在函数中定义的变量，它的作用域仅限于函数内部，该作用域叫作局部作用域。全局变量指在函数外、模块范围内定义的变量，它可以在整个模块内访问，它的作用域叫作全局作用域。关于模块的知识将在第 6 章中介绍。

简单地说，函数定义了局部作用域，而模块定义了全局作用域。

下列代码演示函数中作用域的用法，源代码见 code\5\func_scope.py。

```
1  a=20
2  def fun():
3      a=10
4      print(' 函数 fun() 中 a:',a)
5  print(' 全局变量 a:',a)
6  fun()
7  print(' 全局变量 a:',a)
```

代码的执行结果如下。

```
全局变量 a: 20
函数 fun() 中 a: 10
全局变量 a: 20
```

函数中，创建的变量的作用域是局部作用域，仅限于当前函数使用，不能在函数外访问这个变量，降低了函数之间的耦合。函数内对变量 a 的操作不会影响到函数外的变量 a，这两个变量 a，一个处于全局作用域中，一个处于局部作用域中，互不影响。

如果要在函数中使用函数外的变量，可以在函数中的变量名前使用 global 关键字。

下列代码演示函数中 global 关键字的用法，源代码见 code\5\func_global.py。

```
1  a=20
2  def fun():
3      global a
4      a=10
5      print(' 函数 fun() 中 a:',a)
6  print(' 全局变量 a:',a)
7  fun()
8  print(' 全局变量 a:',a)
```

代码的执行结果如下。

```
全局变量 a: 20
函数 fun() 中 a: 10
全局变量 a: 10
```

因为在函数 fun() 中，使用 global 关键字声明变量 a 是全局变量，修改 a 的值就是修改全局变量的值。

注意：使用全局变量要谨慎，否则极易造成代码混乱！

第 **6** 章

常用模块和异常处理

本章主要讨论 Python 中模块的安装、导入和使用。Python 有很多内置模块，如 os 模块、time 模块、math 模块和 random 模块等。掌握这些内置模块的使用方法，可以让开发如虎添翼。

此外，本章还介绍 Python 中异常处理和程序调试的方法及技巧。

本章的目标知识点与学习要求如表 6-1 所示。

表 6-1　　　　　　　　　　　　目标知识点与学习要求

时间	目标知识点	学习要求
1 天	• 模块的使用 • 模块的导入方式 • 常用模块的使用方法 • 捕获异常的方法 • VS Code 的调试功能	• 熟悉模块的导入方式 • 熟练掌握几大内置模块的使用方法 • 熟练掌握异常处理语句的用法 • 掌握 VS Code 调试功能的用法

6.1　模块

在程序开发过程中，随着代码越来越多，程序会越来越难以维护。为了编写质量高、易维护的代码，通常把很多函数分组，分别放到不同文件里。在 Python 中，一个以 .py 为扩展名的文件就称为一个模块（module）。在模块里可以定义变量、函数等，可以把模块当作比函数高一级的封装。

模块主要是用来导入模块化的代码，进行功能扩展和增强。代码模块化大大提高了代码的可维护性和重用性。

使用模块的好处如下。

（1）提高代码的可维护性。

（2）不必从零开始编写代码，当一个模块编写完毕，就可以在其他地方进行调用。

（3）避免函数名和变量名冲突，相同名字的函数和变量可以分别存在于不同的模块中。

在 Python 中，模块可以分为内置模块、第三方模块和自定义的模块。

6.1.1　模块的使用方法

首先，编写一个简单的模块，命名为 module_1.py，该模块定义了一个函数，功能是返回两个数字的和，源代码见 code\6\module_1.py。

```
1  def test(a,b):
2      return a+b
3  if __name__=='__main__':
4      test(2,4)
```

上述代码的执行没有问题，但是 module_1.py 这个模块如何被其他模块调用呢？可以通过"import 模块名"的方式调用，然后通过"模块名 . 函数名"完成功能调用。

下列代码演示模块的使用方式，源代码见 code\6\module_2.py。

```
1  import module_1
2  print(module_1.test(2,3))
```

代码的执行结果如下。

```
5
```

6.1.2　模块的两种导入方式

模块的导入方式是灵活的，总体来说，有以下两种方式。

1.　"import 模块名"的方式

这种方式直接导入模块，然后可在程序中使用模块中的函数和方法。

下列代码演示"import 模块名"的导入方式，源代码见 code\6\import_1.py。

```
1  import os
2  print(os.name)
```

执行代码会返回操作系统的名称，Linux 和 UNIX 系统返回 posix，Windows 系统会返回 nt。

很多模块的名字很长，这个时候有必要起个简短且好记的名字。先将模块导入，再给模块起个别名，这样在整个程序中就可以使用别名来调用模块名。

下列代码演示导入模块并使用别名的方式，源代码见 code\6\module_alias.py。

```
1  import xlwings as xw
2  print(xw.__version__)
```

其中，第 2 行代码中的 xw 就是 xlwings 的别名，读者可以自己测试一下。

2. "from 模块名 import 方法名" 的方式

有些模块中的方法非常多，在程序中不会全部用到，可以使用 "from 模块名 import 方法名" 的方式导入指定的方法。

下列代码演示导入模块中指定方法的方式，源代码见 code\6\module_func.py。

```
1  from os import name
2  print(name)
3  print(getcwd())
```

代码的执行结果：Linux 和 UNIX 系统返回 posix，Windows 系统返回 nt。由于 getcwd() 方法未被导入，所以系统会提示没有定义。

6.1.3　安装第三方模块的方法

安装 Python 环境后，只需要在命令提示符窗口执行命令 "pip install 模块名"，就能轻松安装各种各样好玩的第三方模块。

有时候，使用 pip 命令进行安装会出现连接超时的问题，可以通过国内的镜像网站进行安装。国内的镜像网站首推清华大学、豆瓣等网站。

使用 pip 命令的时候，在后面加上 -i 参数，可指定下载源，如下所示。

```
pip install 模块名  -i  指定的网址
```

每次运行上面的命令，需要指定网址，也可以进行修改。

在 Windows 系统下，可以在 Users 目录中创建一个 pip 目录，如 C:\Users\ 用户 \pip，新建文件 pip.ini，文件的内容如下（其中的 ××××.××× 需更换为自己指定的网址）。

```
[global]
index-url=https://××××.×××/××
[install]
trusted-host= ××××.×××
```

再次使用 pip 命令进行安装，速度就会快很多。接下来介绍一些有趣的模块。

6.2　os模块

用 Python 读取文件、搜索目录等离不开 os 模块。os 模块提供了大多数操作系统的功能接口函数，当 os 模块被导入后，它会自动适应于不同的操作系统平台，根据不同的平台进行相应的操作。os 模块的方法详见表 6-2。

表 6-2   os 模块的方法

名称	含义
os.getcwd()	返回当前工作目录，即当前 Python 脚本工作的目录
os.listdir(path)	返回 path 目录下所有的文件和目录名。path 参数可以省略
os.walk()	遍历一个目录内的各个子目录和文件
os.remove(file)	删除一个文件
os.removedirs(path)	删除多个目录
os.rmdir(path)	删除目录
os.mkdir(path)	创建一级目录
os.makedirs(path)	创建多级目录
os.stat(file)	获得文件属性
os.path.isdir(path)	判断 path 是否目录，不是目录则返回 False
os.path.isfile(name)	判断 name 这个文件是否存在，不存在则返回 False
os.path.exists(name)	判断是否存在文件或目录名
os.path.getsize(name)	获得文件大小，若是文件夹则返回 0
os.path.abspath(name)	获得文件的绝对路径
os.path.splitext()	分离文件名和扩展名
os.path.join(path,name)	连接目录与文件名
os.path.basename(path)	返回文件名
os.path.dirname(path)	返回文件路径

接下来重点介绍常用的方法。

6.2.1 os.getcwd()方法

os.getcwd() 方法的功能是返回当前工作目录。

下列代码演示 os.getcwd() 方法的使用，源代码见 code\6\os_getcwd.py。

```
1  import os
2  print(" 返回当前工作目录:",os.getcwd())
```

代码的执行结果如下。

```
返回当前工作目录: E:\book\code
```

6.2.2 os.listdir(path)方法

os.listdir(path) 方法的功能是返回 path 包含的所有文件和文件夹的名称的列表。

下列代码演示 os.listdir(path) 方法的使用，源代码见 code\6\os_listdir.py。

```
1  import os
2  path=os.getcwd()
3  dirs=os.listdir(path)
4  print("listdir：",dirs)
5  for p in dirs:
6      f=os.path.join(path,p)
7      if os.path.isdir(f):
8          print("这是一个目录："+f)
9      elif os.path.isfile(f):
10         print("这是一个文件："+f)
11     else:
12         print("其他")
```

其中，第 3、4 行代码指获取 path 路径下的文件和文件夹信息，代码的执行结果如下。

```
listdir：['.VS Code', '1', '111.py', '1111.py', '2', '3', '4', '5', '6', '7',
'8', '9', 'build', 'sample.spec', 'tempCodeRunnerFile.py', 'test.py', 'test.
xlsx', 'test1.xlsx', 'tuple01.py', 'weixin.py']
```

其中，第 5 ~ 12 行代码根据 listdir() 方法返回的文件和文件夹信息，分别判断各个对象是目录、文件还是其他。os.path.join(path,p) 将路径和目录或文件名组装起来，os.path.isdir(f) 的功能是判断相应对象是不是目录，os.path.isfile(f) 的功能是判断相应对象是不是文件。代码的执行结果如下。

```
这是一个目录：.VS Code
这是一个目录：1
这是一个目录：2
这是一个文件：sample.spec
这是一个文件：test.xlsx
这是一个文件：test1.xlsx
```

6.2.3 os.walk()方法

os.walk() 方法主要用来遍历一个目录内的各个子目录和文件。该方法是一个简单易用的文件、目录遍历器，可以高效地处理文件和目录。该方法的语法格式如下。

```
os.walk(top, topdown=True, onerror=None, followlinks=False)
```

其中，top 参数是需要遍历的目录的地址。topdown 参数可选，值为 True 则优先遍历 top 文件夹，以及 top 文件夹中的每一个子目录，否则优先遍历 top 文件夹的子目录（默认为 True）。

该方法返回的是一个三元组（dirpath、dirnames、filenames）。其中，dirpath 是一个字符串，代表目录的路径；dirnames 是一个列表，包含了 dirpath 下所有子目录的名称；filenames 是一个列表，包含非目录文件的名称。

下列代码演示 os.walk() 方法的使用，源代码见 code\6\os_walk.py。

```
1   import os
2   path=os.path.dirname(__file__)
3   # 使用 os.walk() 获取目录列表
4   for dirname, subdir, files in os.walk(path):
5       print(" 返回目录名 ",dirname)
6       print(subdir) # 所有的子目录，返回列表
7       print(files)  # 所有的文件，返回列表
```

代码的执行结果如下。

```
返回目录名  e:\book\code\8
['__pycache__']
['datetime_now.py', 'datetime_strftime.py', 'datetime_timedelta.py', 'import_
func1.py', 'import_func2.py', 'import_func3.py', 'module_1.py', 'sys_modules.
py', 'time_strftime.py', 'time_time.py']
 返回目录名  e:\book\code\8\__pycache__
[]
['import_func1.cpython-38.pyc', 'module_1.cpython-38.pyc']
```

6.2.4 其他方法的使用

下列代码演示 os 模块的一些其他方法的使用，源代码见 code\6\os_others.py。

```
1   import os
2   print("# 获取对应路径下文件的名字 ",os.path.basename(r"e:\book\code\8\os_others.py"))
3   print("# 去掉文件名，返回目录 ",os.path.dirname(r"e:\book\code\8\os_others.py"))
4   # 分离文件名与扩展名，默认返回 ( 文件名，扩展名 ) 的形式
5   print(os.path.splitext(r"e:\book\code\8\os_others.py"))
```

代码的执行结果如下。

```
# 获取对应路径下文件的名字  os_others.py
# 去掉文件名，返回目录   e:\book\code\8
('e:\\book\\code\\8\\os_others', '.py')
```

6.3 time模块

time 模块是 Python 自带的模块，提供了一系列处理时间的方法。要使用该模块中的方法，必须先导入该模块。这里列出了 time 模块常用的方法。

6.3.1 time()方法

time() 方法返回的是当前时间的时间戳（1970 年 01 月 01 日 00 时 00 分 00 秒到现在的浮点数秒数）。

下列代码演示 time() 方法的使用，源代码见 code\6\time_time.py。

```
1  import time
2  print(time.time())
3  print(int(time.time()))    # 对时间戳取整
```

代码的执行结果如下。

```
1589634877.6381295
1589634877
```

6.3.2 strftime()方法

strftime() 方法将时间对象按照指定格式进行字符串输出。strftime() 方法的语法格式如下。

```
strftime(format[, t])
```

其中，参数 format 为时间格式字符串；t 为可选的参数，是一个时间对象。该方法返回值是以 format 格式化的、用字符串表示的时间。

下列代码演示 strftime() 方法的使用，源代码见 code\6\time_strftime.py。

```
1  import time
2  strftime_str = time.strftime("%Y-%m-%d %H:%M:%S", time.localtime())
3  print(strftime_str)
```

其中，第 2 行代码中的 time.localtime() 方法返回一个时间对象。代码的执行结果如下。

```
2020-05-17 20:11:05
```

时间格式字符串中常用符号及其含义如表 6-3 所示。

表 6-3　　　　　　　　　时间格式字符串中常用符号及其含义

符号	含义
%Y	完整的年份
%m	月份（01~12）
%d	一个月中的第几天（01~31）
%H	一天中的第几小时（24 小时制，00~23）
%M	分钟数（00~59）
%S	秒（01~61）（60 或 61 是闰秒）
%w	当天在当周的第几天，范围为 [0,6]，0 表示星期天
%j	返回当天是当年的第几天，范围为 [001,366]
%p	返回是上午（AM）还是下午（PM）

6.4 math模块

在 Python 开发中，除了常见的加、减、乘、除四则运算之外，还有很多其他的运算，比如乘方、开方、求对数、计算三角函数等，要实现这些运算，就要用到 Python 中的 math 模块。math 模块是 Python 标准库中的内置模块，可以直接使用。math 模块常用的方法如图 6-1 所示。

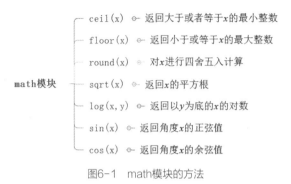

图6-1　math模块的方法

下列代码演示 math 模块中常用方法的使用，源代码见 code\6\math_1.py。

```
1   import math
2   print(math.ceil(1.2)) # 返回大于或等于浮点数的最小整数
3   print(math.floor(1.2))# 返回小于或等于浮点数的最大整数
4   print(round(1.5))  # 进行四舍五入
5   print(math.sqrt(9))# 求平方根
6   print(math.log(8,2))# 求对数
7   print(math.sin(math.pi/2)) # 求 sin90°
8   print(math.cos(math.pi)) # 求 cos180°
```

其中，第 4 行代码用 Python 提供的内置函数 round() 来实现数字的四舍五入。
代码的执行结果如下。

```
2
1
2
3.0
3.0
1.0
-1.0
```

6.5　random模块

Python 中的 random 模块用于生成随机数。random 模块的常用方法如图 6-2 所示。

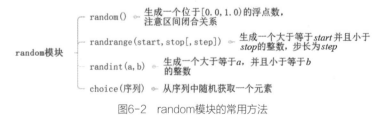

图6-2　random模块的常用方法

下面介绍 random 模块中的这 4 种方法。

6.5.1　random.random()方法

random.random() 方法返回一个随机数，其范围是大于等于 0.0，并且小于 1.0。

下列代码演示 random() 方法的使用，源代码见 code/6/random_random.py。

```
1  import random
2  print(" 随机数: ",random.random())
```

代码的执行结果如下。

```
随机数: 0.07896125274955512
```

6.5.2　random.randrange()方法

random.randrange() 方法用来在指定范围内，从按指定步长递增的集合中获得一个随机数。该函数有 3 个参数，前两个参数代表范围下限（包含）和上限（不包含），第 3 个参数是步长。

下列代码演示 randrange() 方法的使用，源代码见 code/6/random_randrange.py。

```
1  import random
2  print("randrange 随机 ",random.randrange(1,20,3))
```

输出结果始终在 1 和 20 之间，每次的数字增量始终为 3，请读者反复测试。

6.5.3　random.randint()方法

random.randint() 方法生成范围内的随机整数，其有两个参数，一个是范围下限，一个是范围上限。

下列代码演示 randint() 方法的使用，源代码见 code\6\random_randint.py。

```
1  import random
2  print("randint 随机 ",random.randint(1,20))
```

输出结果为随机生成的大于等于 1 并且小于等于 20 的整数，请读者反复测试。

6.5.4　random.choice()方法

random.choice() 方法从序列中随机获取一个元素。

下列代码演示 choice() 方法的使用，源代码见 code\6\random_choice.py。

```
import random
print (random.choice(" 和龙哥一起学 Python 办公自动化 "))
```

输出结果为随机获取的"和龙哥一起学 Python 办公自动化"中的某一个字符,请读者反复测试。

6.6 捕获异常

在程序运行过程中,时常会遇到各种各样的问题,有些问题通过简单分析就能判断出原因所在,而有些问题只能沉下心来慢慢调试解决。

程序中出现的异常大致有两种,一种是由程序代码自身的错误导致的,比如运算过程中,出现除数为 0 的情况;另一种可能是在程序运行过程中无法预料的,比如写文件时硬盘已经满了、访问数据库时发现无法连接,程序可能会因为这样的异常问题而中止运行并且退出。

因此,我们需要能够捕获这些异常并进行调试排错。

先看一段 Python 代码,源代码见 code\6\zero_division.py。

```
1  i=0
2  print(8/i)
```

代码的执行结果如下。

```
Traceback (most recent call last):
  File "e:/book/code/6/zero_division.py", line 2, in <module>
    print(8/i)
ZeroDivisionError: division by zero
```

代码执行后会抛出 ZeroDivisionError,即除 0 异常。因为这段代码没有任何异常处理措施,所以程序会报错并且中止。

为了提高程序的稳健性,Python 提供了 try...except 及 try...except...finally 等语句来处理异常。接下来介绍这两种捕获异常的语句。

6.6.1 使用try...except语句捕获异常

try...except 语句的语法格式如下。

```
try:
    代码块1
except:
    代码块2
```

其中,代码块 1 中的代码属于正常执行的代码块,except 关键字用于捕获异常,并提供处理异常的代码。

将可能出错的代码块放在 try 关键字后运行,如果执行出错,则后续代码不会继续执行,而是跳转到处理异常的代码(即代码块 2)进行处理。

try...except 语句的流程图如图 6-3 所示。

针对 code\6\zero_division.py 的代码,进行代码修改,对这个除 0 异常进行捕获。

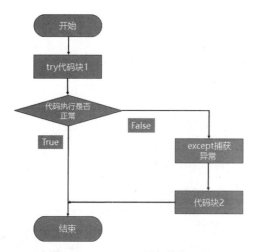

图6-3 try...except语句的流程图

下列代码演示除 0 异常的捕获，源代码见 code\6\try_except.py。

```
1  try:
2      i=0
3      print(8/i)
4  except:
5      print("除数不能为 0")
```

代码的执行结果如下。

```
除数不能为 0
```

此时，程序正确地捕获了异常。

6.6.2　使用try...except...finally语句捕获异常

在 Python 的数据库开发中，每次打开数据库连接，使用完毕后一定要关闭数据库连接，否则系统资源可能很快会被耗尽。这个时候需要一种机制来保证无论程序的运行正常与否，最后都要进行一些清理操作。Python 提供了 try...except...finally 语句来支持这种机制，在 finally 后的代码块一定会被执行。

try...except...finally 语句的语法格式如下。

```
try:
    代码块 1
except:
    代码块 2
finally:
    代码块 3
```

其中，代码块 1 中属于正常执行的代码块，except 关键字用于捕获异常并提供处理异常的代码。将可能出错的代码块放在 try 关键字后运行，如果执行出错，则后续代码不会继续执行，而是跳转到处理异常的代码（即代码块 2）进行处理。执行完代码块 2 后，继续执行代码块 3。也就是说，无论代码块 1 是否报错，代码块 3 都会被执行。

try...except...finally 语句的流程图如图 6-4 所示。

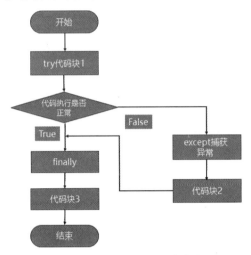

图6-4　try...except...finally语句的流程图

下列代码演示除 0 异常的捕获，源代码见 code\6\try_except_finally.py。

```
1  try:
2      i=0
3      print(8/i)
4  except:
5      print("除数不能为 0")
6  finally:
7      print("这里可以做一些清理工作")
```

代码的执行结果如下。

```
除数不能为 0
这里可以做一些清理工作
```

此时，程序正确地捕获了异常，并且 finally 后的代码正确执行。

6.7　VS Code的调试功能

当程序出现问题后，不可避免地会用到程序的调试功能，通过调试可以快速地发现问题。VS Code 编辑器提供了非常强大的调试功能。

看一段简单的 Python 代码，如图 6-5 所示，源代码见 code\6\vscode_debug.py。

在任意一行代码的行首处单击鼠标，会出现一个红点，相当于设置了一个断点。然后即可按 F5 键进行调试。

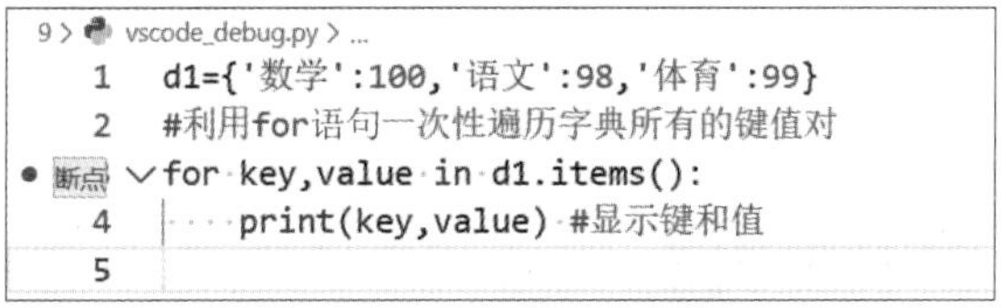

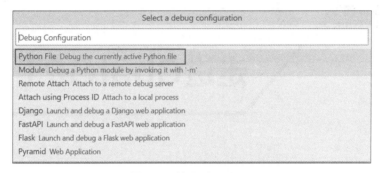

图6-5　代码与断点

注意：如果不设置断点，VS Code 默认在调试后会停在第一句。

按 F5 键后，出现图 6-6 所示的界面，选择第一项。

图6-6　选择调试配置界面

最终的调试界面如图 6-7 所示。

图6-7　调试界面

左侧调试窗格从上到下依次显示的是调试的变量（局部变量、全局变量）、监视、调用栈、断点等。

调试快捷键及相应功能如下。

- F5：调试/继续。
- F10：单步跳过。
- F11：单步进入。
- Shift+F11：跳出。
- F9：切换断点。

这样就可以使用 VS Ccode 调试 Python 代码了，请读者自行测试练习。

第7章

走进ChatGPT

本章主要介绍目前风靡全球的 ChatGPT，帮助大家了解它是什么、它能做什么，以及它能如何帮助我们办公。

本章的目标知识点与学习要求如表 7-1 所示。

表 7-1　　　　　　　　　　　　目标知识点与学习要求

时间	目标知识点	学习要求
1天	• ChatGPT 的概念 • ChatGPT 能为办公带来什么 • 注册和登录 • 提示词	• 了解利用 ChatGPT 进行办公自动化的优势 • 学会注册和登录 ChatGPT • 掌握提示词使用规则 • 尝试进行 ChatGPT 办公应用

7.1　初识ChatGPT

ChatGPT 是代表 2022 年开始的人工智能生成内容（AIGC）时代的典型产品。自其发布以来，各行各业都对它表现出浓厚的兴趣。OpenAI 的 ChatGPT 通过一个包含约 1750 亿参数的巨大语言模型，具备了理解自然语言并执行各种不同任务的能力，这简直令人难以置信。那么，ChatGPT 究竟是什么呢?

7.1.1　什么是ChatGPT

ChatGPT 是一款由 OpenAI 团队开发的基于深度学习的大型自然语言处理模型。它具备理解自然语言并生成高质量回答的能力。GPT 在 ChatGPT 中代表 "Generative Pre-trained Transformer"，即 "生成式预训练 Transformer 模型"。

ChatGPT 的起源可以追溯到 2018 年 6 月，当 OpenAI 发布了第一个版本的 GPT 模型。这个模型采用了一种被称为 "Transformer" 的神经网络结构，该结构在自然语言处理任务中表现出色。随后，OpenAI 不断发布更先进的 GPT 模型，包括 GPT-2、GPT-3、GPT-3.5 和 GPT-4，这些模型拥有更多的参数和更高的性能，GPT-4 成为当前最先进的自然语言处理模型之一。

ChatGPT 是基于 GPT 模型开发的聊天机器人，它可以模拟人类对话，提供智能客服、语音助手、闲聊等多种功能。ChatGPT 通过大规模的自然语言处理数据进行训练，以学习语言规律和语义表达，它能够不断自我完善，因此在自然语言处理领域有着广泛的应用前景。

ChatGPT 的出现代表了人工智能在自然语言处理方面的重大进步，它为各行各业提供了强大的工具，可以加快工作流程、提高效率，并在各种任务中提供智能化的解决方案。这是一个令人激动的时刻，因为 ChatGPT 的发展为我们带来了更多的创新和应用机会。

总之，ChatGPT 是一种引领 AIGC 时代的自然语言处理模型，它利用强大的语言理解和生成能力，为各行各业提供了前所未有的可能性。

我们让 CharGPT 做一个自我介绍，看看 ChatGPT 的独特魅力，如图 7-1 所示。

图7-1　ChatGPT问答界面

7.1.2 为什么要用ChatGPT进行办公自动化

ChatGPT 是由 OpenAI 开发的人工智能模型，它可以进行自然语言处理和对话生成。这一技术的出现，为办公自动化带来了新的机遇和挑战。

ChatGPT 可以作为一个智能助手，帮助人们解决各种问题。在办公时，我们可能会面临各种各样的技术问题或业务问题，我们可以通过与 ChatGPT 进行对话来获得帮助和答案。无论是关于软件的使用方法，还是关于特定业务的知识，ChatGPT 都可以通过学习和分析大量的数据来提供准确的解答。这可极大地减少我们在解决问题时的时间和精力消耗，提高工作效率。

ChatGPT 也可以用于自动化办公。在工作中，我们可能需要完成填写表格、准备报告、发送电子邮件等烦琐的任务。通过 ChatGPT，我们可以将这些任务自动化，节省时间。我们可以根据 ChatGPT 的指导，编写一个自动填写表格的程序，使员工只需输入一些关键信息即可自动完成表格填写。这样不仅可提高工作效率，也可减少人为错误的出现。

ChatGPT 还可以用于流程优化。工作流程的优化对于提高工作效率至关重要。通过对话，ChatGPT 可以了解每个环节的具体情况，从而发现问题并提出解决方案。ChatGPT 可以分析工作步骤，根据经验和数据提出改进建议，进而优化整个工作流程。我们可以更加高效地完成工作，提高工作质量。

ChatGPT 与办公自动化的结合为我们提供更高效、便捷和准确的办公方式。通过使用 ChatGPT 的智能助手、自动化任务和流程优化，我们可以更好地应对各种问题和任务，提高工作效率和质量。同时，我们也要注意保护数据和隐私的安全，并认识到 ChatGPT 的限制性，以便更好地利用这一技术的优势。

ChatGPT 在办公自动化中的应用前景广阔。通过与 ChatGPT 的对话交流，我们可以更高效地完成任务管理、数据管理、文件管理、会议管理和客户服务等工作。ChatGPT 在办公自动化方面具有许多优势，但也不能完全取代人类，完成工作仍需要人与机器之间的有效协作和人的主观判断。我们在使用 ChatGPT 时，需要合理利用其优势，以实现更高效的自动化办公。

7.2 ChatGPT的简单使用

ChatGPT 是一个强大的自然语言处理模型，它有多种应用，包括自然语言生成、对话系统等。在使用 ChatGPT 之前，需要进行注册和登录。以下是 ChatGPT 注册、登录和使用的简要概述。

7.2.1 注册和登录ChatGPT

1. 注册ChatGPT账号

打开 ChatGPT 的官方网站，然后单击"Sign up"按钮进入下一步，如图 7-2 所示。

如果你已经有注册好的账号，可以单击"Log in"按钮登录。此外，还可以使用谷歌、微软、苹果账号登录。

图7-2　登录和注册按钮

2. 设置账号和密码

输入一个电子邮箱地址作为账号，单击"Continue"按钮，如图7-3所示。然后输入登录密码，再次单击"Continue"按钮，如图7-4所示。

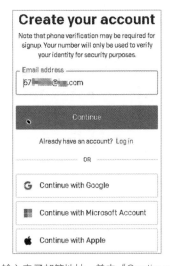

图7-3　输入电子邮箱地址，单击"Continue"按钮

图7-4　输入密码，单击"Continue"按钮

3. 验证电子邮箱并完善个人信息

此时，相应的电子邮箱会收到一封邮件。单击邮件中的"Verify email address"按钮对邮箱进行验证，如图7-5所示。电子邮箱验证完毕后，会返回注册页面，按照页面的提示填写个人信息，然后单击"Continue"按钮，如图7-6所示。

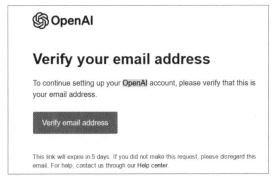

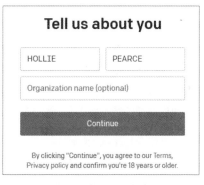

图7-5　验证电子邮箱

图7-6　填写个人信息

4．验证手机号码

在图 7-7 所示的界面中输入合适的手机号码，并获取验证码进行验证。

5．登录ChatGPT并开始使用

第 4 步验证成功后，那么恭喜，你已经拥有了一个属于自己的 ChatGPT 账号，页面会重定向到 ChatGPT 的主页面，你可以开始体验 ChatGPT 的强大功能了，如图 7-8 所示。

图7-7　验证手机号码

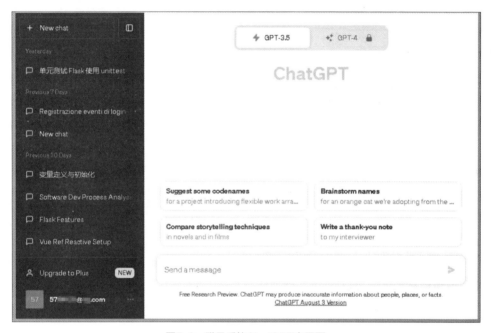

图7-8　登录后的ChatGPT主页面

7.2.2　开启你与ChatGPT的对话

以下案例演示如何与 ChatGPT 进行对话。

（1）输入问题。

登录 ChatGPT 后，在界面右侧的文本输入框输入你的问题，再单击绿色箭头按钮或者按 Enter 键提交问题。如图 7-9 所示。

图7-9　输入并提交问题

（2）回答问题。

ChatGPT 会根据你的输入回复一条信息，你可以根据回复继续聊天。界面将以一问一答的方式依次显示用户输入的问题和 ChatGPT 给出的回复，如图 7-10 所示。

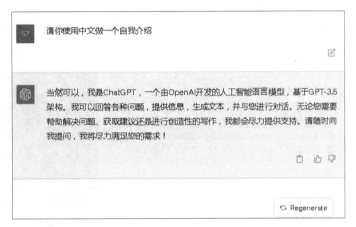

图7-10　问答界面

（3）修改问题。

如果你对 ChatGPT 的回答质量不满意，单击图 7-10 页面上的 "Regenerate" 按钮，可以让它重新回答。此外，如果发现输入的问题表达不够清晰，还可以通过修改问题的方式让 ChatGPT 重新回答。

单击你的问题右侧的编辑按钮，进入编辑模式，如图 7-11 所示。

图7-11　修改问题

修改你的问题，确认无误后，然后单击 "Save & Submit" 按钮保存并提交，如图 7-12 所示。

图7-12　重新提交问题

此时 ChatGPT 会根据修改后的问题重新生成回答，如图 7-13 所示。

（4）管理对话记录。

在 ChatGPT 的界面左侧边栏中，单击 "New chat" 按钮可以启动一个新的对话。在完成回答后，左侧边栏中会出现此次对话的记录，标题是根据内容自动生成的，如果要修改标题，可以单击标题右侧的修改按钮；如果要删除对话记录，可以单击标题右侧的删除按钮，如图 7-14 所示。

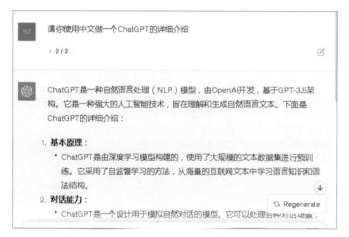

图7-13　ChatGPT的重新回答　　　　　　　图7-14　修改记录标题或删除记录

7.3　使用提示词提升回答的质量

在 7.2.2 小节中，对于问题"请你使用中文做一个自我介绍"和"请你使用中文做一个 ChatGPT 的详细介绍"，ChatGPT 给出的答案是截然不同的。

在 ChatGPT 中，用户提出的问题称为提示词（prompt）。如果我们给出的提示词质量不好，那么 ChatGPT 往往"一本正经地胡说八道"。提示词质量的好与坏，决定了 ChatGPT 回答质量的高与低。

因此想要获得 ChatGPT 高质量的回答，就要学会使用与 ChatGPT 沟通的语言，也就是学会写提示词。

这里总结了一套提示词使用规则，如下所示。

（1）问题阐述。

问题阐述应包括该问题的背景信息、你对该问题的困惑等。

（2）目标明确。

告诉 ChatGPT，你希望它为你做什么。比如，写一篇公司领导在某活动的发言稿，字数不超过 2000；写一篇社交媒体帖子，突出展示某品牌手机的产品特色和优势。

（3）细节补充。

细节越完善，ChatGPT 给出的回答会越贴近你的真实需求。比如制订旅游计划，可以补充细节"不超过 5000 元，尽可能品尝当地美食"。

（4）角色代入。

ChatGPT"无所不知，无所不能"，当你赋予它一定的角色后，它的回答会更加专业和具体。

接下来，我们通过这 4 条规则优化提示词来制订一个旅游计划，如图 7-15 所示。

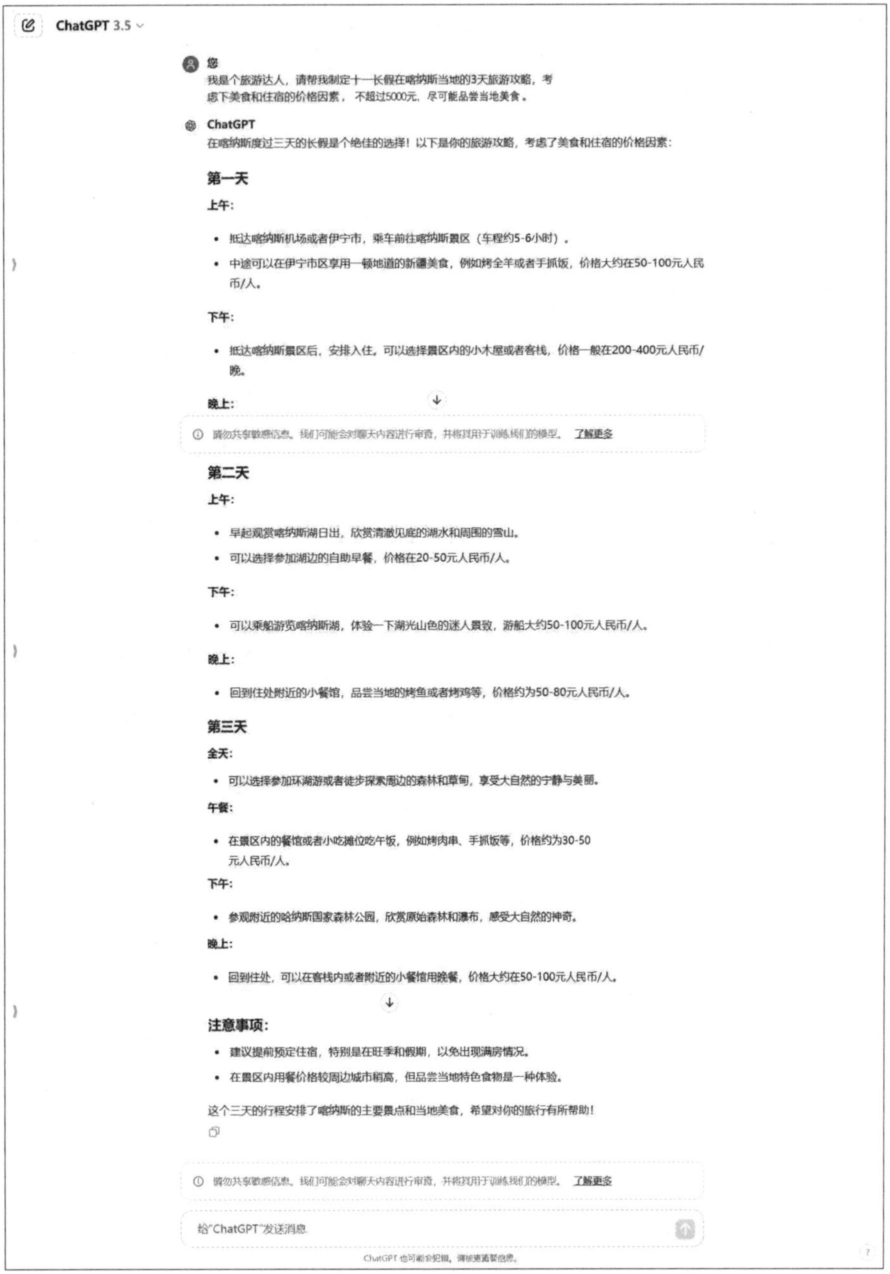

图7-15 ChatGPT给出的旅游计划

这个旅游攻略总体是可用的，ChatGPT带给我们的不只是惊喜。

7.4 ChatGPT办公应用实战

本节通过两个实战案例来展示ChatGPT在办公应用方面的强大功能。

7.4.1 实战案例——用ChatGPT制订员工培训计划

为了得到高质量的回答，要先设计好提示词，再进行对话。根据提示词使用规则进行如下设定。

问题阐述：我们给开发部的新入职员工进行为期 3 天的企业文化培训。

目标明确：请为第一天的培训制订一份详细的计划。

细节补充：以表格形式输出，包括培训的时间、地点、主题、内容、授课老师。

角色代入：我们设定一个培训主管的角色。

接下来根据上述设定，完善提示词，提示词如下。

我现在是某企业人力资源部的培训主管，现在需要给开发部的新入职员工进行为期 3 天（7 月 1 日 -7 月 3 日）的企业文化培训，请为第一天的培训制订一份详细的计划，并以表格形式输出，包括培训的时间、地点、主题、内容和授课老师。

一起看看 ChatGPT 的精彩回答。如图 7-16 所示。

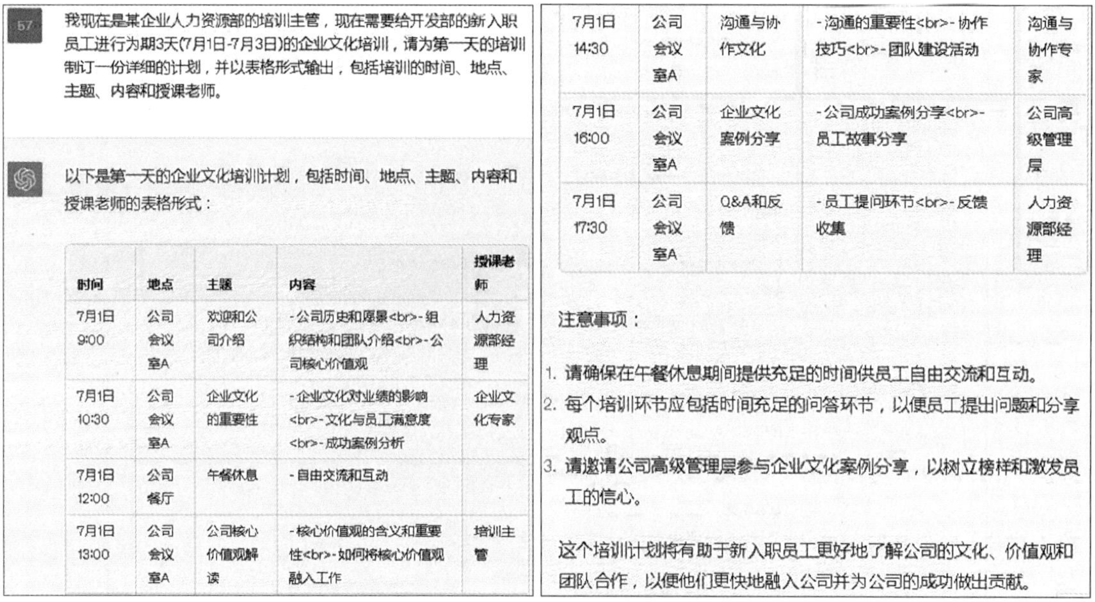
我现在是某企业人力资源部的培训主管，现在需要给开发部的新入职员工进行为期3天(7月1日-7月3日)的企业文化培训，请为第一天的培训制订一份详细的计划，并以表格形式输出，包括培训的时间、地点、主题、内容和授课老师。

以下是第一天的企业文化培训计划，包括时间、地点、主题、内容和授课老师的表格形式：

时间	地点	主题	内容	授课老师
7月1日 9:00	公司会议室A	欢迎和公司介绍	-公司历史和愿景 -组织结构和团队介绍 -公司核心价值观	人力资源部经理
7月1日 10:30	公司会议室A	企业文化的重要性	-企业文化对业绩的影响 -文化与员工满意度 -成功案例分析	企业文化专家
7月1日 12:00	公司餐厅	午餐休息	-自由交流和互动	
7月1日 13:00	公司会议室A	公司核心价值观解读	-核心价值观的含义和重要性 -如何将核心价值观融入工作	培训主管
7月1日 14:30	公司会议室A	沟通与协作文化	-沟通的重要性 -协作技巧 -团队建设活动	沟通与协作专家
7月1日 16:00	公司会议室A	企业文化案例分享	-公司成功案例分享 -员工故事分享	公司高级管理层
7月1日 17:30	公司会议室A	Q&A和反馈	-员工提问环节 -反馈收集	人力资源部经理

注意事项：

1. 请确保在午餐休息期间提供充足的时间供员工自由交流和互动。
2. 每个培训环节应包括时间充足的问答环节，以便员工提出问题和分享观点。
3. 请邀请公司高级管理层参与企业文化案例分享，以树立榜样和激发员工的信心。

这个培训计划将有助于新入职员工更好地了解公司的文化、价值观和团队合作，以便他们更快地融入公司并为公司的成功做出贡献。

图7-16 ChatGPT关于培训计划的回答

这份培训计划直接以表格的形式展示，内容让人一目了然，稍加修改就能使用。

7.4.2 实战案例——用ChatGPT撰写用户调研报告

相应你已经看到提示词质量对回答质量的影响，所以要根据任务仔细思考再进行对话。根据提示词使用规则进行如下设定。

问题阐述：需要一份关于某传统行业使用云计算的调研报告。

目标明确：撰写一份调研报告。

细节补充：要求 5 道单选题目，每道 3 个选项。

角色代入：我们设定一个解决方案经理的角色。

接下来根据上述设定完善提示词，提示词如下。

我是一名解决方案经理，我需要一份关于某传统行业使用云计算的调研报告，要求 5 道单选题目，每道 3 个选项即可。

一起看看 ChatGPT 的精彩回答。如图 7-17 所示。

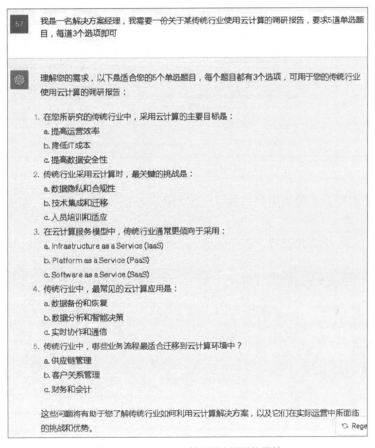

图7-17　ChatGPT关于用户调研的回答

这份问卷题目设计得很专业，具有很强的参考性。

7.5　在Python中调用OpenAI的API

OpenAI 提供了 API（Application Program Interface，应用程序接口），可以在 Python 中调用。账号注册完成之后，单击右上角的账号，在下拉列表中选择"View API keys"，或者直接访问 OpenAI 网站的 API keys 页面，打开如图 7-18 所示的页面。在页面中单击"Create new secret key"按钮，根据提示，可以生成一个 API key。请将这个 API key 存储到一个安全的地方，后面调用 OpenAI 的 API 需要使用这个 API key。

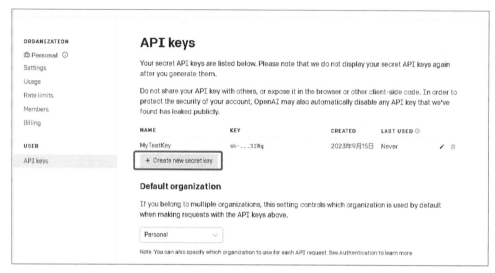

图7-18　API keys页面

OpenAI 为所有免费注册的用户提供了一定的免费使用 API 的额度，足够我们体验 API 的功能。

建立以下 Python 代码并运行，源代码见 code\7\openai.py。

```python
import openai
# 设置 API keys
openai.api_key = "sk-7CVLi6KsGV4EhaCSgFThT3Blb99kFJz                    "
# 定义模型和提示词
model_engine = "text-davinci-003"
prompt = "请你做一个自我介绍"
# 生成一个响应

completion = openai.Completion.create(
    engine=model_engine,
    prompt=prompt,
    max_tokens=1024,
    n=1,
    stop=None,
    temperature=0.5,
)
# 获取文本响应
message = completion.choices[0].text
print(message)
```

上述代码使用 OpenAI 的 API 与 GPT 模型交互并获取生成的文本响应。以下是代码的主要步骤和功能的说明。

completion=openai.Completion.create() 这段代码使用 OpenAI 库的 Completion.create() 方法来向模型发送提示词并获取生成的响应。

其中，参数 engine 使用的是"text-davinci-003"。

参数 prompt 是输入的提示词。

参数 max_tokens 是调用生成的内容允许的最大 token 数量，可以把每个 token 简单理解成一个单词。

参数 n 代表 API 返回的候选文本的数量。

参数 stop 是指模型输出的内容在遇到什么内容时停下来。

参数 temperature 用于调整模型生成文本时的创造性程度。较高的 temperature 值将使模型更有可能生成具有创新性的、独特的文本，较低的 temperature 值更有可能生成常规的文本。

总之，这段代码用于与 GPT 模型互动，通过给定的提示词生成文本响应，并将响应文本输出。在实际使用中，你可以更改提示词和其他参数来生成不同的文本响应。

第 **8** 章

文件操作自动化

第 2 ~ 6 章讲解的是 Python 的基础知识，本章开始偏重于讲解 Python 的应用，包括文件操作自动化，Word、PPT 办公自动化，Excel 办公自动化，PDF 文档操作自动化和邮件发送，以及数据分析与可视化，而且每章都有使用 ChatGPT 生成和调试 Python 代码的案例讲解。相信通过学习这些内容，读者会迅速掌握 Python 办公应用技巧，大大提升工作效率。

本章主要介绍文本文件、CSV 格式文件的写入 / 读取方法，以及 glob 模块的搜索功能和 zipfile 模块的压缩功能。从本章开始，代码风格将有所改变，许多代码以函数方式存在，方便读者使用，也方便其他代码对其进行调用；很多代码的注释中含有之前学习过的知识点，读者可以边学边复习。

本章的目标知识点与学习要求如表 8-1 所示。

表 8-1   目标知识点与学习要求

时间	目标知识点	学习要求
第 1 天	• 文本文件的基本操作方法 • CSV 格式文件的基本操作方法	• 熟练掌握正确打开、关闭、写入及读取文件的方法 • 熟练使用和文件操作相关的模块 • 动手编写代码，完成实战案例
第 2 天	• 文件相关模块的用法	

▶8.1　文本文件

文本文件（TXT 格式）是广泛使用的数据文件，被广泛用于记录各种信息。由于结构简单、体积小，它能够避免使用其他格式文件遇到的一些问题。在本节中，主要介绍文本文件的打开、写入、读取等操作。

8.1.1　文件打开

在 Python 中，使用内置函数 open() 来打开文件。

内置函数 open() 的语法格式如下。

```
open(filename,mode="r",encoding=None,newline=None)
```

其中，filename 参数指定被打开的文件名称，mode 参数指定打开文件的方式，encoding 参数指定对文本进行编码和解码的方式，newline 参数控制换行符。filename 参数是必需的，其他参数都是可选的。

mode 参数设置如表 8-2 所示，默认 mode='r'，即以只读模式打开文件。

表 8-2　　　　　　　　　　　open() 函数的 mode 参数

参数值	含义
r	以只读的方式打开文件，文件必须存在
r+	以读写的方式打开文件，文件必须存在
w	以写的方式打开文件。文件若存在，则清空内容，从头写入；若不存在，则自动创建
w+	以读写的方式打开文件。文件若存在，则清空内容，从头写入；若不存在，则自动创建
a	以写的方式打开文件。文件若存在，则后面追加写入；若不存在，则创建
a+	以读写的方式打开文件。文件若存在，则后面追加写入；若不存在，则创建
b	二进制模式，可以和其他模式联合使用

函数 open() 返回一个 file 对象，可使用这个 file 对象进行文件的读取、写入、关闭等操作。下列代码演示函数 open() 的用法，源代码见 code\8\file_open.py。

```
1  import os
2  cur_path=os.path.dirname(__file__)
3  filename=os.path.join(cur_path, "data.txt")
4  # 以 w 模式打开文件，如果该文件不存在，则创建新文件
5  fi=open(filename,mode='w')
6  fi.close()
7  print(" 文件名: ",fi.name)
8  print(" 文件访问模式: ",fi.mode)
9  print(" 文件是否关闭: ",fi.closed)
```

其中，第 5 行代码指以写的方式打开文件，第 7 ~ 9 行代码返回打开文件的文件名、文件

访问模式和文件是否关闭等属性。代码的执行结果如下，且若 data.txt 文件不存在，会在相应目录下生成该文件。

```
文件名：G:\book\code\7\data.txt
文件访问模式：w
文件是否关闭：True
```

8.1.2　文件写入操作

文件写入操作的步骤为打开文件、写入数据、保存文件、关闭文件。直接对文件写入数据是不行的，因为默认的打开模式是只读。

文件写入操作可以通过文件对象的 write() 方法和 writelines() 方法来完成，接下来对这两种方法进行介绍。

1. 文件对象的write()方法

文件对象的 write() 方法可以把文本数据写入文件。文件对象的 write() 方法的语法格式如下。

```
文件对象 .write(str)
```

其中，参数 str 是一个字符串。

下列代码演示文件对象的 write() 方法，源代码见 code\8\file_write.py。

```
1  import os
2  cur_path=os.path.dirname(__file__)
3  filename=os.path.join(cur_path, "data.txt")
4  fi=open(filename,mode='w',encoding="UTF-8")
5  fi.write(" 和龙哥一起学 Python 办公自动化 ")
6  fi.close()
```

代码执行后，会生成 data.txt 文件（若该文件不存在），并且写入以下内容。

```
和龙哥一起学 Python 办公自动化
```

2. 文件对象的writelines()方法

文件对象的 writelines() 方法把字符串、列表写入文件。文件对象的 writelines() 方法的语法格式如下。

```
文件对象 .writelines(str)
```

其中，参数 str 可以是字符串，还可以是列表对象。

下列代码演示文件对象的 writelines() 方法，源代码见 code\8\file_writelines.py。

```
1  import os
2  cur_path=os.path.dirname(__file__)
3  filename=os.path.join(cur_path, "data1.txt")
4  fi=open(filename,mode='w',encoding="UTF-8")
```

```
5    str=" 和龙哥一起学 Python\nPython 办公自动化实战 "
6    # 用文件对象的 writelines() 方法写入多行内容
7    fi.writelines(str)
8    fi.close()
9    filename2=os.path.join(cur_path, "data2.txt")
10   fi2=open(filename2,mode='w',encoding="UTF-8")
11   list1=[" 和龙哥一起学 Python\n","Python 办公自动化实战 "]
12   # 用文件对象的 writelines() 方法写入列表
13   fi2.writelines(list1)
14   fi2.close()
```

其中，第 5 ~ 8 行代码用文件对象的 writelines() 方法写入多行内容，第 11 ~ 14 行代码用文件对象的 writelines() 方法写入列表，代码的执行结果如图 8-1 所示。

图8-1　文件写入操作writelines()的执行结果

8.1.3　文件读取操作

文件读取操作的步骤为打开文件、读取数据、关闭文件。默认的打开方式是只读。

文件读取操作可以通过文件对象的 readline() 方法、readlines() 方法来完成，接下来对这两种方法进行介绍。

1. 文件单行读取——readline()方法

readline() 方法的功能是每次读取一行，返回的是字符串对象。文件对象的 readline() 方法的语法格式如下。

```
文件对象 .readline()
```

下列代码演示使用 readline() 方法读取单行内容，源代码见 code\8\file_readline.py。

```
1    import os
2    cur_path=os.path.dirname(__file__)
3    filename=os.path.join(cur_path, "t_person_info.txt")
4    fi=open(filename,mode='r',encoding="UTF-8")
5    i=0
6    while True:
7        lines=fi.readline().strip('\n')
8        print(lines)
9        i=i+1
10       if i>10:
```

```
11          break
12 fi.close()
```

其中，第 3 行代码组装文件路径和文件名，第 6 ~ 11 行代码采用 while 语句，读取并输出每一行文本。第 7 行代码指文件对象的 readline() 方法读取的一行内容中若含有换行符 \n，可以使用 strip() 方法来去掉。这段代码中使用到的已学知识点有 os 模块、while 语句、break 语句和字符串的 strip() 方法。代码的执行结果如下。

```
"3699"    "刘帅"     "lei20"
"3700"    "朱春梅"   "tianli"
"3701"    "陈秀荣"   "yang40"
"3702"    "胡萍"     "qiang74"
"3703"    "林秀华"   "agong"
"3704"    "吴霞"     "oma"
"3705"    "袁颖"     "laijun"
```

2. 文件多行读取——readlines()方法

readlines() 方法的功能是一次性读取整个文件，自动将文件内容拆分成列表。文件对象的 readlines() 方法的语法格式如下。

```
文件对象.readlines()
```

该方法的返回值为列表。

下列代码演示使用 readlines() 方法读取多行内容，源代码为 code\8\file_readlines.py。

```
1  import os
2  cur_path=os.path.dirname(__file__)
3  filename=os.path.join(cur_path, "t_person_info.txt")
4  fi=open(filename,mode='r',encoding="UTF-8")
5  lines=fi.readlines()
6  for index,line in enumerate(lines):
7      if index>5:
8          break
9      print(line.strip("\n"))
10 fi.close()
```

其中，第 5 行代码一次性读取全部内容，第 6 ~ 9 行代码读取每行内容并输出。这段代码使用到的已学知识点有 for 语句、break 语句、enumerate() 函数和字符串的 strip() 方法，请读者反复体会和测试。代码的执行结果如下。

```
"3699"    "刘帅"     "lei20"
"3700"    "朱春梅"   "tianli"
"3701"    "陈秀荣"   "yang40"
"3702"    "胡萍"     "qiang74"
"3703"    "林秀华"   "agong"
"3704"    "吴霞"     "oma"
```

8.1.4　使用with语句进行优化

对文件进行操作时，很容易出现异常，比如文件被占用、文件不存在等，这时需要加上异常处理的代码。

下列代码演示了文件操作的异常处理，源代码见 code\8\file_try.py。

```
1  import os
2  cur_path=os.path.dirname(__file__)
3  filename=os.path.join(cur_path, "data.txt")
4  try:
5      f=open(filename,mode='r')
6      print(f.read())
7  except:
8      print(f"打开 {filename} 出错，请检查!")
9  finally:
10     f.close()
11 print("执行结束后，需要关闭文件对象")
```

这段代码虽然运行良好，但每次都会关闭文件对象，这么写实在太烦琐，这时候该 with 语句出场了。

下列代码演示 with 语句的用法，源代码见 code\8\file_with.py。

```
1  import os
2  cur_path=os.path.dirname(__file__)
3  filename=os.path.join(cur_path, "data.txt")
4  with open(filename,mode='r') as f:
5      print(f.read())
```

两段代码的运行结果一致，但是第二段代码和第一段代码相比，代码量大大减少。不管是正常结束还是异常退出之前，with 语句都会关闭文件对象 f。

with 语句适合对资源进行访问的场合，可以确保在使用过程中，不论是否出现异常都进行资源释放，比如文件打开后的自动关闭，数据库的打开和关闭等。

with 语句所管理的资源必须是一个上下文管理器。这个上下文管理器必须实现两个方法，一个是进入上下文管理器自动调用的方法，一个是退出上下文管理器自动调用的方法。with 语句在执行过程中，会自动调用上下文管理器中的进入和退出方法，会使代码变得更加简洁。

什么是上下文管理器？可通过以下场景理解。

在家做饭，工序有点多，会比较麻烦。

比如买菜、洗菜、淘米、洗锅、炒菜、洗碗、打扫卫生……

很多人说，饭做好了，自己却不想吃了，因为太累。

现代的工作节奏很快，很多人下了班都不想做饭，有没有更好的办法，既不用自己做饭、打扫卫生，又能吃上饭呢？有，去餐馆就可以了。

餐馆就是一个上下文管理器，人需要做的就是点菜、吃饭、聊天，然后付款走人。

是不是很简单？Python 就提供了 with 语句让用户享受这种轻松。

```
with 上餐馆 as 我：
    我.吃吃吃()
```

希望每个职场人士，都有一个合适的、使用便捷的上下文管理器。

8.2 CSV格式文件

CSV（Comma-Separated Values，逗号分隔值）文件以纯文本形式存储表格数据（数字和文本），由于是纯文本格式，几乎使用任何编辑器都可打开编辑。

在 Python 中，读取或写入 CSV 文件时，首先要加载 csv 这个内置模块，然后利用这个模块提供的方法对文件进行操作。

8.2.1 CSV格式文件的写入

使用 csv 模块中的 writer() 函数进行文件的写入，该函数返回一个 writer 对象。writer 对象提供了 writerow() 方法和 writerows() 方法分别进行单行和批量的数据写入。

writer() 函数的语法格式如下。

```
writer=csv.writer(csvfile)
```

其中，参数 csvfile 是文件、列表或字典对象等。

下列代码演示 CSV 文件的写入，源代码见 code\8\csv_writer.py。

```
1   import csv
2   import os
3   cur_path=os.path.dirname(__file__)
4   def write_csv(filename,data):
5       with open(filename,'w',newline='') as f:
6           writer=csv.writer(f)
7           # 循环写入每一行数据
8           for row in data:
9               writer.writerow(row)
10          # 也可以一次性写入全部数据
11          writer.writerows(data)
12  filename=os.path.join(cur_path, "csv_write.csv")
13  data=[['username','password','truename'],
14  ['admin','123456','admin'],
15  ['zhangsan','123456','张三 '],
16  ['lisi','123456','李四 ']]
17  write_csv(filename,data)
```

其中，第 4 ~ 11 行代码为循环写入每一行数据和一次性写入全部数据。第 5 行代码中的

open() 函数如果不指定 newline=''，则每写入一行将有一空行被写入。读者可以自行测试。代码执行后会生成一个 csv_write.csv 文件，内容如图 8-2 所示。

	A	B	C	D	E
1	username	password	truename		
2	admin	123456	admin	writerow()方法循环写入的	
3	zhangsan	123456	张三		
4	lisi	123456	李四		
5	username	password	truename		
6	admin	123456	admin	writerow()方法一次性写入的	
7	zhangsan	123456	张三		
8	lisi	123456	李四		
9					
10					

图8-2　CSV文件内容

8.2.2　CSV格式文件的读取

使用 csv 模块中的 reader() 函数进行文件的读取。该函数返回一个 reader 对象，利用该对象遍历 CSV 文件中的每一行，并将之作为字符串列表返回。

reader() 函数的语法格式如下。

```
reader=csv.reader()
```

下列代码演示 CSV 文件的读取，源代码见 code\8\csv_reader.py。

```
1  import csv
2  import os
3  cur_path=os.path.dirname(__file__)
4  def read_csv(filename):
5      with open(filename,'r',newline='') as f:
6          reader=csv.reader(f)
7          #获取表头
8          headrow=next(reader)
9          print('表头:',headrow)
10         for row in reader:
11             print(f'行号:{reader.line_num},列表数据:{row},列表某一列数据:{row[1]}')
12 filename=os.path.join(cur_path, "csv_write.csv")
13 read_csv(filename)
```

其中，第 8 行代码指使用 Python 内置函数 next() 获取 CSV 文件中的第一行，即表头header。这段代码使用到的已学知识点有 for 语句、with 语句、os 模块，请读者反复体会和测试。代码的执行结果如下。

```
表头: ['username', 'password', 'truename']
行号:2,列表数据:['admin', '123456', 'admin'],列表某一列数据:123456
行号:3,列表数据:['zhangsan', '123456', '张三'],列表某一列数据:123456
```

```
行号 :4, 列表数据 :['lisi', '123456', ' 李四 '], 列表某一列数据 :123456
行号 :5, 列表数据 :['username', 'password', 'truename'], 列表某一列数据 :password
```

8.2.3　使用字典方式操作CSV文件

csv 模块的 reader 对象和 writer 对象都是按照列表方式读取、写入文件的，此外，还可以使用通过 csv 模块提供的方法，按照字典的方式进行读取、写入。其中，writeheader() 方法写入表头到文件，writerows() 方法一次性写入全部数据到文件。

下列代码演示写入 CSV 文件，源代码见 code\8\csv_dictwriter.py。

```
1   import csv
2   import os
3   cur_path=os.path.dirname(__file__)
4   def write_csv(filename,data):
5       headnames = ['username','password','truename'] # 定义表头字段
6       with open(filename,'w',newline='') as f:
7           writer=csv.DictWriter(f,fieldnames = headnames)
8           writer.writeheader()# 写入表头
9           writer.writerows(data)# 一次性写入全部数据
10  filename=os.path.join(cur_path, "csv_DictWriter.csv")
11  data=[{'username':'admin','password':'123456','truename':'admin'},
    {'username':'zhangsan','password':'123456','truename':' 张三 '},
    {'username':'lisi','password':'123456','truename':' 李四 '}]
12  write_csv(filename,data)
```

其中，第 4 ~ 9 行代码定义写入函数，writeheader() 方法写入表头，writerows(data) 方法一次性写入全部数据，代码执行后会在当前目录下生成文件 csv_DictWriter.csv，文件内容如图 8-3 所示。

此外，还可以通过 csv 模块提供的方法按照字典的方式读取数据。

A1		:	×	✓	fx	username	
	A	B	C	D	E		
1	username	password	truename				
2	admin	123456	admin				
3	zhangsan	123456	张三				
4	lisi	123456	李四				
5							

图8-3　CSV文件内容

下列代码演示读取 CSV 文件，源代码见 code\8\csv_dictreader.py。

```
1   import csv
2   import os
3   cur_path=os.path.dirname(__file__)
4   def read_csv(filename):
5       with open(filename,'r') as f:
6           reader=csv.DictReader(f)
7           head = reader.fieldnames# 取出文件的表头信息
8           print(head)
9           for row in reader:
10              print(f' 数据 :{row}')
11  filename=os.path.join(cur_path, "csv_dictwriter.csv")
12  read_csv(filename)
```

其中，第 4 ~ 10 行代码定义 CSV 文件读取函数。代码的执行结果如下。

```
['username', 'password', 'truename']
数据 :{'username': 'admin', 'password': '123456', 'truename': 'admin'}
数据 :{'username': 'zhangsan', 'password': '123456', 'truename': ' 张三 '}
数据 :{'username': 'lisi', 'password': '123456', 'truename': ' 李四 '}
```

8.3　glob模块

在实际项目开发中，glob 模块使用得非常多，原因是它的搜索功能非常好用。这个模块是 Python 内置的，可直接使用。用它可以查找符合特定规则的文件，跟在 Windows 中使用文件搜索功能差不多。

通过 glob 模块查找文件，可使用 3 种通配符："*""?""[]"。其中，"*"匹配 0 个或多个字符，"?"匹配单个字符，"[]"匹配指定范围内的字符（如 [0-9] 匹配数字 0 ~ 9）。

下列代码演示 glob 模块的用法，源代码见 code\8\glob_1.py。

```
1   import glob
2   import os
3   cur_path=os.path.dirname(__file__)
4   filename=os.path.join(cur_path, "*.py")
5   file=glob.glob(filename)
6   print(type(file))
7   print(file)
```

其中，第 5 行代码指返回的搜索结果是一个列表。代码在笔者计算机上的执行结果如下。

```
<class 'list'>
['E:\\book\\code\\7\\bigdata_build.py', 'E:\\book\\code\\7\\bigdata_chunk.
py', 'E:\\book\\code\\7\\csv_dictwriter.py', 'E:\\book\\code\\7\\sample_rename.
py', 'E:\\book\\code\\7\\sample_search.py']
```

8.4　zipfile模块

Python 中的内置模块 zipfile 用来处理 ZIP 格式的文件，要进行相关操作，首先需要创建一个 ZipFile 对象，创建 ZipFile 对象的语法格式如下。

```
zipfile.ZipFile(zip_file, "r")
```

其中，参数 zip_file 是压缩文件的全路径，是必选参数；第二个参数为可选参数，表示打开模式，可以是 "r""w" 或 "a"，默认为 "r"（即只读模式）。

8.4.1　生成压缩文件

使用 ZipFile 对象的 write() 方法生成压缩文件，功能是将指定文件添加到 ZIP 文件中，其语法格式如下。

```
ZipFile.write(filename[, arcname])
```

其中，参数 filename 为文件路径，arcname 为添加到 ZIP 文件之后保存的名称。

下列代码演示如何创建一个 ZIP 文件，并将当前目录下的所有文件添加到该文件中。源代码见 code\8\zipfile_write.py。

```
1   import os
2   import zipfile
3   cur_path=os.path.dirname(__file__)
4   def zip_dir(zip_path, zip_file):
5       with zipfile.ZipFile(zip_file, "w") as f:
6           for root, dirnames, filenames in os.walk(zip_path):
7               file_path=root.replace(zip_path,'')# 去掉根路径，只保留子目录
8                   for filename in filenames: # 循环文件
9                       f.write(os.path.join(root, filename),os.path.join(file_path, filename))
10  zip_dir(cur_path, r"d:\10.zip")
```

其中，第 6 行代码使用了 os.walk() 方法获取指定目录下的文件和文件夹，第 7 行代码使用字符串的 replace() 方法去掉根路径。代码执行后，会将代码文件所在目录的全部文件打包写入在 D 盘生成的压缩文件 10.zip，如图 8-4 所示。

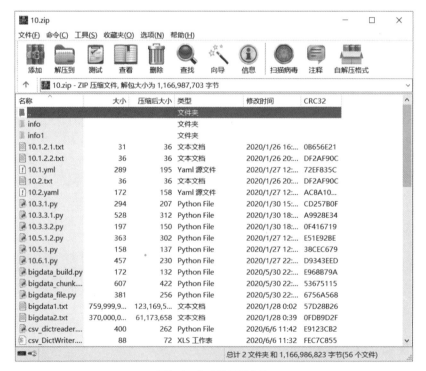

图8-4　生成的压缩文件

8.4.2 解压缩文件

解压缩文件主要使用 ZipFile 对象的 extract() 方法，其功能是将 ZIP 文件内的指定文件解压到当前目录，语法格式如下。

```
ZipFile.extract(member[, path[, pwd]])
```

参数 member 指定要解压的文件名称或对应的 ZipInfo 对象，参数 path 指定了解析文件保存的文件夹，参数 pwd 为解压密码。

下列代码演示解压缩文件，源代码见 code\8\extract.py。

```
1  import zipfile
2  import os
3  def unzip(zip_file,dest_path):
4      with zipfile.ZipFile(zip_file) as f:
5          for file in f.namelist():# 获取 ZIP 文件内所有文件的名称列表
6              f.extract(file, dest_path)
7  unzip(r"d:\10.zip",r"d:\10")
```

其中，第5行代码中的 f.namelist() 方法获取 ZIP 文件内所有文件的名称列表。代码执行后，10.zip 被解压到 D:\10 目录下，请读者自行测试。

8.5 实战案例——快速创建所有人员姓名文件夹

在工作中，经常需要根据 CSV 文件中的人员名单来批量创建姓名文件夹。当人数较少时，通过手动操作即可，但是如果人数成百上千呢？工作量可想而知。可利用 Python 轻松完成。

案例目标：从 CSV 文件读取人员姓名，并根据人员姓名创建文件夹。

最终效果：快速创建所有人员姓名文件夹。

知识点：CSV 文件读取、os.mkdir() 方法。

本案例使用的数据文件如图8-5所示。数据文件见 code\7\example_mkdir.csv。

下列代码演示通过 Python 快速创建所有人员姓名文件夹。源代码见 code\8\example_mkdir.py。

	id	name	nickname
1	id	name	nickname
2	3699	刘帅	lei20
3	3700	朱春梅	tianli
4	3701	陈秀荣	yang40
5	3702	胡萍	qiang74
6	3703	林秀华	agong
7	3704	吴霞	oma
8	3705	袁颖	laijun
9	3706	吴红梅	maoxiulan
10	3707	冯彬	longjun

图8-5 数据文件

```
1  import os
2  import csv
3  # 获取当前路径
4  cur_path=os.path.dirname(__file__)
5  # 确保 md 文件夹存在，用于保存每个人的文件夹
6  filepath=os.path.join(cur_path,"md")
```

```
 7  def mkdir_people(filename):
 8      with open(filename,'r') as f:
 9          reader=csv.reader(f)
10          headrow=next(reader)#获取表头
11          for row in reader:
12              mkdir(row[1])#调用创建文件夹的函数
13  #调用方式:mkdir("张三")
14  def mkdir(name):
15      path=os.path.join(filepath,name) #构造文件夹
16      if not os.path.exists(path):
17          os.makedirs(path)
18  filename=os.path.join(cur_path,"example_mkdir.csv")
19  mkdir_people(filename)
```

其中，第 7 ~ 12 行代码定义一个根据文件里的姓名创建文件夹的函数；第 14 ~ 17 行代码是具体的文件夹创建函数，若文件夹不存在则创建文件夹。代码执行后，打开 md 文件夹会看到每个人的姓名文件夹，如图 8-6 所示。是不是成就感满满？

安林	陈静	丁秀华	冯秀华	何桂花	黄淑华	李峰	梁玉	刘文	毛云
敖建军	陈利	董兵	符桂芳	何桂珍	黄霞	李桂英	廖辉	刘想	孟想
白波	陈玲	董东	千东	何晶	黄秀华	李辉	廖琳	刘秀芳	苗刚
白建军	陈璐	董颖	高丹	何秀云	黄秀兰	李慧	林波	刘秀英	倪强
白敏	陈鹏	都彬	高建	何玉	计玉兰	李建	林利	刘阳	宁兵
白秀荣	陈强	杜林	高亮	贺强	纪秀荣	李建军	林宁	刘洋	宁玉珍
白莹	陈瑞	杜鹏	高楠	贺玉梅	贾东	李坤	林秀华	刘玉	牛东
蒲涛	陈淑兰	樊建国	高婷	洪斌	贾凤英	李雷	凌桂珍	刘玉梅	牛秀兰
毕俊	陈帅	樊莹	高燕	侯欢	贾林	李磊	刘兵	柳荣	欧雷
蔡兵	陈婷	范博	葛亮	侯雷	贾霞	李亮	刘畅	陆璐	裴秀荣
蔡凤英	陈鑫	范丹丹	耿晨	胡飞	江飞	李龙	刘超	罗丹丹	彭亮
蔡小红	陈秀荣	范海燕	耿洁	胡刚	江宁	李璐	刘帆	罗兰英	彭璐
曹冬梅	陈岩	范玲	宫俊	胡海燕	姜秀华	李宁	刘芳	罗丽	彭淑英

图8-6　所有人员姓名文件夹

▶8.6　实战案例——自动整理文件

职场人士常会收到各种各样的文档，如果不及时整理，时间一长，文件夹里便乱七八糟。如何让文件夹看起来更加整洁、美观和专业？用 Python 可以开发自动整理文件的工具。设定好需要整理的目录，就能把该目录下的各种文件分门别类整理好。

案例目标：读取任意工作文件夹中的所有文件，根据文件名后缀自动分门别类保存到相关目录中。

最终效果：快速将杂乱的文件自动整理到相应目录。

知识点：glob.glob() 方法、os.makedirs() 方法、os.path.splitext() 方法等。

本案例中待整理的工作文件夹中的内容如图 8-7 所示。

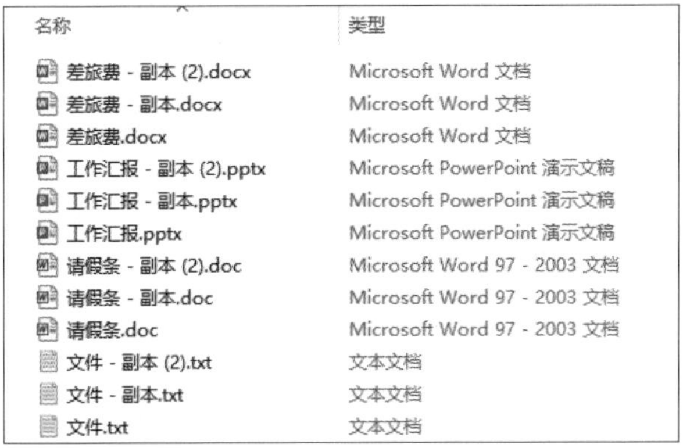

图8-7　待整理的工作文件夹中的内容

下列代码演示通过 Python 自动整理文件，源代码见 code\8\example_auto.py。

```
1    import os
2    import glob
3    import shutil
4    def one_key(src_path,dest_path):
5        glob_file = os.path.join(src_path, "**") # 搜索源文件夹下的所有文件
6        files = glob.glob(glob_file,recursive=True) # 开启递归
7        for file in files:
8            if os.path.isfile(file):
9                filename = os.path.basename(file) # 获取文件名
10               if "." in filename: # 如果文件有扩展名
11                   extname=os.path.splitext(file) # 分离文件名和扩展名
12                   dirname=extname[1].replace(".","") # 将扩展名去除点号作为文件夹名称
13               else: # 将没有扩展名的文件归到 others 文件夹下
14                   dirname="others"
15               dir_path=os.path.join(dest_path,dirname) # 拼接为完整文件夹
16               if not os.path.exists(dir_path):
17                   # 在指定文件夹下创建多级文件夹
18                   os.makedirs(dir_path)
19                   # 将文件复制到目标文件夹下
20                   shutil.copy(file, dir_path) # 使用 shutil 库
21   if __name__ == "__main__":
22       # 任意指定一个需要整理的文件夹
23       work_path=r"E:\book\code"
24       # 任意指定一个输出文件夹
25       out_path=r"d:\out_path"
26       one_key(work_path,out_path)
```

第 4 ~ 20 行代码定义一个函数，输入参数为任意需要整理的文件夹，输出参数为整理后的文件夹。其中，第 5、6 行代码搜索源文件夹下的所有文件并开启递归；第 10 ~ 14 行代码判断文件有没有扩展名，将无扩展名的文件统一归类到 others 文件夹下；第 16 ~ 18 行代码对输出的文件夹进行判断，如果不存在则创建多级文件夹；第 20 行代码使用了 shutil 库的 copy() 方法进行文件快速复制。为了让代码能够运行，读者需要更换第 23 和 25 行代码中的路径。

代码的执行结果如图 8-8 所示。

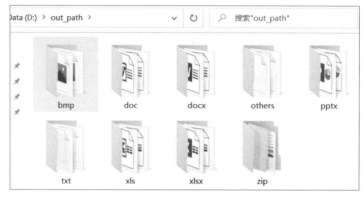

图8-8　自动整理文件代码的执行结果

8.7　实战案例——打造个性化的图片文字识别工具

领导发过来几张带文字的图片，要求将之整理成文字版。如何解决？不要着急，使用百度文字识别功能可以轻松进行图片文字识别。

案例目标：使用百度图片文字识别功能对单张或多张图片上的文字进行识别。

最终效果：识别出文字并将文字保存到文件中。

知识点：百度图片文字识别 API 的申请、os.walk() 方法、os.path.splitext() 方法、os.path.join() 方法、os.rename() 方法等。

接下来通过两步搞定这个案例。

（1）图片文字识别 API 获取。

首先登录百度智能云开放平台，进入管理页面后，单击左侧菜单中的"文字识别"，再单击"创建应用"按钮，如图 8-9 所示。

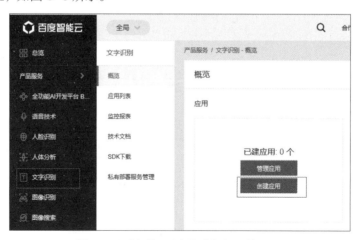

图8-9　百度智能云平台的"文字识别"界面

创建一个应用，名称为"图片文字识别"，AppID和API Key会自动生成，如图8-10所示。

图8-10　创建应用

使用pip命令安装baidu-aip模块，代码如下。

```
pip install baidu-aip
```

安装后模块版本为2.2.18.0。

（2）代码编写。

首先引入AipOcr类，然后传入AppID、API_Key、Secret_Key参数，代码如下。

```
client=AipOcr(AppID,API_Key,Secret_Key)
```

然后调用相关方法进行识别，代码如下。

```
result=client.basicGeneral(img)   # 通用识别，每天 5 万次免费
result=client.basicAccurate(img)  # 高精度识别，每天 500 次免费
```

下列代码演示了完整的图片文字识别过程，源代码见code\8\apiocr_1.py。

```
1   from aip import AipOcr
2   import glob
3   import os
4   cur_path = os.path.dirname(__file__)
5   jpgfile = os.path.join(cur_path, 'ocr', " 幻灯片 2.jpg")
6   jpgsfile = os.path.join(cur_path, 'ocr', "*.jpg")
7   resulttxt = os.path.join(cur_path, 'ocr', "all.txt")
8   # 单个转换
9   def ocr(srcname, appid, api_key, secret_key):
10      client = AipOcr(appid, api_key, secret_key)
11      with open(srcname, 'rb') as f:
12          img = f.read()
13          try:
14              result = client.basicGeneral(img)   # 通用识别，每天 5 万次免费
15          except:
16              result = client.basicAccurate(img)  # 高精度识别，每天 500 次免费
17      return result
18  # 批量转换
19  def ocrs(filepath, appid, api_key, secret_key):
20      for x in glob.glob(filepath):
```

```
21          txts = []
22          result = ocr(x, appid, api_key, secret_key)
23          for txt in result.get('words_result'):
24              txts.append(txt.get('words'))
25          write_file(x, txts)
26  # 保存为文件
27  def write_file(picfile, txts):
28      with open(resulttxt, 'a') as f:
29          f.writelines(' 识别图片：'+picfile+'\n')
30          f.writelines(' 识别内容：'+'\n')
31          f.writelines(txts)
32          f.writelines('\n')
33  if __name__ == '__main__':
34      AppID = '2133        '
35      API_Key = 'RlMcTlCT0nv7SkR            '
36      Secret_Key = 'B8SBmqgr2RAVIFBqwa            '
37      print(ocr(jpqfile, AppID, API_Key, Secret_Key))
38      print(ocrs(jpgsfile, AppID, API_Key, Secret_Key))
```

代码的执行结果、原始图片，以及生成的文本内容分别如图 8-11 ~ 图 8-13 所示。

```
{'words_result': [{'words': 'Python的标识符'}, {'words': '标识符'}, {'words': '标识符用于 Python语言的变量、关键字、函数、
对象等数据的命名。'}, {'words': '比如a=5, def test'}, {'words': '标识符的命名需要遵循下面的规则'}, {'words': '1.可以由字母
、数字和(下划线)组合而成,但不能由数字开头'}, {'words': '2不能包含除以外的任何特殊字符,如:%、#、&、逗号、空格等'}, {'words'
: '3标识符不能是 Python语言的关键字和保留字。'}, {'words': '4.标识符区分大小写,num1和Num2是两个不同的标识符。'}, {'words':
'正确标识符的命名示例'}, {'words': 'a、 student、book、 result2、num1、num2、 good price,aaaa'}, {'words': '错误标识符的
命名示例'}, {'words': '123run(以人数字开头、 Good Author(包含空格) People#(包含特殊字符)、 class'}, {'words': '( calss是类
关键字)。'}], 'log_id': 1352274329198395392, 'words_result_num': 14}
```

图8-11　代码的执行结果

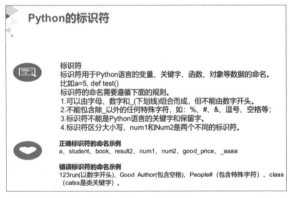

图8-12　原始图片

图8-13　生成的文本文件内容

8.8　使用ChatGPT实现文件自动整理

日常办公时经常会下载和创建各种文件，如 Excel 表格、Word 文档、PDF 文件、图片等。由于工作忙，顾不上对文件进行分类整理，时间一长，电脑中的文件往往非常杂乱，自己想要

的文件很难找，大大影响工作效率。

现在我们一起用 ChatGPT 来解决这个问题。

（1）打开 ChatGPT，输入提示词。

经过对文件整理功能的需求分析，得到如下提示词。

编写一个自动整理文件的程序。第一步：从 e:\book\code 下读取所有的文件。第二步：根据文件后缀进行归类到不同的文件夹下，没有后缀名的文件直接归类到 others 目录下。第三步：整体输出到 d:\out_path 目录下。

将提示词输入 ChatGPT 中，我们可以看到输出的结果，部分如图 8-14 所示。

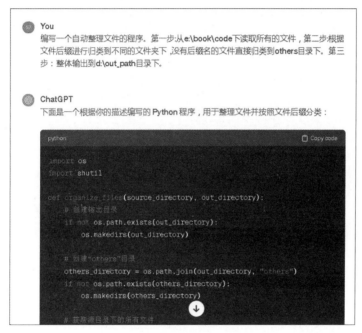

图8-14　ChatGPT输出结果（部分）

（2）复制输出结果中的代码，并将之粘贴到 VS Code 中。

将 ChatGPT 生成的代码复制到本地的 VS Code 编辑器中。相应代码如下所示，源代码见 code\8\8.py。

```python
import os
import shutil
def organize_files(source_directory, out_directory):
    # 创建输出目录
    if not os.path.exists(out_directory):
        os.makedirs(out_directory)
    # 创建 "others" 目录
    others_directory = os.path.join(out_directory, "others")
    if not os.path.exists(others_directory):
```

```
            os.makedirs(others_directory)
        # 获取源目录下的所有文件
        files = os.listdir(source_directory)
        for file in files:
            # 拼接文件的完整路径
            file_path = os.path.join(source_directory, file)
            if os.path.isfile(file_path):
                # 获取文件扩展名
                _, file_extension = os.path.splitext(file)
                if file_extension:
                    # 创建目标文件夹路径
                    destination_folder = os.path.join(out_directory, file_extension[1:])
                else:
                    # 文件没有扩展名时，放入 "others" 目录
                    destination_folder = others_directory
                # 如果目标文件夹不存在，则创建
                if not os.path.exists(destination_folder):
                    os.makedirs(destination_folder)
                # 拼接目标文件路径
                destination_path = os.path.join(destination_folder, file)
                # 移动文件到目标文件夹
                shutil.move(file_path, destination_path)
        print("文件整理完成！")
if __name__ == "__main__":
    # 源文件夹路径
    source_directory = "e:/book/code"
    # 输出文件夹路径
    out_directory = r"d:/out_path"
    # 执行整理文件操作
    organize_files(source_directory, out_directory)
```

（3）若运行报错，修改代码。

在 VS Code 环境中执行代码，若出现错误则修改代码，直至没有错误出现。

（4）检查代码执行效果。

代码执行后，达到了预期值。实际效果参考图 8-8。

针对同一个需求，通过对手动编写和 ChatGPT 生成两种方式的代码进行比对，可以看到 ChatGPT 生成的代码更严谨，且有大量的注释。此外，ChatGPT 还会贴心地给出如下提示。

请注意，这个程序会遍历源文件夹下的所有文件，并根据扩展名将文件分类存储到输出目录下的不同文件夹中。没有扩展名的文件会被存储在"others"目录下。在运行之前，请确保备份重要文件，以免由于程序错误导致文件丢失。

第 **9** 章

Word、PPT办公自动化

本章介绍 Word 和 PPT 的办公自动化。通过 python-docx 库、docxtpl 库可对扩展名为
".docx" 的文件进行处理，利用 win32com 这个底层库提供的强大功能可对 Word 文档进行随
心所欲的操作与定制。同样，也可以通过 python-pptx 库对扩展名为 ".pptx" 的文件进行操作。
本章的目标知识点与学习要求如表 9-1 所示。

表 9-1　　　　　　　　　　　　　　目标知识点与学习要求

时间	目标知识点	学习要求
第 1 天	• python-docx 库的使用	• 熟悉几个库的优点和缺点
第 2 天	• docxtpl 库的使用	• 熟悉几个库的常规操作
第 3 天	• python-pptx 库的使用 • win32com 库的使用	• 初步学会 ChatGPT 生成代码的错误排查方法

9.1　使用python-docx库进行Word办公自动化

python-docx 库是使用 Python 操作 Word 文档的开源包，用于创建和更新 Word(*.docx)
文件。python-docx 库允许创建新文档，以及对现有文档进行更改，非常好用。

在 Python 中，使用 python-docx 库可以读取和写入 Word 文档（*.docx），但只能操作
扩展名为 ".docx" 的文件，而不能操作扩展名为 ".doc" 的文件。另外，这个库可以跨平台使

用，还可以在没有安装 Office 办公软件的情况下使用。

9.1.1　python-docx库的安装和对象层次

使用 pip 命令可以方便、快捷地安装 python-docx 库，命令如下。

```
pip install python-docx
```

本书案例使用的 python-docx 库版本为 0.8.10。

python-docx 库的对象层次可以分为 3 层，如图 9-1 所示。

（1）document 对象表示整个文档，可以通过 document 对象新建或打开 Word 文档，并设置全局样式。

（2）document 对象包含 paragraph 对象，一个 paragraph 对象用来表示文档中的一个段落。

（3）一个 paragraph 对象包含多个 run 对象，一个 run 对象就是样式相同的一段文本。

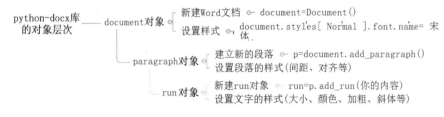

图9-1　python-docx库的对象层次

接下来一一介绍这个库的相关功能。

9.1.2　python-docx库的基本操作

python-docx 库的基本操作包括文档的新建、打开和保存，标题、段落和 run 对象的添加，分页符的添加，表格的创建和读取，图片的添加等。了解这些知识点，就可以方便地操作 Word 文档。

1. Word文档的新建、打开和保存

要使用 python-docx 库很简单，只需要按照以下方式导入。

```
from docx import Document
```

使用 docx 模块的 Document() 函数可以新建或打开一个 Word 文档，其语法格式如下。

```
Document(docx=None)
```

其中，参数 docx 是 .docx 文件的路径。如果 docx 参数为空，则按照默认模板新建一个 Word 文档。

使用 Document 类的 save() 方法可以保存 Word 文档，其语法格式如下。

```
document.save(文件路径)
```

下列代码演示如何新建、保存一个 Word 文档，源代码见 code\9\docx_new.py。

```
1  from docx import Document
2  import os
3  cur_path=os.path.dirname(__file__)
4  savefilename=os.path.join(cur_path,'docx_new.docx')
5  document = Document()
6  document.save(savefilename)
```

其中，第 1 行代码导入 python-docx 库，第 3 行代码获取当前目录的路径，第 5、6 行代码创建一个 document 对象后进行文件的保存。

代码执行后，在当前目录下生成 docx_new.docx 文件，请读者自行验证。

另外，还可以通过 Document(文件名) 的方式打开一个已经存在的 Word 文档。

下列代码演示打开一个已经存在的 Word 文档，源代码见 code\9\docx_open.py。

```
1  from docx import Document
2  import os
3  cur_path=os.path.dirname(__file__)
4  openfilename=os.path.join(cur_path,'docx_new.docx')
5  savefilename=os.path.join(cur_path,'docx_open.docx')
6  document = Document(openfilename)
7  document.save(savefilename)
```

其中，6、7 行代码打开一个已经存在的 Word 文档，并将其保存为另外一个文档。代码执行后，在当前目录下生成 docx_open.docx 文件。如果使用相同的文件名来打开和保存文件，将会覆盖原始文件。

2．标题的添加

添加标题的语法格式如下。

```
document.add_heading(text='',level=1)
```

该方法返回新添加到文档末尾的标题段落。段落样式由 level 决定，如果 level 为 0，则样式设置为"标题"；如果 level 为 1，则使用"标题 1"，以此类推。如果 level 超出范围 0 ~ 9，则引发 ValueError 错误。

下列代码演示添加标题的方法，源代码见 code\9\docx_add_heading.py。

```
1  from docx import Document
2  import os
3  cur_path=os.path.dirname(__file__)
4  savefilename=os.path.join(cur_path,'docx_add_heading.docx')
5  document = Document()
```

```
6    document.add_heading("和龙哥一起学 Python",level=1)
7    document.save(savefilename)
```

其中，第 6 行代码给文档添加一个标题，level=1 代表样式为"标题 1"，结果如图 9-2 所示。代码的执行结果是生成 docx_add_heading.docx 文件。

图9-2　添加标题后的文档内容

3．段落的添加

什么是段落？在 Word 文档中输入内容时，按 Enter 键将结束当前段落的编辑，同时开始一个新的段落。在 Word 文档中按 Enter 键后，会自动产生段落标记，该标记表示上一个段落的结束，在该标记之后的内容则属于下一个段落。

可以使用 document 对象的 add_paragraph() 方法来添加段落。add_paragraph() 方法的语法格式如下。

```
文档对象 .add_paragraph(text='',style=None)
```

该方法返回新添加到文档末尾的段落。

下列代码演示段落的添加，源代码见 code\9\docx_add_paragraph.py。

```
1    from docx import Document
2    import os
3    cur_path=os.path.dirname(__file__)
4    savefilename=os.path.join(cur_path,'docx_add_paragraph.docx')
5    document = Document()
6    document.add_heading("和龙哥一起学 Python",level=1)
7    p=document.add_paragraph("在 Word 文档中输入内容时，按 Enter 键将结束当前段落的编辑，同时开始新的段落。在 Word 文档中按 Enter 键后，会自动产生段落标记，该标记表示上一个段落的结束，在该标记之后的内容则属于下一个段落。")
8    document.save(savefilename)
```

代码的执行结果是生成 docx_add_paragraph.docx 文件，文件内容如图 9-3 所示。

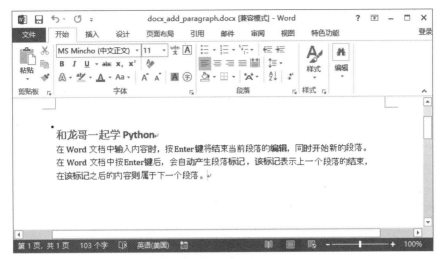

图9-3　添加段落后的文档内容

4．run对象的添加

什么是 run 对象？一个 run 对象就是一组样式相同的文本。只要文本的样式没有改变，这组文本就是一个 run 对象，否则就是另外一个 run 对象。

添加 run 对象的语法格式如下。

```
段落对象 .add_run(text=None,style=None)
```

下列代码演示 run 对象的添加，源代码见 code\9\docx_add_run.py。

```
1  from docx import Document
2  from docx.shared import Pt    # 磅数
3  from docx.shared import RGBColor # 颜色
4  import os
5  cur_path=os.path.dirname(__file__)
6  savefilename=os.path.join(cur_path,'docx_add_run.docx')
7  document = Document()
8  p=document.add_paragraph(" 在 Word 文档中输入内容时，按 ")
9  p.add_run("Enter").font.size=Pt(36)
10 p.add_run(" 键将结束当前段落的编辑，同时开始新的段落。在 Word 文档中按 ")
11 p.add_run("Enter").font.color.rgb=RGBColor(255,0,0)
12 p.add_run(" 键后，会自动产生段落标记，该标记表示上一个段落的结束，在该标记之后的内容
则属于下一个段落。")
13 document.save(savefilename)
14 print(f" 输出第一个段落中的 run 对象数量 {len(document.paragraphs[0].runs)}")
15 for x in document.paragraphs:
16     #runs 返回一个列表
17     print(x.runs)
18     for run in x.runs:
19         print(run.text)
```

其中，第 8 行代码增加一个段落，第 9 ～ 12 行代码增加 run 对象，第 15 ～ 19 行遍历当前文档中的段落，在段落中遍历 run 对象，使用了两层 for 循环。

代码的执行结果如下。改变格式（字体、大小和颜色）使得一个段落有 5 个 run 对象，希望读者仔细体会。

输出为第一个段落中的 5 个 run 对象。

```
[<docx.text.run.Run object at 0x0000023D4F077DF0>, <docx.text.run.Run object
at 0x0000023D4F077EE0>, <docx.text.run.Run object at 0x0000023D4F077EB0>, <docx.
text.run.Run object at 0x0000023D4F077F10>, <docx.text.run.Run object at 0x00000
23D4F077B80>]
在 Word 文档中输入内容时，按
Enter
键将结束当前段落的编辑，同时开始新的段落。在 Word 文档中按
Enter
键后，会自动产生段落标记，该标记表示上一个段落的结束，在该标记之后的内容则属于下一个段落。
```

代码执行后会生成 docx_add_run.docx，其内容如图 9-4 所示。3 个红框和两条横线所标示的内容，组成了 5 个 run 对象。其中横线标示的第一段文字位于第一个 "Enter" 框和第二个 "Enter" 框之间，第二段文字位于从第二个 "Enter" 框之后。

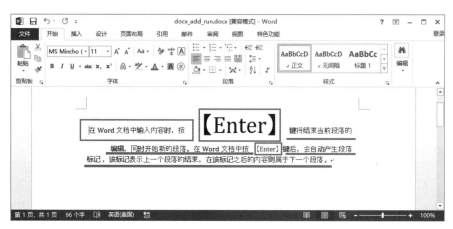

图9-4　生成的文件内容

5. 分页符的添加

当 Word 文档中内容超过 1 页时，就需要分页，在 Word 文档中可以通过插入分页符来实现。将光标定位在目标位置，单击 "插入" 菜单，在 "页面" 选项组中单击 "分页" 按钮，就可以在光标所有位置插入分页符标记。

可通过 document 对象的 add_page_break() 方法添加分页符。

下列代码演示 add_page_break() 方法的用法，源代码见 code\9\docx_add_page_break.py。

```
1  from docx import Document
2  import os
```

```
3  cur_path=os.path.dirname(__file__)
4  savefilename=os.path.join(cur_path,'docx_add_page_break.docx')
5  document = Document()
6  document.add_heading("和龙哥一起学 Python",level=1)
7  document.add_heading("这是第一页内容",level=2)
8  document.add_page_break()
9  document.add_heading("和龙哥一起学 Python",level=1)
10 document.add_heading("这是第二页内容",level=2)
11 document.save(savefilename)
```

代码执行后，生成的 Word 文件内容被分成了两页，请读者自行测试。

6. 表格的创建和读取

创建表格的语法格式如下。

```
文档对象.add_table(self, rows, cols, style=None)
```

下列代码演示表格的创建，源代码见 code\9\docx_add_table.py。

```
1  from docx import Document
2  import os
3  import random
4  cur_path=os.path.dirname(__file__)
5  savefilename=os.path.join(cur_path,'docx_add_table.docx')
6  document = Document()
7  table = document.add_table(rows=1, cols=3,style='Light List Accent 5')
8  header = table.rows[0].cells
9  header[0].text = 'ID'
10 header[1].text = '姓名'
11 header[2].text = '分数'
12 list1=["张三","李四","王五","赵六","燕七"]
13 for i in range(3):
14     row_cells = table.add_row().cells
15     row_cells[0].text = str(i)
16     row_cells[1].text = random.choice(list1)
17     row_cells[2].text = str(random.randint(90,100))
18 document.save(savefilename)
```

其中，第 7 行代码创建一个 table 对象；第 8 ~ 11 行代码添加一个表头；第 12 ~ 17 行代码从列表中输出表格内容，分数则使用了随机函数生成。

代码执行后生成 docx_add_table.docx，其内容如图 9-5 所示。

ID	姓名	分数	
0	李四	93	
1	赵六	91	
2	王五	97	

图9-5　添加表格后的文档内容

113

此外，还可以使用 table 对象读取表格的内容。

下列代码演示获取所有 table 对象的方法，并输出表格内容，源代码见 code\9\docx_read_table.py。

```python
1   from docx import Document
2   import os
3   import random
4   cur_path=os.path.dirname(__file__)
5   filename=os.path.join(cur_path,'docx_add_table.docx')
6   my_document = Document(filename)
7   # 获取所有的 table 对象
8   def get_all_table(document):
9    # 先获取所有的 table 对象，构造列表推导式
10     tables = [table for table in document.tables]
11     all_list=[]
12     # 遍历表格
13     for table in tables:
14         for row  in table.rows:
15             text_list=[]
16             for cell in row.cells:
17                 text_list.append(cell.text)
18             print(text_list)
19             all_list.append(text_list)
20         print(len(table.rows))
21         print(len(table.columns))
22     return all_list
23  print(get_all_table(my_document))
```

第 8 ～ 22 行代码创建一个函数，根据文档获取所有 table 对象，该函数返回一个列表，列表中嵌套列表。其中，第 10 行代码使用了简洁的列表推导式获取 table 对象；第 13 ～ 21 行代码依次遍历 table 对象、row 对象和 cell 对象得到单元格的值。代码的执行结果如下。

```
['ID', '姓名', '分数']
['0', '李四', '93']
['1', '赵六', '91']
['2', '王五', '97']
4
3
[['ID', '姓名', '分数'], ['0', '李四', '93'], ['1', '赵六', '91'], ['2', '王五', '97']]
```

7. 图片的添加

可使用 document 对象的 add_picture() 方法给文档添加图片，添加时还可以设定宽和高，这里使用的单位为英寸，1 英寸（in）≈ 2.54 厘米（cm）。

默认图片是居左对齐，如果要居中或居右对齐，只能变相处理。如设置图片当前所在的段落格式为居中，这样，段落内的所有内容（包括图片）都居中。

下列代码演示图片的添加和居中对齐设置，源代码见 code\9\docx_add_pic.py。

```
1   from docx import Document
2   from docx.shared import Inches
3   from docx.enum.text import WD_ALIGN_PARAGRAPH
4   import os
5   import random
6   cur_path=os.path.dirname(__file__)
7   savefilename=os.path.join(cur_path,'docx_add_pic.docx')
8   document = Document()
9   #添加图片，设定宽和高
10  document.add_picture(os.path.join(cur_path,'office.png'),width=Inches(5),
height=Inches(5))
11  last_paragraph=document.paragraphs[-1]
12  last_paragraph.alignment=WD_ALIGN_PARAGRAPH.CENTER
13  document.save(savefilename)
```

其中，第 11 行代码使用 document.paragraphs[-1] 的列表负向索引获取最后一个段落，第 12 行代码使这个段落居中显示，也就是使图片居中显示。

代码执行后，生成 docx_add_pic.docx，请读者自行测试验证。

8. 中文处理

利用 python-docx 库生成段落或 run 对象时，在没有设置中文字体的时候，生成的文档虽然可以显示中文，但大小不一，看起来很别扭，因此需要使用以下代码对字体进行设定。

```
1   from docx.oxml.ns import qn
2   document=Document()
3   document.styles['Normal'].font.name=u'宋体'  #全局设定
4   document.styles['Normal']._element.rPr.rFont.set(qn('w:eastAsia'),u'宋体')
5   #对某个 run 对象设定样式
6   run._element.rPr.rFonts.set(qn('w:eastAsia'),'宋体')  #单个 run 对象设定
```

其中，第 3、4 行代码进行全局字体设定，第 6 行代码对某个 run 对象进行设定。

9.1.3　python-docx库的样式使用

本小节主要介绍 python-docx 库的样式使用，包括段落样式、run 对象样式，以及表格的样式的设定。熟悉了样式用法，才能随心所欲地定制 Word 文档。

1. 段落的样式设定

段落可以设置样式，还可以设置对齐方式、首行缩进、行距和段落间距等。

（1）段落样式的设置。

可以在添加段落的时候设置样式，也可以在添加段落后进行设置。代码如下。

```
paragraph=document.add_paragraph('段落内容',style='List Bullet')  #添加段落——带段落样式
paragraph.style='List Bullet' #添加段落后设置样式
```

下列代码用于获取段落样式，源代码见 code\9\docx_show_paragraph_style.py。

```
1  from docx import Document
2  from docx.enum.style import WD_STYLE_TYPE
3  document = Document()
4  styles=document.styles
5  for x in styles:
6      if x.type==WD_STYLE_TYPE.PARAGRAPH:
7          print(x.name,end=', ')
```

其中，第 6 行代码在文档样式中获取段落类型，知道样式后就可以对段落进行设置，代码的执行结果如下。

```
Normal, Header, Footer, Heading 1, Heading 2, Heading 3, Heading 4, Heading 5,
Heading 6, Heading 7, Heading 8, Heading 9, No Spacing, Title, Subtitle, List
Paragraph, Body Text, Body Text 2, Body Text 3, List, List 2, List 3, List Bullet,
List Bullet 2, List Bullet 3, List Number, List Number 2, List Number 3, List
Continue, List Continue 2, List Continue 3, macro, Quote, Caption, Intense Quote,
TOC Heading
```

（2）对齐方式的设置。

段落的对齐方式可以分为左对齐、居中对齐、右对齐和两端对齐，可分别使用以下代码设定。

```
p.paragraph_format.alignment=WD_ALIGN_PARAGRAPH.LEFT
p.paragraph_format.alignment=WD_ALIGN_PARAGRAPH.CENTER
p.paragraph_format.alignment=WD_ALIGN_PARAGRAPH.RIGHT
p.paragraph_format.alignment=WD_ALIGN_PARAGRAPH.JUSTIFY # 两端对齐
```

下列代码演示段落对齐的设置，源代码见 code\9\docx_add_paragraph_align.py。

```
1  from docx import Document
2  from docx.enum.text import WD_ALIGN_PARAGRAPH
3  from docx.oxml.ns import qn # 中文格式
4  import os
5  cur_path=os.path.dirname(__file__)
6  savefilename=os.path.join(cur_path,'docx_add_paragraph_align.docx')
7  document = Document()
8  document.styles['Normal'].font.name=' 宋体 '
9  document.styles['Normal']._element.rPr.rFonts.set(qn('w:eastAsia'),u' 宋体 ')
10 p=document.add_paragraph(" 在 Word 文档中输入内容时，按 Enter 键将结束当前段落的编
辑，同时开始新的段落。")
11 p.paragraph_format.alignment=WD_ALIGN_PARAGRAPH.LEFT
12 p=document.add_paragraph(" 在 Word 文档中输入内容时，按 Enter 键将结束当前段落的编
辑，同时开始新的段落。")
13 p.paragraph_format.alignment=WD_ALIGN_PARAGRAPH.CENTER
14 p=document.add_paragraph(" 在 Word 文档中输入内容时，按 Enter 键将结束当前段落的编
辑，同时开始新的段落。在 Word 文档中按 Enter 键后，自动产生段落标记。")
```

```
15 p.paragraph_format.alignment=WD_ALIGN_PARAGRAPH.RIGHT
16 p=document.add_paragraph("在Word文档中输入内容时，按Enter键将结束当前段落的编辑，同时开始下一个新的段落。在Word文档中按Enter键后，会自动产生段落标记，该标记表示上一个段落的结束，该标记之后的内容则属于下一个段落。")
17 p.paragraph_format.alignment=WD_ALIGN_PARAGRAPH.JUSTIFY
18 document.save(savefilename)
```

其中，第 10 ~ 17 行代码增加了几个段落，并设置了每个段落的对齐方式。代码执行后生成 docx_add_paragraph_align.docx，文件内容如图 9-6 所示。

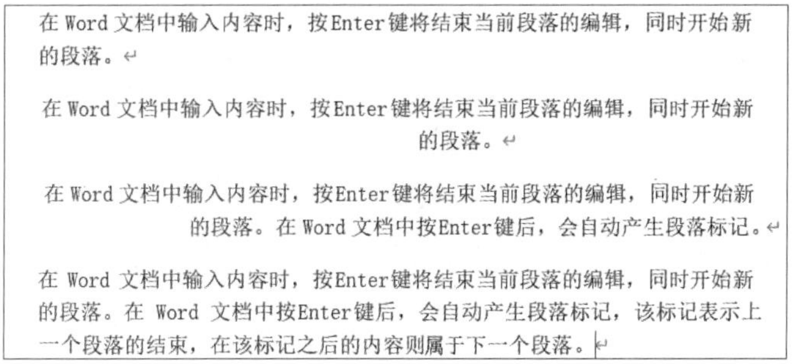

在Word文档中输入内容时，按Enter键将结束当前段落的编辑，同时开始新的段落。

在Word文档中输入内容时，按Enter键将结束当前段落的编辑，同时开始新的段落。

在Word文档中输入内容时，按Enter键将结束当前段落的编辑，同时开始新的段落。在Word文档中按Enter键后，会自动产生段落标记。

在Word文档中输入内容时，按Enter键将结束当前段落的编辑，同时开始新的段落。在Word文档中按Enter键后，会自动产生段落标记，该标记表示上一个段落的结束，在该标记之后的内容则属于下一个段落。

图9-6　设置段落的对齐方式后的效果

（3）首行缩进。

在 Word 文档中，字体默认为五号的时候，使用以下代码进行首行缩进。

```
paragraph.paragraph_format.first_line_indent = Cm(0.75) # 首行缩进0.75cm
```

如果 Word 文档中使用的不是五号字体，缩进 0.75cm 就会发现缩进位置不对，如何解决这个问题呢？打开本章的 docx_add_paragraph_indent_1.docx 文件，文件内容总共有 4 个段落，从上到下依次是五号字体、四号字体、三号字体和二号字体。每个段落的首行都进行了两个字符的缩进，如图 9-7 所示。

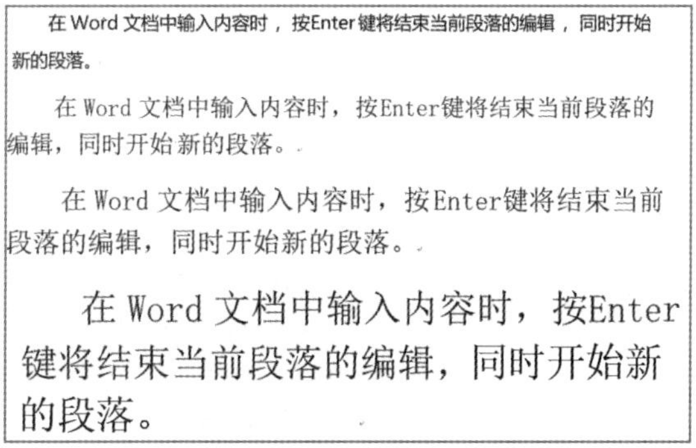

在Word文档中输入内容时，按Enter键将结束当前段落的编辑，同时开始新的段落。

在Word文档中输入内容时，按Enter键将结束当前段落的编辑，同时开始新的段落。

在Word文档中输入内容时，按Enter键将结束当前段落的编辑，同时开始新的段落。

在Word文档中输入内容时，按Enter键将结束当前段落的编辑，同时开始新的段落。

图9-7　Word文档中的首行缩进设置效果

编写代码时，如何知道 Word 文档每个段落首行缩进的位置呢？可以先对 Word 文档进行首行缩进的设定，然后通过代码去获取首行缩进的数值。

下列代码演示获取每个段落首行缩进的具体数值的方法，源代码见 code\9\docx_add_paragraph_indent_1.py。

```
1  from docx import Document
2  import os
3  cur_path=os.path.dirname(__file__)
4  filename=os.path.join(cur_path,'docx_add_paragraph_indent_1.docx')
5  document = Document(filename)
6  for paragraph in document.paragraphs:
7      print(paragraph.paragraph_format.first_line_indent)
```

其中，第 6、7 行代码循环输出文档中每个段落的首行缩进数值。代码的执行结果如下。

```
266700
355600
406400
558800
```

如果现在需要对三号字段落进行首行缩进，可使用以下代码，请读者测试并理解。

```
paragraph.paragraph_format.first_line_indent = 406400
```

（4）行距和段落间距。

行距使用 line_spacing 和 line_spacing_rule 两个属性，其中，line_spacing_rule 属性有以下选项：SINGL，指单倍行距；ONE_POINT_FIVE，指 1.5 倍行距；DOUBLE，指双倍行距；AT_LEAST，指最小行距；EXACTLY，指固定值；MULTIPLE，指多倍行距。如果 line_spacing_rule 属性为固定值或多倍行距时，需要设定 line_spacing 属性，填写具体的值，设置代码如下。

```
p=document.add_paragraph() #创建段落格式对象
p.paragraph_format.line_spacing = Pt(30) #设置行距
```

行距属性如图 9-8 所示。

图9-8　行距属性

段落间距分为段落前间距（space_before）和段落后间距（space_after），其设置示例代码如下。

```
p=document.add_paragraph()  #创建段落格式对象
p.paragraph_format.space_before = Pt(20)    #设置段落前间距
p.paragraph_format.space_after = Pt(10)     #设置段落后间距
```

行距和段落间距在 Word 中的设置如图 9-9 所示。

图9-9　Word中行距和段落间距的设置

下列代码演示行距和段落间距的设置，源代码见 code\9\docx_para_line_space.py。

```
1   from docx import Document
2   from docx.shared import Cm
3   from docx.shared import Pt
4   from docx.oxml.ns import qn  #中文格式
5   import os
6   cur_path=os.path.dirname(__file__)
7   savefilename=os.path.join(cur_path,'docx_add_paragraph_line_sapce.docx')
8   document = Document()
9   document.styles['Normal'].font.name=' 宋体 '
10  document.styles['Normal']._element.rPr.rFonts.set(qn('w:eastAsia'),u' 宋体 ')
11  p=document.add_paragraph(" 在 Word 文档中输入内容时，按 Enter 键将结束当前段落的编
辑，同时开始新的段落。在 Word 文档中按 Enter 键后，会自动产生段落标记，该标记表示上一个段落的结
束，在该标记之后的内容则位于下一个段落中。")
12  p.paragraph_format.line_spacing = Pt(30)
13  p=document.add_paragraph(" 在 Word 文档中输入内容时，按 Enter 键将结束当前段落的编
辑，同时开始新的段落。在 Word 文档中按 Enter 键后，会自动产生段落标记 ")
14  p.paragraph_format.space_before = Pt(20)    #设置段落前间距
15  p.paragraph_format.space_after = Pt(10)     #设置段落后间距
16  p=document.add_paragraph(" 在 Word 文档中输入内容时，按 Enter 键将结束当前段落的编
辑，同时开始新的段落。在 Word 文档中按 Enter 键后，会自动产生段落标记 ")
```

```
17 document.save(savefilename)
```

其中，第12行代码设定了段落之间的行距，第14行代码设定段落前间距，第15行代码设定段落后间距。代码的执行结果如图9-10所示。

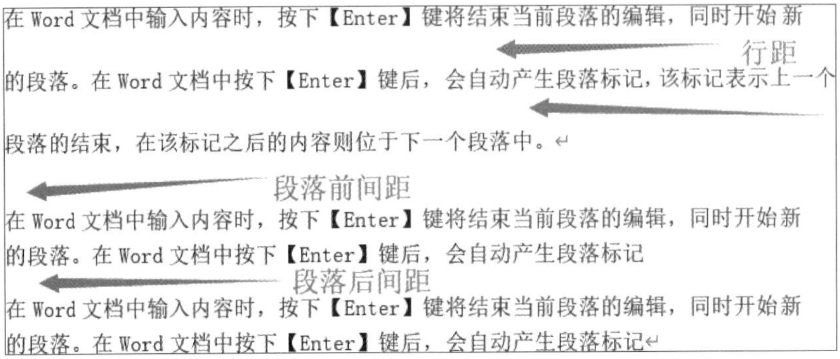

图9-10　代码执行结果

（5）段落里的字体设置。

先设定 document.styles['Normal'] 中的样式，然后对段落的样式进行赋值即可，如 p.style = document.styles['Normal']。

下列代码演示段落里的字体设置，源代码见 code\9\docx_add_paragraph_style_font.py。

```
1   from docx import Document
2   from docx.shared import Pt
3   from docx.oxml.ns import qn # 中文格式
4   import os
5   cur_path=os.path.dirname(__file__)
6   savefilename=os.path.join(cur_path,'docx_add_paragraph_style_font.docx')
7   document = Document()
8   style = document.styles['Normal']
9   font = style.font
10  font.name = ' 宋体 '
11  font.size = Pt(20)
12  style._element.rPr.rFonts.set(qn('w:eastAsia'), u' 宋体 ')
13  p=document.add_paragraph(" 在 Word 文档中输入内容时，按下段落中。")
14  p.style = document.styles['Normal']
15  document.save(savefilename)
```

其中，第 8 ~ 12 行代码设定一个样式，包括字体名称、文字大小；第 14 行代码将设定好的样式赋给一个段落。对代码的执行结果，读者可以自行验证。

2. run对象的样式设定

可以对 run 对象的样式进行设定，也可以对 run 对象内的字体设定大小、颜色等。

（1）设置 run 对象样式。

可以在添加 run 对象时设置样式，也可以在添加 run 对象后进行设置，代码如下。

```
p=doc.add_paragraph('')
r=p.add_run('123', style="Heading 1 Char")
r.style=' Heading 1 Char '  # 设置 run 对象样式
```

run 对象的样式就是 Word 文档中的字符样式，可以使用 WD_STYLE_TYPE.CHARACTER 属性获取字符样式。

下列代码演示获取 run 对象使用的样式的方法，源代码见 code\9\docx_show_character_style.py。

```
1  from docx import Document
2  from docx.enum.style import WD_STYLE_TYPE
3  document = Document()
4  styles=document.styles
5  for x in styles:
6      if x.type==WD_STYLE_TYPE.CHARACTER:
7          print(x.name,end=', ')
```

其中，第 6 行代码指在文档样式中获取字符样式。代码的执行结果（部分）如下。获取字符样式后，可以对 run 对象进行样式设置。

```
Header Char, Footer Char, Default Paragraph Font, Heading 1 Char, Heading 2
Char, Heading 3 Char, Title Char, Subtitle Char, Body Text Char, Body Text 2
    Char, Body Text 3 Char, Macro Text Char, Quote Char, Heading 4 Char, Heading
5 Char, Heading 6 Char……
```

（2）设置 run 对象的字体大小、颜色等。

下列代码演示 run 对象的字体设置方法，源代码见 code\9\docx_add_run_font.py。

```
1  from docx import Document
2  from docx.shared import Pt
3  from docx.oxml.ns import qn # 中文格式
4  from docx.shared import RGBColor
5  import os
6  import random
7  cur_path=os.path.dirname(__file__)
8  savefilename=os.path.join(cur_path,' docx_add_run_font.docx')
9  document = Document()
10 p = document.add_paragraph()
11 text_list=['第一段内容','第二段内容','第三段内容','第四段内容','第五段内容']
12 for x in text_list:
13     run = p.add_run(x)
14     font = run.font
15     font.name = '微软雅黑'
16     font.size = Pt(20)
17     run._element.rPr.rFonts.set(qn('w:eastAsia'), '微软雅黑')
18     font.bold = True # 粗体
19     font.italic = True  # 斜体
20     color = font.color
```

```
21      color.rgb = RGBColor(random.randint(1,255),random.randint(1,255),random.
randint(1,255))
22 document.save(savefilename)
```

其中，第 11 ~ 21 行代码把列表中的每一项当作一个 run 对象添加，并且对每一个 run 对象设置不同的字体名称、文字大小、字体颜色，以及是否加粗、是否斜体等。代码执行后，会生成 docx_add_run_font.docx 文件，打开文件可看到 run 对象的字体设置效果如图 9-11 所示。

第一段内容第二段内容第三段内容第四段内容第五段内容

图9-11　run对象的字体设置效果

3. 表格的样式设定

可以设置表格的样式，还可以设定表格的对齐方式和单元格的对齐方式等。

（1）表格的样式设定。

可以在创建表格的时候设置样式，也可以在创建表格后进行设置，代码如下。

```
table= 文档对象 .add_table(self, rows, cols, style=None) # 添加表格时设置样式
table.style='Medium Grid 1 Accent 1' # 表格创建后进行设置
```

其中，style 的取值基本上和 Word 中的一一对应。Word 中的表格样式如图 9-12 所示。

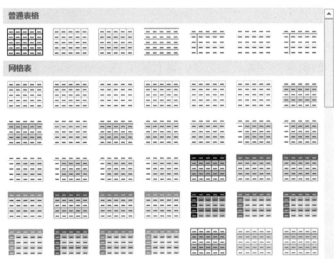

图9-12　Word中的表格样式

样式可以大致分为几类：普通表格、网格表（Grid），以及清单表（List）。每一类又可以分为 Light Shading（浅色）、Accent（着色）、Medium Shading（中等底纹）、Dark（深色）、Colorful（彩色）等的组合。

组合后的样式丰富多彩，如 Colorful Grid Accent 6（彩色网格 – 着色 6）、Dark List Accent 4（深色列表 – 着色 4）等。

通过下列代码可以获取表格的全部样式，源代码见 code\9\docx_show_table_style.py。

```
1   from docx import Document
2   from docx.enum.style import WD_STYLE_TYPE
3   document = Document()
4   styles=document.styles
5   for x in styles:
6       if x.type==WD_STYLE_TYPE.TABLE:
7           print(x.name,end=',')
```

其中，第 6 行代码在文档样式中获取表格样式。代码的执行结果（部分）如下。有了这些样式，表格会变得更加丰富多彩。

```
Normal Table, Table Grid, Light Shading, Light Shading Accent 1, Light Shading
Accent 2, Light Shading Accent 3, Light Shading Accent 4, Light Shading Accent 5,
Light Shading Accent 6, Light List, Light List Accent 1, Light List Accent 2, Light
List Accent 3, Light List Accent 4, Light List Accent 5, Light List Accent 6 ……
```

（2）表格的对齐方式。

对于表格整体来说，可以设置表格居左、居中和居右对齐，分别对应的代码如下。

```
table.alignment=WD_TABLE_ALIGNMENT.LEFT      #表格居左对齐
table.alignment=WD_TABLE_ALIGNMENT.CENTER     #表格居中对齐
table.alignment=WD_TABLE_ALIGNMENT.RIGHT      #表格居右对齐
```

（3）单元格的对齐方式。

单元格的水平、垂直对齐方式设定略显复杂，对于单元格水平对齐来说，使用以下代码分别表示表格第 1 行第 1 列的单元格水平居左显示、第 1 行第 2 列的单元格水平居中显示、第 1 行第 3 列的单元格水平居右显示。

```
table.cell(0,0).paragraphs[0].paragraph_format.alignment=WD_TABLE_ALIGNMENT.LEFT
table.cell(0,1).paragraphs[0].paragraph_format.alignment=WD_TABLE_ALIGNMENT.CENTER
table.cell(0,2).paragraphs[0].paragraph_format.alignment=WD_TABLE_ALIGNMENT.RIGHT
```

对于单元格的垂直对齐来说，使用以下代码分别表示表格第 1 行第 1 列的单元格垂直居上显示、第 1 行第 2 列的单元格垂直居中显示、第 1 行第 3 列的单元格垂直居下显示。

```
table.cell(0, 0).vertical_alignment = WD_ALIGN_VERTICAL.TOP
table.cell(0, 1).vertical_alignment = WD_ALIGN_VERTICAL.CENTER
table.cell(0, 2).vertical_alignment = WD_ALIGN_VERTICAL.BOTTOM
```

（4）行和列的高度、宽度。

表格某一行的高度设置，使用以下代码进行，这里表示表格第 1 行的高度是 2 厘米。

```
table.rows[0].height=Cm(2)
```

表格的某一单元格的宽度设置，使用以下代码进行，这里表示表格第 2 列的宽度是 10 厘米。表格索引从 0 开始，所以 row_cells[1] 表示第 2 列。

```
row_cells[1].width=Cm(10)# 指定某一列的宽度
```

下列代码演示表格的样式设定，源代码见 code\9\docx_table_style.py。

```
1   from docx import Document
2   from docx.enum.table import WD_TABLE_ALIGNMENT
3   from docx.enum.table import WD_ALIGN_VERTICAL
4   from docx.enum.text import WD_ALIGN_PARAGRAPH
5   from docx.shared import Cm
6   import os
7   import random
8   cur_path=os.path.dirname(__file__)
9   savefilename=os.path.join(cur_path,'docx_table_style.docx')
10  document = Document()
11  table = document.add_table(rows=1, cols=3,style='Table Grid')
12  table.alignment=WD_TABLE_ALIGNMENT.CENTER    # 表格居中对齐
13  header = table.rows[0].cells
14  header[0].text = 'ID'
15  header[1].text = ' 姓名 '
16  header[2].text1 = ' 分数 '
17  table.cell(0, 0).paragraphs[0].paragraph_format.alignment = WD_TABLE_
ALIGNMENT.LEFT
18  table.cell(0, 1).paragraphs[0].paragraph_format.alignment=WD_TABLE_
ALIGNMENT.CENTER
19  table.cell(0, 2).paragraphs[0].paragraph_format.alignment=WD_TABLE_
ALIGNMENT.RIGHT
20  table.cell(0, 0).vertical_alignment = WD_ALIGN_VERTICAL.TOP
21  table.cell(0, 1).vertical_alignment = WD_ALIGN_VERTICAL.CENTER
22  table.cell(0, 2).vertical_alignment = WD_ALIGN_VERTICAL.BOTTOM
23  table.rows[0].height=Cm(2)
24  table.autofit=True
25  list1=[" 张三 "," 李四 "," 王五 "," 赵六 "," 燕七 "]
26  # 增加内容
27  for i in range(3):
28      row_cells = table.add_row().cells
29      row_cells[0].text = str(i)
30      row_cells[1].text = random.choice(list1)
31      row_cells[1].width=Cm(10)# 指定某一列的宽度
32      row_cells[2].text = str(random.randint(90,100))
33      # 指定某一列内容的对齐格式
34      row_cells[1].paragraphs[0].paragraph_format.alignment = WD_TABLE_ALIGNMENT.CENTER
35  document.save(savefilename)
```

其中，第 11 ~ 16 行代码创建了一个表格，并设定了表头，第 17 ~ 22 行代码设定表头的水平对齐方式和垂直对齐方式，第 23、24 行设定了表头的高度并进行自动调整，第 25 ~ 34 行代码输出每一行每一列的内容，设定单元格宽度和水平对齐方式。代码执行后生成 docx_table_style.docx 文件，其中的表格样式设定效果如图 9-13 所示。

ID↵	姓名↵ 分数↵	
0↵	张三↵	100↵
1↵	赵六↵	95↵
2↵	张三↵	100↵

图9-13 表格的样式设定效果

9.1.4 实战案例——批量生成录取通知书

高考结束后，每个考生都渴望能收到心仪高校的录取通知书。高校则开始了紧张的新生录取工作。接下来介绍如何借助 Python 批量生成录取通知书。

案例目标：批量生成多个学生的录取通知书。

最终效果：在一个 Word 文件中，每页显示一张录取通知书。

知识点：段落、run 对象的写入，样式的使用等。

下列代码演示了如何批量生成录取通知书，源代码见 code\9\example_notice.py。

```
1   from docx import Document
2   from docx.enum.text import WD_ALIGN_PARAGRAPH
3   from docx.shared import Pt    # 磅数
4   from docx.oxml.ns import qn  # 中文格式
5   from docx.shared import Inches
6   from docx.shared import RGBColor
7   import time
8   import os
9   list1=["张三","李四","王五","赵六","钱七","吴八","孙九","陈十"]
10  today=time.strftime("%Y-%m-%d",time.localtime())
11  cur_path=os.path.dirname(__file__)
12  savefilename=os.path.join(cur_path,'录取通知书.docx')
13  doc=Document()
14  for i in list1:
15      doc.styles['Normal'].font.name='宋体'
16      # 添加段落
17      p0=doc.add_paragraph()
18      p0.alignment=WD_ALIGN_PARAGRAPH.CENTER
19      run0=p0.add_run(f'录取通知书')
20      run0.font.color.rgb=RGBColor(255,0,0)
21      run0.font.size=Pt(36)
```

```
22      run0.font.bold=True
23      run0.font.name=' 宋体 '
24      run0._element.rPr.rFonts.set(qn('w:eastAsia'),' 宋体 ')
25      p1=doc.add_paragraph()
26      p1.alignment=WD_ALIGN_PARAGRAPH.LEFT
27      run1=p1.add_run(f'{i}')
28      run1.font.color.rgb=RGBColor(255,0,0)
29      run1.font.name=' 宋体 '
30      run1._element.rPr.rFonts.set(qn('w:eastAsia'),' 宋体 ')
31      run1.font.bold=True
32      run1.font.size=Pt(16)
33      run1=p1.add_run(' 同学 :')
34      run1.font.size=Pt(16)
35      run1.font.name=' 宋体 '
36      run1._element.rPr.rFonts.set(qn('w:eastAsia'),' 宋体 ')
37      p2=doc.add_paragraph()
38      str_msg='''     恭喜你被我校软件工程学院软件工程系软件工程专业录取，请于2024 年 9 月 1 日 -
4 日携带本通知书原件和身份证件，到我校接待大厅办理入学手续。'''
39      run2=p2.add_run(str_msg)
40      run2.font.size=Pt(16)
41      run2.font.name=' 宋体 '
42      run2._element.rPr.rFonts.set(qn('w:eastAsia'),' 宋体 ')
43      run2.font.bold=True
44      doc.add_paragraph()
45      p3=doc.add_paragraph()
46      p3.alignment=WD_ALIGN_PARAGRAPH.RIGHT
47      run3=p3.add_run('× × 大学 ')
48      run3.font.size=Pt(16)
49      run3.font.name=' 宋体 '
50      run3._element.rPr.rFonts.set(qn('w:eastAsia'),' 宋体 ')
51      p4=doc.add_paragraph()
52      p4.alignment=WD_ALIGN_PARAGRAPH.RIGHT
53      run4=p4.add_run(f'{today}')
54      run4.font.size=Pt(16)
55      doc.add_page_break()
56 doc.save(savefilename)
```

其中，第 14 ~ 55 行代码是一个循环结构，输出列表中的每一项。第 17 ~ 24 行代码添加第一个段落及 run 对象，生成文字"录取通知书"；第 25 ~ 36 行代码对应第 2 个段落及 run 对象，生成文字"× × 同学"；第 37 ~ 43 行代码对应第 3 个段落及 run 对象，生成录取信息；第 44 ~ 50 行代码对应第 4 个段落及 run 对象，生成文字"× × 大学"；第 51 ~ 55 行代码对应第 5 个段落及 run 对象，生成时间信息，并且添加一个分页符。这样，每一个学生的录取信息都显示在一页内，效果如图 9-14 所示。

代码执行后生成录取通知书 .docx 文件。

图9-14　每页显示一张录取通知书

此外，对这个案例的代码稍做修改，就可以生成桌签等，读者可以自己尝试。

9.1.5　实战案例——批量生成格式一致的简历

简历包含求职者的基本信息、工作经验尤其是成功的经历。HR 能否基于这些信息按照统一的要求批量生成格式一致的简历呢？

案例目标：批量生成格式一致的简历。

最终效果：生成多个简历文件。

知识点：段落格式设置、表格中图片的插入、单元格合并、单元格样式设置、CSV 文件读取等。

（1）表格中插入图片。

在单元格中添加 run 对象，利用 run 对象可以精准插入图片，代码如下。

```
run = table.cell(0, 6).paragraphs[0].add_run()
run.add_picture(os.path.join(cur_path,' 照片路径 '))
```

（2）代码编写。

下列代码演示如何批量生成简历。由于篇幅关系，部分代码未列出，源代码见 code\9\example_jianli.py。

```
1  from docx import Document
2  from docx.enum.text import WD_ALIGN_PARAGRAPH
3  from docx.enum.table import WD_TABLE_ALIGNMENT,WD_ALIGN_VERTICAL
4  …
```

```
 5  def query(filename):
 6      try:
 7          with open(filename,'r',encoding='UTF-8') as f:
 8              reader=csv.reader(f)
 9              # 获取表头
10              headrow=next(reader)
11              list1=[row for row in reader]
12              return list1
13      except Exception as e:
14          print(e)
15  def build_doc(filename):
16      result = query(filename)
17      for x in result:
18          document = Document()
19           ...
20          # 生成个人简历的标题
21          p=document.add_paragraph('')
22          run=p.add_run(' 个人简历 ')
23          run.font.bold=True
24          run.font.size=Pt(16)
25          p.alignment = WD_ALIGN_PARAGRAPH.CENTER
26          # 生成表格
27          table = document.add_table(rows=9, cols=8, style='Table Grid')
28          table.alignment = WD_TABLE_ALIGNMENT.CENTER  # 表格居中对齐
29          row0 = table.rows[0].cells
30          row0[0].text = ' 姓名 '
31          row0[1].text=x[1] # 姓名赋值
32          row0[3].text = ' 性别 '
33          row0[4].text=x[2] # 性别赋值
34          table.cell(0, 1).merge(table.cell(0, 2))
35          table.cell(0, 4).merge(table.cell(0, 5))
36          # 合并单元格
37          table.cell(0, 6).merge(table.cell(3, 7))
38          run = table.cell(0, 6).paragraphs[0].add_run()
39          run.add_picture(os.path.join(cur_path,x[15])) #x[15] 为照片列
40          ...
41          # 工作经历
42          row7 = table.rows[7].cells
43          row7[0].text = ' 工作经历 '
44          row7[1].text='2018 年，任项目经理，酒店机票预订系统 \n' # 工作经历
45          row7[1].text+='2019 年，任项目经理，大数据风控系统 \n' # 工作经历
46          table.rows[7].height=Inches(3.3)
47          table.cell(7, 1).merge(table.cell(7, 7))
48          ...
49          # 第 2、4 列垂直靠左对齐
50          for r in range(7):  # 循环将每一行、每一列都设置为居中对齐
```

```
51                    table.cell(r,1).paragraphs[0].paragraph_format.alignment =
WD_TABLE_ALIGNMENT.LEFT
52                    table.cell(r,1).vertical_alignment = WD_ALIGN_VERTICAL.CENTER
53                    table.cell(r,4).paragraphs[0].paragraph_format.alignment =
WD_TABLE_ALIGNMENT.LEFT
54                    table.cell(r,4).vertical_alignment = WD_ALIGN_VERTICAL.CENTER
55          #每一行的行高设置
56          for index,row in enumerate(table.rows):
57              if (index<7):  #前7行的高度调整
58                  row.height = Inches(0.4)
59          savefilename = os.path.join(cur_path,'hetong',x[1]+'电子简历.docx')
60          document.save(savefilename)
61  if __name__=='__main__':
62      start = time.time()
63      filename=os.path.join(cur_path,'t_person_baseinfo.csv')
64      build_doc(filename)
65      end = time.time()
66      sj = end-start
67      print(f"花费时间(秒):{sj}")
```

其中，第 5 ~ 14 行代码为读取 CSV 文件信息；第 17 ~ 60 行代码遍历求职者信息，并循环生成简历；第 27 ~ 33 行代码生成 9 行 8 列的表格，并对姓名、性别单元格赋值；第 34 ~ 39 行代码合并单元格并显示照片；第 50 ~ 54 行代码将第 2 列、第 4 列设置为垂直居左对齐；第 56 ~ 58 行代码设定每一行的行高。

（3）效果展示。

代码执行后生成求职者的电子简历，如图 9-15 和图 9-16 所示。从这个案例不难发现，模板制作很麻烦，而且文件生成速度较慢。在实际开发中，不推荐这种方法。这些问题，可以使用下一节中介绍的 Word 模板技术解决。

图9-15　求职者电子简历文件

图9-16　求职者电子简历效果

▶9.2　用好Word模板，让文档变得精美

通过对 9.1 节的学习，相信读者能使用 python-docx 库对 Word 文档进行处理。但是麻烦的是，Word 文档中的所有内容都需要通过代码生成。有没有办法通过读取预先制作的 Word 模板，然后将模板中的关键字置换，从而生成需要的文档呢？

答案是肯定的，通过第三方库 docxtpl 便可以读取 Word 模板并生成文件。这样做最大的好处是把文档的设计和开发分开，而且文档可以做得足够精美，可极大地提高效率。

9.2.1　docxtpl库的介绍与安装

docxtpl 是一个功能强大的第三方库，其主要通过加载 docx 模板来生成各种文档。docxtpl 库依赖于 python-docx 库和 Jinja2 模板引擎。

docxtpl 库有很多优点，如可保留原样式；替换方便，可使用 Jinja2 模板引擎管理插入模板中的标签。

使用 pip 命令进行 docxtpl 库的安装，命令如下。

```
pip install docxtpl
```

9.2.2　Jinja2模板引擎

Jinja2 是一个被广泛应用的模板引擎，功能强大。接下来就来看看 Jinja2 的使用。

使用 Jinja2 创建模板的代码如下所示，模板文件为 code\8\docxtpl\template\temp_basic. docx。

```
{{title}}
<table>
<tr>
{% for i in items %}
<td>{{ i.desc }}</td>
{% endfor %}
</tr>
</table>
```

代码中有两种分隔符：{% ... %} 和 {{ ... }}。前者用于执行 for 语句或其他用于循环赋值的语句，后者把表达式的结果输出到模板。那么模板创建后，如何使用呢？

最基本的方式就是通过 docxtpl 库的 DocxTemplate(模板文件) 类创建一个模板对象实例，并使用一个名为 render() 的方法。该方法在调用模板时，会将字典或关键字参数（即模板的"上下文"）传递到模板。

使用下列代码可以加载一个模板并渲染输出，源代码见 code\9\docxtpl\doc_basic.py。

```
1   from docxtpl import DocxTemplate
2   import os
3   cur_path = os.path.dirname(__file__)
4   tempfilename = os.path.join(cur_path, 'template','temp_basic.docx')
5   savefilename = os.path.join(cur_path, 'doc_basic.docx')
6   tpl = DocxTemplate(tempfilename)
7   context = {
8    'title': 'Python 书单 ',
9    'items': [
10       {'desc': 'Python 高级编程 '},
11       {'desc': ' 流畅的 Python'},
12       {'desc': 'Python 编程从入门到实践 '},
13    ]}
14  tpl.render(context)
15  tpl.save(savefilename)
```

代码执行后，生成 doc_basic.docx，文件内容如图 9-17 所示。

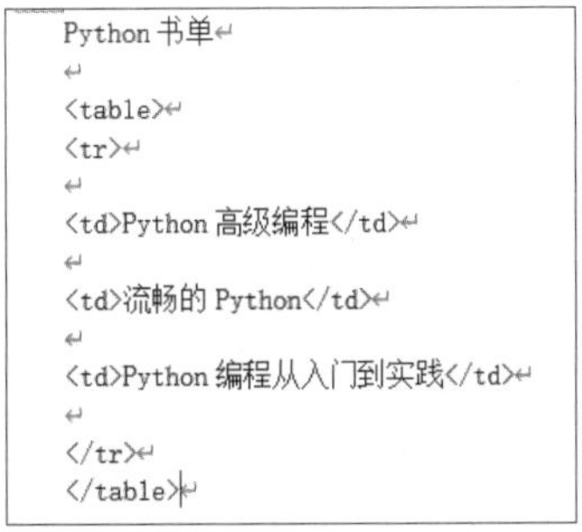

图9-17 根据模板生成的文件内容

这并不是想要的结果，模板应该以 Word 中的表格形式展现，出现不同结果的原因在于，docxtpl 库对 Jinja2 模板做了一些限制。要管理段落、行、列、run 对象，必须使用特殊的语法，代码如下。

```
{%p jinja2_tag %} # 段落
{%tr jinja2_tag %} # 行
{%tc jinja2_tag %} # 列
{%r jinja2_tag %} #run 对象
```

首先，制作一个 Word 模板，源文件见 code\9\docxtpl\temp_basic_1.docx，内容如图 9-18 所示。

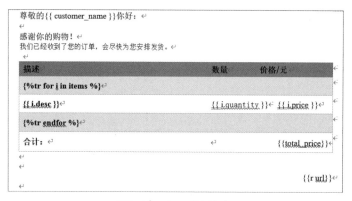

图9-18　Word模板内容

下列代码演示 docxtpl 库的用法，源代码见 code\9\docxtpl\doc_basic_1.py。

```
1   from docxtpl import DocxTemplate,RichText
2   from docx.shared import Pt
3   import os
4   cur_path = os.path.dirname(__file__)
5   tempfilename = os.path.join(cur_path, 'template','temp_basic_1.docx')
6   savefilename = os.path.join(cur_path, 'doc_basic_1.docx')
7   tpl = DocxTemplate(tempfilename)
8   rt = RichText('')
9   rt.add(' 人民邮电出版社 ',url_id=tpl.build_url_id(
    'https://www.ptpress.com.cn/'),color='#ff00ff',font=Pt(30),bold=True)
10  context = {
11      'customer_name' : ' 张三 ',
12      'items' : [
13          {'desc' : 'Python 高级编程 ', 'quantity' : 1, 'price' : '83' },
14          {'desc' : ' 流畅的 Python', 'quantity' : 1, 'price' : '69' },
15          {'desc': 'Python 编程从入门到实践 ','quantity':1,'price': '88' },
16      ],
17      'total_price' : '240' ,
18      'url':rt
```

```
19 }
20 tpl.render(context)
21 tpl.save(savefilename)
```

其中，第 8、9 行代码生成一个超链接。代码执行后，将生成 doc_basic_1.docx 文件，内容如图 9-19 所示。

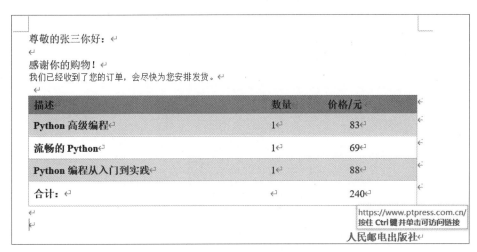

图9-19　文件内容

可以看到，通过模板读取的方式，大大简化了开发的难度。充分发挥想象力，今后生成工作日志、通知、报告、协议、合同等，就不用再发愁了。

9.2.3　实战案例——生成劳动合同

个人求职、企业招聘，都离不开签订劳动合同。合同的一个特点就是大部分内容都是固化的、不需要变动的，因此合同的批量生成非常适合使用 Word 模板技术来实现。

本例目标：根据 CSV 文件中的人员名单，套用劳动合同模板生成劳动合同。

最终效果：以 Word 文件方式生成劳动合同文件并放置到相应文件夹下。

知识点：CSV 文件的读取、docxtpl 库的使用等。

（1）设置模板文件。

模板文件见 code\8\docxtpl\template\ 劳动合同模板 .docx。打开模板文件可以看到，有 7 处内容需要更换，分别是甲方公司名称、乙方姓名、乙方工作部门、乙方职位、甲方盖章、乙方签字、时间（年 / 月 / 日），如图 9-20 和图 9-21 所示。

（2）代码编写。

代码中定义了 query() 函数，主要用于获取 CSV 文件的数据。build_hetong() 函数根据文件数据返回记录，循环读取 CSV 文件数据，找到相应的值，然后生成文件。源代码见 code\9\docxtpl\example_hetong.py。

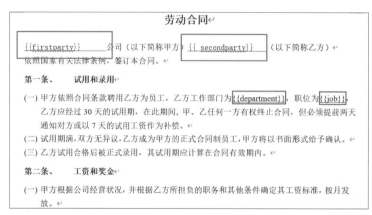

图9-20 合同模板1

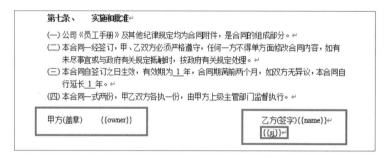

图9-21 合同模板2

```
1   from docxtpl import DocxTemplate
2   import os
3   import csv
4   import time
5   cur_path = os.path.dirname(__file__)
6   tempfilename = os.path.join(cur_path, 'template', '劳动合同模板.docx')
7   today = time.strftime("%Y-%m-%d", time.localtime())
8   def query(filename):
9       try:
10          with open(filename,'r',encoding='UTF-8') as f:
11              reader=csv.DictReader(f)
12              headrow=next(reader)
13              dict1=[row for row in reader]
14              return dict1
15      except Exception as e:
16          print(e)
17  def build_hetong(filename):
18      result = query(filename)
19      for x in result:
20          tpl = DocxTemplate(tempfilename)
```

```
21            context = {
22                'firstparty': '灯塔教育',
23                'secondparty': x['name'],
24                'department': x['department'],
25                'job': x['job'],
26                'owner': '龙卷风',
27                'name': x['name'],
28                'sj': today
29            }
30            tpl.render(context)
31            savefilename=os.path.join(cur_path,'build', x['name']+'劳动合同.docx')
32            tpl.save(savefilename)
33 if __name__ == "__main__":
34     start = time.time()
35     filename=os.path.join(cur_path,'t_person_info.csv')
36     build_hetong(filename)
37     end = time.time()
38     sj = end-start
39     print(f"花费时间（秒）:{sj}")
```

其中，第 8 ～ 16 行代码从 CSV 文件中通过字典方式读取数据，第 17 ～ 32 行代码通过模板技术生成相应的文档。代码执行后，生成劳动合同，如图 9-22 所示。

图9-22　生成的劳动合同文件

9.2.4　实战案例——生成学生成绩明细表

考试结束后，教务处需要一份学生成绩明细表，用作统计分析。那如何实现呢？别急，用 Word 模板技术可以轻松搞定。

本例目标：根据 CSV 文件中的人员信息生成学生成绩明细表。

最终效果：以 Word 文件方式生成学生成绩明细表，并放置到相应文件夹下。

知识点：模板的设置、CSV 文件的读取、docxtpl 库的使用、列表中字典的嵌套等。

（1）设置模板文件。

模板文件见 code\9\docxtpl\template\ 学生成绩模板 .docx。打开模板文件可以看到，有 5 处内容需要标签化，如图 9-23 所示。第 1 处 header 代表页眉。第 2 处 title 代表标题。第 3 处做了一个列合并，合并列的数量以 col_titles 列表为准，列表数量的获取使用了 count 标签。在本例中，col_titles 的长度为 4，则第 3 段标签合并了 4 列。读者可以通过对比最终生成效果查看。第 4 处代表 col_titles 科目列表的循环输出，并使用 {% cellbg col.bg%} 标签输出表格背景颜色。第 5 处代表 tbl_contents 成绩列表的输出。

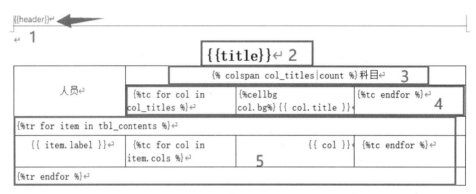

图9-23　模板中有5处内容需要标签化

（2.）代码编写。

这里通过下列代码生成学生成绩明细清单，源代码见 code\9\docxtpl\example_score.py。

```
1  from docxtpl import DocxTemplate
2  import os
3  import random
4  import csv
5  cur_path = os.path.dirname(__file__)
6  tempfilename = os.path.join(cur_path, 'template', '学生成绩模板 .docx')
7  savefilename = os.path.join(cur_path, '学生成绩 .docx')
8  tpl = DocxTemplate(tempfilename)
9  def query(filename):
10     try:
11         with open(filename,'r',encoding='UTF-8') as f:
12             reader=csv.DictReader(f)
13             headrow=next(reader)
14             dict1=[row for row in reader]
15             return dict1
16     except Exception as e:
17         print(e)
18 list1 = []
19 def build_score(filename):
```

```
20      result = query(filename)
21      for x in result:
22          items = {}
23          items.setdefault('label', x['name'])
24          items.setdefault('cols', [random.randint(90, 100) for y in range(4)])
25          list1.append(items)
26      context = {
27          'title': '某年级学生考试成绩明细表',
28          'col_titles': [
29              {'title': '语文', 'bg': 'ff0000'},
30              {'title': '数学', 'bg': 'ffDD00'},
31              {'title': '英语', 'bg': '8888ff'},
32              {'title': '综合', 'bg': 'ff00ff'},],
33          'tbl_contents': list1,
34          'header': '某年级学生考试成绩',
35          'footer': '2020-03-20',     }
36      tpl.render(context)
37      tpl.save(savefilename)
38  if __name__ == "__main__":
39      filename=os.path.join(cur_path,'t_person_info.csv')
40      build_score(filename)
```

其中，第 21 ~ 25 行代码构造一个字典并追加到列表中，第 33 行代码将这个列表赋给 tbl_contents 标签。代码执行后，生成“学生成绩 .docx”，文件内容如图 9-24 所示。

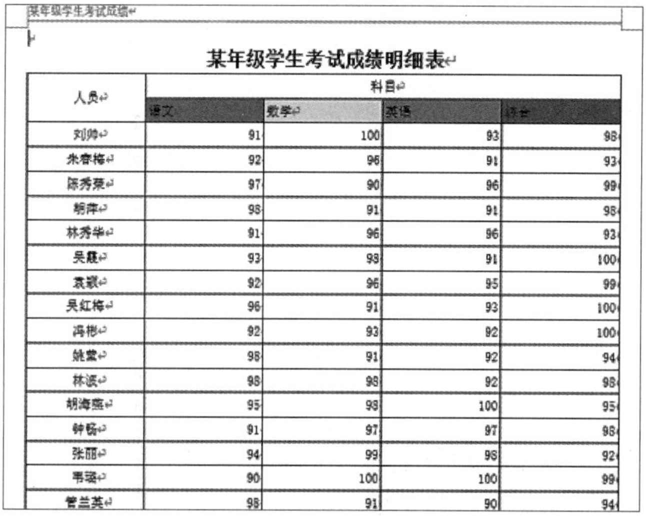
某年级学生考试成绩

某年级学生考试成绩明细表

人员	科目			
	语文	数学	英语	综合
刘帅	91	100	93	98
朱春梅	92	96	91	93
陈秀荣	97	90	96	99
杨萍	98	91	91	98
林秀华	91	96	96	93
吴晨	93	98	91	100
袁颖	92	96	95	99
吴红梅	96	91	93	100
冯彬	92	93	92	100
姚莹	98	91	92	94
林涛	98	98	92	98
胡海燕	95	98	100	95
钟畅	91	97	97	98
张丽	94	99	98	92
韦璐	90	100	100	99
曾兰英	98	91	90	94

图9-24　“学生成绩.docx”文件内容

9.2.5　实战案例——生成试卷

有没有一种方法可以生成数学试卷，帮助孩子练习数学？当然有。

本例目标：生成试卷（包含随机生成的 100 道 100 以内的加法题），供孩子每天练习数学。

最终效果：以 Word 文件方式生成试卷，并放置到相应文件夹下。

知识点：docxtpl 库的使用、Word 文件数据的组装、随机函数的使用、列表中字典的嵌套等。

（1）设置模板文件。

模板文件见 code\8\docxtpl\template\ 加法模板 .docx。打开模板文件，内容如图 9-25 所示，可以看到有 3 处内容需要更换，分别是页眉、标题、循环体。其中，循环体为嵌套结构，外循环根据 tbl_contents 序列进行迭代，内循环根据 cols 变量进行迭代。tr 代表行，tc 代表列，请读者对照学习。

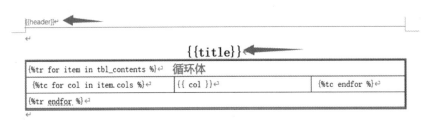

图9-25 Word模板

（2）代码编写。

通过下列代码可以生成试卷，源代码见 code\9\docxtpl\example_shijuan.py。

```
1   from docxtpl import DocxTemplate
2   import os
3   import random
4   import pymysql
5   cur_path = os.path.dirname(__file__)
6   tempfilename = os.path.join(cur_path, 'template', '加法模板 .docx')
7   savefilename = os.path.join(cur_path, '加法 .docx')
8   tpl = DocxTemplate(tempfilename)
9   list_adds = []
10  def build_data():
11      for x in range(25):
12          items = {}
13          list_add = []
14          for y in range(4):
15              num1 = random.randint(0,99)
16              num2 = random.randint(0,99)
17              list_add.append(f'{num1}+{num2}=')
18          items.setdefault('cols', list_add)
19          list_adds.append(items)
20      context = {'title': '100 以内加法试卷 (100 道 )',
21          'tbl_contents': list_adds,
22          'header': ' 加法试卷 ',
```

```
23          'footer': '2020-09-13',}
24      tpl.render(context)
25      tpl.save(savefilename)
26  if __name__ == "__main__":
27      build_data()
```

其中，第 11 行代码定义了一个 25 次的循环，每行 4 条数据，总计 100 条数据；第 14 ~ 17 行代码的循环每运行一次就生成一道加法题目；第 18、19 行代码将 4 道加法题目组合成一个键为 cols 的字典，再把字典赋给列表，从而适用于 docxtpl 库。

代码执行后生成加法试卷，如图 9-26 所示。读者还可以制作任意数量的加、减、乘、除法试卷，不妨动手试试。

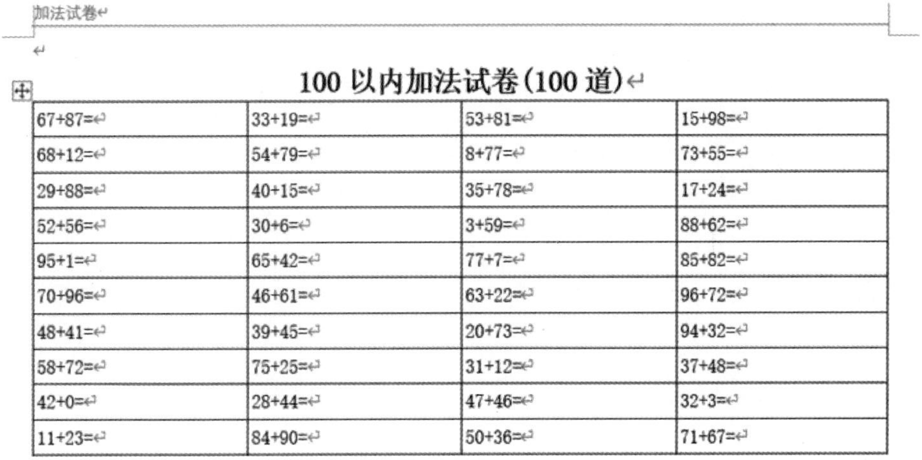
加法试卷

100 以内加法试卷(100 道)

67+87=	33+19=	53+81=	15+98=
68+12=	54+79=	8+77=	73+55=
29+88=	40+15=	35+78=	17+24=
52+56=	30+6=	3+59=	88+62=
95+1=	65+42=	77+7=	85+82=
70+96=	46+61=	63+22=	96+72=
48+41=	39+45=	20+73=	94+32=
58+72=	75+25=	31+12=	37+48=
42+0=	28+44=	47+46=	32+3=
11+23=	84+90=	50+36=	71+67=

图9-26　生成的加法试卷

9.2.6　实战案例——自动判卷

家长每天查看 100 道题目做得正确与否，可不是一件轻松事，幸亏可以使用 Python 进行自动判卷。

本例目标：对加法试卷的答题结果进行自动判卷。

最终效果：以 Word 文档方式生成判卷结果，并放置到相应文件夹下。

知识点：docx 库的使用、docxtpl 库的使用、Word 文档数据的组装、列表中字典的嵌套、eval() 函数的使用等。

（1）设置模板文件。

模板文件见 code\9\docxtpl\template\ 判卷模板 .docx。打开模板文件，内容如图 9-27 所示，可以看到模板中有 3 处内容需要更换，分别是页眉、标题、循环体。其中，循环体为嵌套结构，外循环根据 tbl_contents 序列进行迭代，内循环根据 cols 变量进行迭代。tr 代表行，tc 代表列，info 代表最终判卷信息。

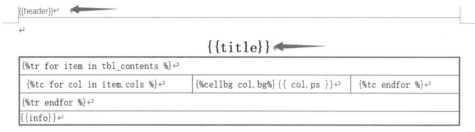

图9-27　自动判卷模板

（2）代码编写。

通过下列代码可以自动判卷，源代码见 code\9\docxtpl\example_auto_shijuan.py。

```
1   from docxtpl import DocxTemplate
2   from docx import Document
3   import os
4   cur_path = os.path.dirname(__file__)
5   tempfilename = os.path.join(cur_path, 'template', '判卷模板 .docx')
6   filename = os.path.join(cur_path, ' 加法考试试卷 .docx')
7   savefilename = os.path.join(cur_path, ' 判卷结果 .docx')
8   tpl = DocxTemplate(tempfilename)
9   sum_score=100 # 初始化总分数
10  count=0 # 计数
11  # 获取所有 table 对象中的题目及答题结果并进行判断
12  def get_all_table(document):
13      # 先获取所有的 table 对象，构造列表推导式
14      tables = [table for table in document.tables]
15      all_list=[]
16      global count # 作用域
17      # 遍历表格
18      for table in tables:
19          for row in table.rows:
20              text_list=[]
21              for cell in row.cells:
22                  item={}
23                  # 对 cell.text 做分析判断
24                  # 将等号左边表达式和右边的值进行对比
25                  left=eval(cell.text.split('=')[0])
26                  right=cell.text.split('=')[1]
27                  if (str(left)==right):# 如果答案正确
28                      item.setdefault('ps',cell.text)
29                      item.setdefault('bg','#ffffff')
30                  else:# 错误则标记红色
31                      item.setdefault('ps',cell.text)
32                      item.setdefault('bg','#ff0000')
33                      count=count+1
34                  text_list.append(item)
```

```
35              all_list.append(text_list)
36          return all_list
37  def build_data(mylist):  # 生成判卷结果
38          list_adds = []
39          for x in mylist:
40              items = {}
41              items.setdefault('cols', x)
42              list_adds.append(items)
43          context = {
44              'title': '100 以内加法试卷 (100 道)',
45              'tbl_contents': list_adds,
46              'header': ' 加法试卷 ',
47              'footer': '2020-09-13',
48              'info':f' 总共 100 道题目，{sum_score} 分。其中，错误 {count} 个，最终得分 {sum_score-count*1} 分 '
49          }
50          tpl.render(context)
51          tpl.save(savefilename)
52  if __name__ == "__main__":
53          my_document = Document(filename)
54          lists=get_all_table(my_document)
55          build_data(lists)
```

其中，第 12 ～ 36 行代码定义的函数主要用来获取所有 table 对象中的题目并进行判断。第 18 ～ 22 行代码主要指对 table、row、cell 对象进行遍历；第 25 ～ 33 行代码对单元格文本内容进行判断，如果等号左右两边的值不一致则构造字典，并将单元格背景变为红色。第 37 ～ 51 行代码定义生成判卷结果的函数，其中第 48 行代码对试卷进行信息统计，包括总分、错误个数和最终得分。

代码的执行结果（部分）如图 9-28 所示。错误题目用红色标注，此外还进行了信息统计。

60+97=157↵	96+20=116↵	55+71=126↵	50+94=144↵
75+52=127↵	86+52=138↵	73+55=128↵	82+83=165↵
93+7=100↵	21+84=105↵	28+91=119↵	29+0=29↵
83+47=130↵	98+20=118↵	28+40=68↵	43+82=125↵
32+67=99↵	17+96=113↵	72+36=108↵	43+96=139↵
64+15=89	74+9=84	74+62=136↵	34+99=133↵

总共 100 道题目，100 分。其中错误 2 个，最终得分 98 分↵

图9-28　自动判卷结果（部分）

9.3　使用python-pptx库进行PPT办公自动化

在职场中经常使用 PPT 汇报工作，而 PPT 中经常涉及根据数据信息生成表格或图表。python-pptx 库是使用 Python 操作 PPT 文件的开源包，用于创建和更新 PPT 文件（*.pptx）。

python-pptx 库允许创建新文档，以及对现有文档进行更改，非常好用。更多的介绍可以参考 python-pptx 库的官方网站。

在 Python 中，使用 python-pptx 库可读取和写入 PPT 文件，但只能操作扩展名为 ".pptx" 的文件。另外，这个库可以跨平台使用，也可以在未安装 Office 办公软件的情况下使用。

本书案例使用的 python-pptx 库版本为 0.6.18。

9.3.1　python-pptx库的安装和对象层次

使用 pip 命令可以方便、快捷地安装 python-pptx 库。

```
pip install python-pptx
```

python-pptx 库中的对象层次结构如下。

（1）Presentation 对象是顶层对象，表示整个文档。

（2）可以根据母版页面和幻灯片布局，生成具体的 slide 对象。每一张幻灯片就是一个 slide 对象。

（3）在 slide 对象中，可以添加 shape 对象，比如文本框、图片、图表等。

（4）在文本框对象中可以添加段落，在段落中可以添加 run 对象。

python-pptx 库的对象层次关系如图 9-29 所示。

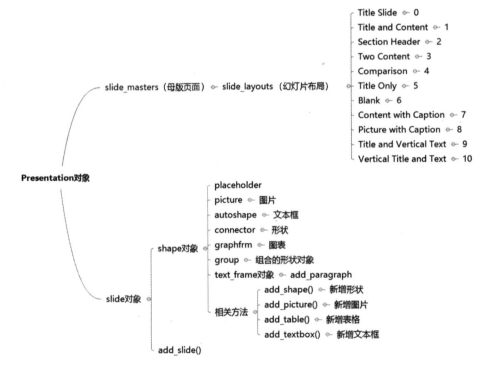

图9-29　python-pptx库的对象层次关系

142

9.3.2 python-pptx库的基本操作

本小节将讲解 python-pptx 库的基本操作，包括文件的新建 / 打开和保存、幻灯片的添加、标题和子标题的设置等，了解这些知识点，可以方便地对 PPT 文件进行操作。

1. PPT文档的新建/打开和保存

要使用 python-pptx 库很简单，只需要按照以下方式导入即可。

```
from pptx import Presentation
```

使用 pptx 模块的 Presentation() 函数新建或打开 PPT 文件，其语法格式如下。

```
Presentation(pptx=None)
```

该函数返回 Presentation 对象，该对象是顶层对象。其中，参数 pptx 是文件的路径。如果 pptx 参数为空，则按照默认模板新建一个 PPT 文件。

使用 Presentation 对象的 save() 方法保存 PPT 文件，其语法格式如下。

```
prs = Presentation()
prs.save(文件路径)
```

下列代码演示新建并保存一个 PPT 文件，源代码见 code\9\pptx\pptx_new.py。

```
1  from pptx import Presentation
2  import os
3  cur_path = os.path.dirname(__file__)
4  savefilename = os.path.join(cur_path, 'pptx_new.pptx')
5  prs = Presentation()
6  prs.save(savefilename)
```

代码执行后，生成 pptx_new.pptx 文件，请读者自行测试验证。

另外，还可以通过 Presentation(文件名) 的方式打开已经存在的 PPT 文件。下列代码演示如何打开已经存在的 PPT 文件，源代码见 code\9\ppx\pptx_open.py。

```
1  from pptx import Presentation
2  import os
3  cur_path = os.path.dirname(__file__)
4  openfilename = os.path.join(cur_path, 'pptx_new.pptx')
5  savefilename = os.path.join(cur_path, 'pptx_open.pptx')
6  prs = Presentation(openfilename)
7  prs.save(savefilename)
```

代码执行后，当前目录下生成 pptx_open.pptx 文件。如果使用相同的文件名保存文件，将不会提示而直接覆盖原文件。

2. 幻灯片的添加

添加幻灯片之前，需要了解幻灯片的模板。有了模板才可以在模板的基础上创建具体的幻灯片。

通过下列代码可获取幻灯片的模板，源代码见 code\9\pptx\pptx_slide_layouts_style.py。

```
1    from pptx import Presentation
2    prs=Presentation()
3    slide_layout=prs.slide_layouts
4    for x in slide_layout:
5        print(x.name,end=',')
```

其中，第 4、5 行代码循环输出幻灯片的模板。代码的执行结果如下。

```
Title Slide,Title and Content,Section Header,Two Content,Comparison,Title Only,
Blank,Content with Caption,Picture with Caption,Title and Vertical Text,Vertical
Title and Text,
```

所有的模板都有一个数字标志，在程序中可根据这个数字标志进行模板读取。比如 Title Slide 的数字标志是 0，Title and Content 的数字标志是 1，Section Header 的数字标志是 2，……Vertical Title and Text 的数字标志是 10。PPT 内置模板如图 9-30 所示。

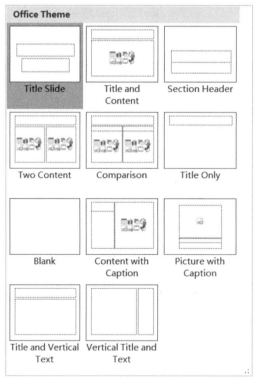

图9-30　PPT内置模板

slides 对象就是 PPT 里面的幻灯片，它是一个集合，可以通过循环等方式从中获取单张幻灯片，也可以向其中添加新的幻灯片。

有了模板后，可调用 slides 对象的 add_slide() 方法进行幻灯片的添加。

通过下列代码可增加 3 张不同模板的幻灯片，源代码见 code\9\pptx\pptx_add_slide.py。

```
1  from pptx import Presentation
2  import os
3  cur_path = os.path.dirname(__file__)
4  savefilename = os.path.join(cur_path,'pptx_add_slide.pptx')
5  prs = Presentation()
6  slide = prs.slides.add_slide(prs.slide_layouts[0])
7  slide = prs.slides.add_slide(prs.slide_layouts[1])
8  slide = prs.slides.add_slide(prs.slide_layouts[2])
9  prs.save(savefilename)
```

其中，第 6 ～ 8 行代码生成了 3 张不同模板的幻灯片。代码的执行结果如图 9-31 所示。该 PPT 文件共 3 页幻灯片，每一页由一个模板生成。

图9-31　生成的幻灯片文件

3. 标题和子标题的设置

slide 对象中的所有元素均被当成 shape 对象，shape 对象又包含图片、文本框、placeholder 等对象。

下列代码演示幻灯片中元素的获取、标题的设置等，源代码见 code\9\pptx\pptx_title.py。

```
1  from pptx import Presentation
2  import os
3  cur_path = os.path.dirname(__file__)
4  savefilename = os.path.join(cur_path, 'pptx_title.pptx')
5  prs = Presentation()
6  slide = prs.slides.add_slide(prs.slide_layouts[0])
7  for x in slide.shapes:# 获取 slide 对象中的所有元素
8      print(x)
9  for x in slide.shapes.placeholders: # 获取具体的元素
10     print(x.name)
```

```
11  title = slide.shapes.title  # 标题，第一个框
12  title=slide.placeholders[0] # 标题，第一个框，通过 placeholders[0] 获取
13  subtitle = slide.placeholders[1]# 标题，第二个框，通过 placeholders[1] 获取
14  title.text = " 这是 Python 生成的标题 "
15  subtitle.text = " 这是 Python 生成的子标题 "
16  prs.save(savefilename)
```

其中，第 11 行代码获取第一个框，代表标题，第 12 行是获取第一个框的另一种方式，第 13 行代码获取第二个框，代表子标题。

代码的执行结果是生成 pptx_title.pptx，文件内容如图 9-32 所示。

图9-32　生成的文件中设置的标题

此外，代码执行后还会输出了两个 placeholder 对象，分别是标题 1 和子标题 2。

```
<pptx.shapes.placeholder.SlidePlaceholder object at 0x000002547E64F8E0>
<pptx.shapes.placeholder.SlidePlaceholder object at 0x000002547E64F850>
Title 1
Subtitle 2
```

4. 文本对象和格式的添加

可以在 placeholders 占位符中添加 text_frame 文本对象，在 text_frame 文本对象中添加段落，在段落中添加 run 对象。

下列代码演示添加文本对象和设置样式的方法，源代码见 code\9\pptx\pptx_textframe.py。

```
1   from pptx import Presentation
2   import os
3   from pptx.util import Pt
4   from pptx.enum.text import PP_ALIGN
5   from pptx.dml.color import RGBColor      # 颜色
6   cur_path = os.path.dirname(__file__)
7   savefilename = os.path.join(cur_path, 'pptx_text_frame.pptx')
8   prs = Presentation()
9   slide = prs.slides.add_slide(prs.slide_layouts[0])
10  newparagraph=slide.placeholders[0].text_frame.add_paragraph()# 第一个占位符
11  newparagraph.text="text_frame 中的段落 "
12  newparagraph.font.bold=True
```

```
13 newparagraph.font.size=Pt(30)
14 newparagraph.alignment=PP_ALIGN.RIGHT
15 newparagraph2=slide.placeholders[1].text_frame.add_paragraph()#第二个占位符
16 newparagraph2.alignment=PP_ALIGN.LEFT
17 run=newparagraph2.add_run()
18 run.text="这里也可以使用run对象，和Word类似"
19 run.font.size=Pt(20)
20 run.font.color.rgb=RGBColor(255,0,0)
21 prs.save(savefilename)
```

其中，第10行代码添加一个段落；第11～14行代码对添加的段落进行样式设定；第15～20行代码再次添加了一个段落并进行样式设定，其中的文本内容使用了run对象来设置。

代码执行后，生成pptx_text_frame.pptx，文件内容如图9-33所示。

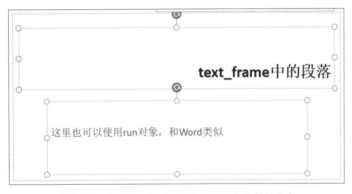

图9-33 生成的pptx_text_frame.pptx文件的内容

5. 图片的添加

可使用slide.shapes.add_picture()方法添加图片，该方法的语法格式如下。

```
pic= slide.shapes.add_picture(imgfile, left, top, width, height)
```

其中，参数imgfile指需要添加的图片路径，left指图片距离幻灯片左边的距离，top指图片距离幻灯片上边的距离，width指图片的宽度，height指图片的高度。

下列代码演示图片的添加，源代码见code\9\pptx\pptx_add_pic.py。

```
1  from pptx import Presentation
2  import os
3  from pptx.util import Inches
4  cur_path = os.path.dirname(__file__)
5  imgfile = os.path.join(cur_path, 'office.png')
6  savefilename = os.path.join(cur_path, 'pptx_add_pic.pptx')
7  prs = Presentation()
8  slide = prs.slides.add_slide(prs.slide_layouts[0])
9  left,top,width, height= Inches(1), Inches(2), Inches(8), Inches(5)
10 # 位置及大小
```

```
11 pic= slide.shapes.add_picture(imgfile, left, top, width, height)
12 prs.save(savefilename)
```

其中，第 11 行代码使用 add_picture() 方法添加图片。代码执行后生成 pptx_add_pic.pptx 文件，请读者自行运行代码查看。

6. 文本提取

从幻灯片对象中进行文本内容提取的过程如下：对 shape 对象使用 has_text_frame() 方法判断其是否存在 text_frame 对象，如果存在则获取 text_frame 对象中的段落，再获取段落里的 run 对象，最终找到所有的文本。

下列代码演示如何对 PPT 进行文本提取，源代码见 code\9\pptx\pptx_gettext.py。

```
1  from pptx import Presentation
2  from pptx.util import Inches
3  import os
4  cur_path = os.path.dirname(__file__)
5  filename = os.path.join(cur_path, 'file','1- 标识符关键字变量 .pptx')
6  presentation = Presentation(filename)
7  results = []
8  for slide in presentation.slides:
9      for shape in slide.shapes:
10         print(shape)
11         if shape.has_text_frame:
12             for paragraph in shape.text_frame.paragraphs:
13                 p = []
14                 for run in paragraph.runs:
15                     p.append(run.text)
16                 results.append(''.join(p))
17 print(results)
```

其中，第 8 ~ 16 行代码遍历 PPT 所有的 slide 对象、shape 对象和 paragraph 对象，最终获取段落中 run 对象的文本信息。代码的执行结果如图 9-34 所示，红色框内容为获取的文本信息。

图9-34 从PPT获取的文本信息

9.3.3　python-pptx库的表格操作

可以使用 shapes.add_table() 方法进行表格的添加、列宽和行高的设定、表格主题色彩的设置、单元格的合并。

1.　表格的添加

使用 slide.shapes.add_table() 方法添加表格，该方法的语法格式如下。

```
table= shapes.add_table(rows, cols, left, top, width, height).table
```

其中，参数 rows 指表格的行数，cols 指表格的列数，left 指表格距离幻灯片左边的距离，top 指表格距离幻灯片上边的距离，width 指表格的宽度，height 指表格的高度。该方法返回一个 table 对象。

通过下列代码进行表格的添加。

```
rows=3
cols=2
left= Inches(1)  #1 英寸
top = Inches(2)  #2 英寸
width = Inches(8)
height = Inches(2)
# 添加一个表格，返回一个 table 对象
table = shapes.add_table(rows, cols, left, top, width, height).table
```

2.　列宽和行高的设定

通过下列代码设定第 1 列和第 2 列的宽度。

```
from pptx.util import Inches
table.columns[0].width = Inches(2.0)
table.columns[1].width = Inches(2.0)
```

通过下列代码设定第 1 行的高度。

```
table.rows[0].height = Inches(0.5)
```

3.　表格主题色彩的设置

可以对表格进行背景颜色的设定，代码如下所示。

```
from pptx.enum.dml import MSO_THEME_COLOR
table.cell(0, 0).text = "背景色"
table.cell(0, 0).fill.solid()
table.cell(0, 0).fill.fore_color.theme_color = MSO_THEME_COLOR.ACCENT_3
```

python-pptx 库内置了一些主题色彩方案，如 ACCENT_1、ACCENT_2、ACCENT_3、ACCENT_4、ACCENT_5、ACCENT_6、BACKGROUND_1、BACKGROUND_2、DARK_1、DARK_2、FOLLOWED_HYPERLINK、HYPERLINK、LIGHT_1、LIGHT_2、TEXT_1、

TEXT_2、MIXED。读者可以自己进行测试。

4．单元格的合并

单元格合并有以下几个步骤。

（1）确定一个 cell（称为开始 cell）。

（2）确定一个要合并的 cell（称为结束 cell）。

（3）将结束 cell 放入开始 cell 中。

下列代码演示单元格的合并，源代码见 code\9\pptx\pptx_table_merge.py。

```
1  from pptx import Presentation
2  from pptx.util import Inches
3  import os
4  cur_path = os.path.dirname(__file__)
5  savefilename = os.path.join(cur_path, 'pptx_table_merge.pptx')
6  prs = Presentation()
7  slide = prs.slides.add_slide(prs.slide_layouts[5])
8  shapes = slide.shapes
9  rows,cols,left,top,width,height=5,5,Inches(1),Inches(2),Inches(8),Inches(2)
10 # 添加一个表格，返回一个 table 对象
11 table = slide.shapes.add_table(rows,cols,left,top,width, height).table
12 cell1 = table.cell(0,0)
13 cell2 = table.cell(4,1)
14 cell1.merge(cell2)
15 cell1.text=" 第一个单元格合并 "
16 cell3 = table.cell(1,3)
17 cell4 = table.cell(3,4)
18 cell3.merge(cell4)
19 cell3.text=" 第二个单元格合并 "
20 prs.save(savefilename)
```

其中，第 7 行代码创建一个幻灯片对象，第 9 ~ 11 行代码创建一个表格，第 12 ~ 19 行代码进行单元格合并。代码的执行结果如图 9-35 所示。

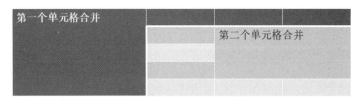

图9-35　单元格的合并

5．表格的综合演示

下列代码演示如何进行表格的常见操作，源代码见 code\9\pptx\pptx_table.py。

```
1  from pptx import Presentation
2  from pptx.util import Inches
```

```
3   from pptx.enum.dml import MSO_THEME_COLOR
4   import os
5   cur_path = os.path.dirname(__file__)
6   savefilename = os.path.join(cur_path, 'pptx_table.pptx')
7   prs = Presentation()
8   #only title 模板
9   title_only_slide_layout = prs.slide_layouts[5]
10  slide = prs.slides.add_slide(title_only_slide_layout)
11  shapes = slide.shapes
12  shapes.title.text = '某班级学生成绩信息'
13  head=['编号','姓名','科目','成绩']
14  data=[
    ('1','张三','语文','100'),
    ('2','李四','数学','99.5'),
    ('3','王五','物理','98.5'),]
15  rows=len(data)+2
16  cols=len(head)
17  left,top,width,height=Inches(1),Inches(2),Inches(8),Inches(2)
18  # 添加一个表格，返回一个 table 对象
19  table = shapes.add_table(rows, cols, left, top, width, height).table
20  # 设置列宽度
21  table.columns[0].width = Inches(2.0)
22  table.columns[1].width = Inches(2.0)
23  table.rows[0].height = Inches(0.5)
24  for col,coldata in enumerate(head): #循环表头
25      table.cell(0, col).text = coldata
26      table.cell(0, col).fill.solid()
27      table.cell(0,col).fill.fore_color.theme_color=MSO_THEME_COLOR.ACCENT_6
28  table.first_row = True # 说明是表头
29  for row,rowdata in enumerate(data): #循环主体
30      for col,coldata in enumerate(rowdata):
31          table.cell(row+1, col).text = coldata
32          table.cell(row+1, col).fill.solid()
33          table.cell(row+1,col).fill.fore_color.theme_color=MSO_THEME_COLOR.ACCENT_3
34  table.last_row = True
35  cell = table.cell(4,0)
36  other_cell = table.cell(4,2)
37  cell.merge(other_cell)
38  cell.text="合计："
39  cell = table.cell(4,3)
40  cell.text="298"
41  prs.save(savefilename)
```

其中，第 24 ～ 27 行代码使用 enumerate() 函数获取表头的 col 索引，用来选择具体的单元格。代码执行后生成 pptx_table.pptx 文件，文件内容如图 9-36 所示。

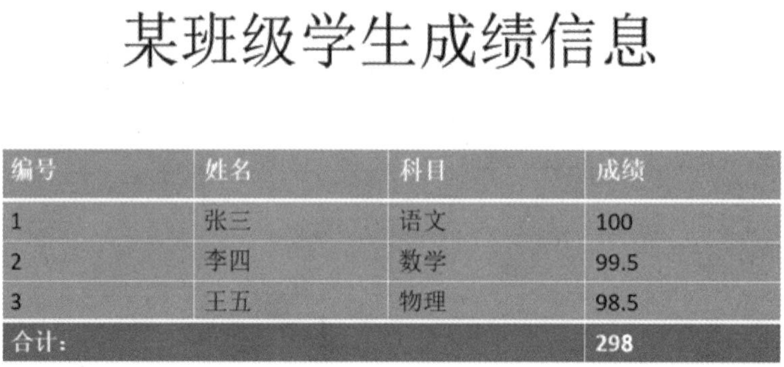

某班级学生成绩信息

编号	姓名	科目	成绩
1	张三	语文	100
2	李四	数学	99.5
3	王五	物理	98.5
合计：			298

图9-36 表格的常见设置效果

9.3.4 python-pptx库的图表操作

使用 PPT 汇报工作的时候，经常会以图表代替文字，这样幻灯片不仅美观大气，而且内容通俗易懂。一般来说，图表的作用有以下几点。

（1）使显示的数据更加直观。

（2）比文字描述更简洁。

（3）能够让内容更加严谨，使数据可信度更高。

接下来，一起学习 python-pptx 中关于图表的典型用法。

1. 简单的图表

可使用 slide.shapes.add_chart() 方法添加图表，该方法的调用格式如下。

```
shapes.add_chart(XL_CHART_TYPE, x, y, cx, cy, chart_data)
```

其中，参数 XL_CHART_TYPE 指图表类型，如 THREE_D_AREA、BAR_CLUSTERED、CYLINDER_COL_CLUSTERED、LINE、PIE、STOCK_HLC 等 71 种。x 和 y 指图表区的左上角在幻灯片中的坐标位置，cx 和 cy 指图表区的长和宽，chart_data 指图表数据。

使用下列代码可添加图表，源代码见 code\9\pptx\pptx_chart.py。

```
1  from pptx import Presentation
2  from pptx.chart.data import CategoryChartData
3  from pptx.enum.chart import XL_CHART_TYPE
4  from pptx.util import Inches
5  import os
6  cur_path = os.path.dirname(__file__)
7  savefilename = os.path.join(cur_path, 'pptx_chart.pptx')
8  prs = Presentation()
9  slide = prs.slides.add_slide(prs.slide_layouts[5])
10 shapes = slide.shapes
11 shapes.title.text = '期末数学成绩'
```

```
12 chart_data = CategoryChartData()#定义图表数据
13 #设置分类标签数据来源
14 chart_data.categories = ['一班', '二班', '三班']
15 #设置系列标签数据来源
16 chart_data.add_series('数学', (81, 88, 82))
17 #添加图表到幻灯片中
18 x, y, cx, cy = Inches(2), Inches(2), Inches(6), Inches(4.5)
19 slide.shapes.add_chart(XL_CHART_TYPE.COLUMN_CLUSTERED,x,y,cx,cy,chart_data)
20 prs.save(savefilename)
```

其中，第12行代码定义图表对象，第13～16行代码对图表的标签进行数据设置，第18、19行代码把图表添加到幻灯片中。代码的执行结果如图9-37所示。

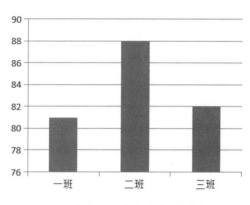

期末数学成绩

图9-37　添加的简单的图表

2. 多系列数据的设置

在图表展示中，可以根据需要对多系列、多个指标进行设置，比如设置多个班级的多门考试成绩。

下列代码演示多系列数据的设置，源代码见 code\9\pptx\pptx_chart_series.py。

```
...
1 chart_data = CategoryChartData()
2 #设置分类标签数据来源
3 chart_data.categories = ['一班', '二班', '三班']
4 #设置多系列标签数据来源
5 chart_data.add_series('语文', (81, 88, 82))
6 chart_data.add_series('数学', (87, 92, 90))
7 chart_data.add_series('科学', (84, 86, 89))
8 x, y, cx, cy = Inches(2), Inches(2), Inches(6), Inches(4.5)
9 slide.shapes.add_chart(XL_CHART_TYPE.BAR_CLUSTERED, x,y,cx,cy,chart_data)
```

其中，第 5 ～ 7 行代码为多系列数据的设置。代码的执行结果如图 9-38 所示。

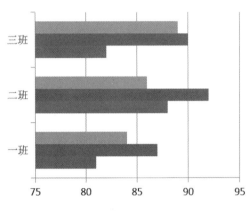

期末考试成绩

图9-38　多系列数据的设置效果

3. 图例的设置

图例用于说明图表中每种颜色所代表的数据系列。生成图例主要使用以下代码。

```
from pptx.enum.chart import XL_LEGEND_POSITION
chart.has_legend=True  # 显示图例
chart.legend.position=XL_LEGEND_POSITION.RIGHT # 图例右侧显示
chart.legend.include_in_layout=False
```

下列代码演示图例的设置，源代码见 code\9\pptx\pptx_chart_legend.py。

```
    ...
1   chart_data = CategoryChartData()
2   # 设置分类标签数据来源
3   chart_data.categories = ['一班', '二班', '三班']
4   # 设置多系列标签数据来源
5   chart_data.add_series('语文', (81, 88, 82))
6   chart_data.add_series('数学', (87, 92, 90))
7   chart_data.add_series('科学', (84, 86, 89))
8   x, y, cx, cy = Inches(2), Inches(2), Inches(6), Inches(4.5)
9   chart=slide.shapes.add_chart(XL_CHART_TYPE.LINE,x,y,cx,cy,chart_data).chart
10  chart.has_legend=True  # 显示图例
11  chart.legend.position=XL_LEGEND_POSITION.RIGHT # 图例右侧显示
12  chart.legend.include_in_layout=False
```

其中，第 10 ～ 12 行代码设置图表的图例，以及显示位置。代码执行结果如图 9-39 所示。

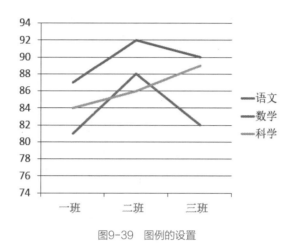

图9-39　图例的设置

4．数据标签的设置

在图表展示中，还可以根据需要在柱形图、饼图等上显示百分比等信息。接下来介绍数据标签的设置。

使用下列代码可设置数据标签，源代码见 code\9\pptx\pptx_chart_datalabel.py。

```
1  chart_data = CategoryChartData()
2  # 设置分类标签数据来源
3  chart_data.categories = ['一班', '二班', '三班']
4  # 设置系列标签数据来源
5  chart_data.add_series('人数', (55, 53, 49))
6  x, y, cx, cy = Inches(2), Inches(2), Inches(6), Inches(4.5)
7  chart=slide.shapes.add_chart(XL_CHART_TYPE.PIE,x,y,cx,cy,chart_data).chart
8  # 图例
9  chart.has_legend=True
10 chart.legend.position=XL_LEGEND_POSITION.RIGHT
11 chart.legend.include_in_layout=False
12 # 数据标签
13 plot = chart.plots[0]                        # 取图表中第一个plot
14 plot.has_data_labels = True                  # 显示数据标签
15 data_labels = plot.data_labels               # 获取数据标签
16 data_labels.show_category_name = True        # 显示类别名称
17 data_labels.show_value = True                # 是否显示值
18 data_labels.show_percentage = True           # 是否显示百分比
19 data_labels.number_format = '0.0%'           # 标签的数字格式
20 data_labels.font.size = Pt(14)
```

```
21 data_labels.font.color.rgb = RGBColor(0, 122, 0)
22 data_labels.position = XL_LABEL_POSITION.CENTER # 标签位置
```

其中，第 22 行代码用于设置数据标签的位置，可以设置为 ABOVE、BELOW、BEST_FIT、CENTER、INSIDE_BASE、INSIDE_END、LEFT、OUTSIDE_END、RIGHT。

代码执行结果如图 9-40 所示。

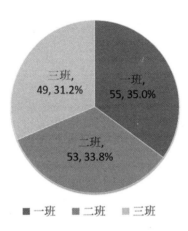

图9-40　数据标签的设置效果

9.3.5　实战案例——生成结业证书

在某训练营经过一段时间的培训后，组织方会颁发一张结业证书。一张小小的证书，让培训有了仪式感。接下来，就来看看如何通过 PPT 的模板生成个性化的证书。

本例目标：根据 CSV 文件中的人员名单生成结业证书。

最终效果：以 PPT 方式生成结业证书并放置到相应目录下。

知识点：CSV 文件的读取、PPT 模板的设计和读取等。

（1）PPT 模板的制作。

新建一个空白 PPT 文件，放在 code\8\pptx\ 路径下，命名为证书模板.pptx。单击"视图"菜单，单击"母版视图"中的"幻灯片母版"按钮，删除其他的布局页面，保留一个页面。删除页面上的所有内容，单击"插入占位符"下拉按钮，选择"内容"选项，添加 6 个内容占位符并插入相关内容，然后单击"关闭母版视图"。如图 9-41 所示。

单击"开始"菜单，再单击"新建幻灯片"下拉按钮，此时只会显示刚才制作的模板，单击模板，如图 9-42 所示。

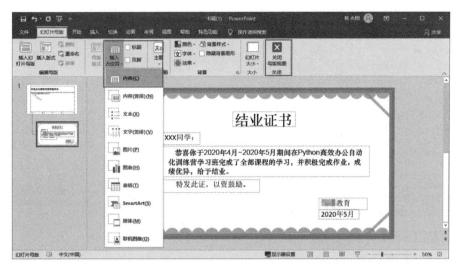

图9-41 自定义模板

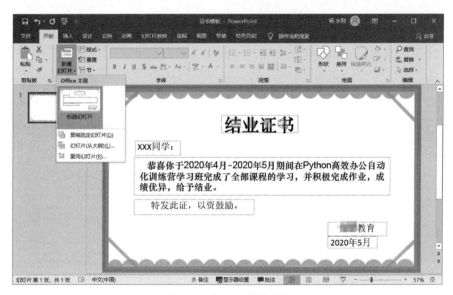

图9-42 单击自定义的模板

（2）占位符的获取。

如果知道占位符的 ID，就可以使用下列代码设置占位符。

```
title=slide.placeholders[0].text=''#标题，第一个框，通过placeholders[0]获取
subtitle=slide.placeholders[1].text=''#子标题，第二个框，通过placeholders[1]获取
```

使用下列代码可获取占位符的 ID，源代码见 code\9\pptx\example_placeholders.py。

```
1   from pptx import Presentation
2   import os
```

```
3    cur_path = os.path.dirname(__file__)
4    tempfilename=os.path.join(cur_path,'证书模板.pptx')
5    savefilename = os.path.join(cur_path, '证书IDX.pptx')
6    prs = Presentation(tempfilename)
7    slide_layout = prs.slide_layouts[0]
8    slide = prs.slides.add_slide(slide_layout)
9    for ph in slide.shapes.placeholders:  # 遍历所有占位符
10       if ph.is_placeholder:
11           phf = ph.placeholder_format   # 获取占位符的格式
12           phfname=f'{phf.idx}-{phf.type}-{ph.name}'
13           print(phfname)# 输出占位符的ID（整数）、占位符类型、占位符名称
14           ph.text = f'{phf.idx}'# 将占位符的ID写入PPT对应的位置
15    prs.save(savefilename)
```

其中，第9～14行代码遍历所有的占位符，获取占位符的格式、占位符的名称。代码执行后，生成"证书IDX.pptx"，文件内容如图9-43所示。

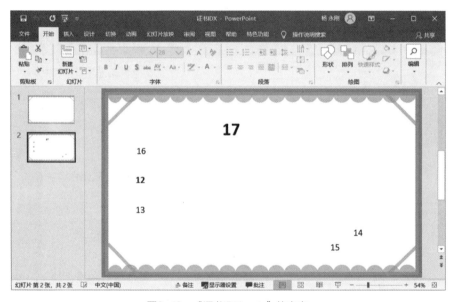

图9-43　"证书IDX.pptx"的内容

（3）生成证书。

下列代码演示证书的生成，源代码见 code\9\pptx\example_card.py。

```
1    from pptx import Presentation
2    import os
3    import csv
4    cur_path = os.path.dirname(__file__)
5    tempfilename=os.path.join(cur_path,'证书模板.pptx')
6    savefilename = os.path.join(cur_path, '证书.pptx')
7    prs = Presentation(tempfilename)
```

```
8    def build_card(filename):
9        with open(filename,'r',encoding='UTF-8') as f:
10           reader=csv.reader(f)
11           #获取表头
12           headrow=next(reader)
13           list1=[row[1] for row in reader]
14           for x in list1:
15               slide_layout = prs.slide_layouts[0]
16               slide = prs.slides.add_slide(slide_layout)
17               slide.shapes.placeholders[17].text='结业证书'
18               slide.shapes.placeholders[16].text=x+' 同学：'
19               slide.shapes.placeholders[12].text='        恭喜你于2020 年 4 月～2020
年 5 月期间在 Python 高效办公自动化训练营学习班完成了全部课程的学习，并积极完成作业，成绩优异，准
予结业。'
20               slide.shapes.placeholders[13].text='         特发此证，以资鼓励。'
21               slide.shapes.placeholders[14].text='    ■■教育 '
22               slide.shapes.placeholders[15].text='2020 年 5 月 '
23           prs.save(savefilename)
24   if __name__ =='__main__':
25       build_card(os.path.join(cur_path,'t_person_info.csv'))
```

其中，第 17 ～ 22 行代码将之前得到的占位符用实际变量进行替换。代码执行后，生成"证书 .pptx"，文件内容如图 9-44 所示。

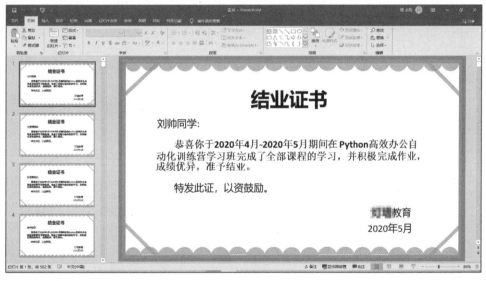

图9-44　生成的证书

9.4　实战案例——利用win32com库把doc格式转换为docx格式

通过前面的学习，我们知道 python-docx 库只能操作 docx 格式的 Word 文档，而不能操

作 doc 格式的 Word 文档。如果现在手头有很多 doc 格式的 Word 文档要处理，该如何操作呢？有 3 种方式可以把 doc 格式转换为 docx 格式。

（1）手动将 doc 格式的 Word 文档转为 docx 格式，然后通过 python-docx 库来处理。

（2）使用 win32com 库直接操作 doc 格式的 Word 文档。

（3）使用 win32com 库把 doc 格式转换为 docx 格式，然后通过 python-docx 库来处理。

第一种方式的工作量非常大，第二种方式的编程难度有点大，第三种方式省时省力，因此可以选择第三种方式。接下来对其进行介绍。

安装 win32com 库的代码如下。

```
pip install pywin32
```

下列代码演示 Word 格式转换，源代码见 code\9\advance_doc_dcox.py。

```
1  import win32com
2  import win32com.client
3  import os
4  import time
5  curpath=os.path.dirname(__file__)
6  wordpath=os.path.join(curpath,'doc')
7  #doc 转为 docx
8  def doc_to_docx(word,inputfilename,filename):
9      docxfile=os.path.join(wordpath,filename[0:-4]+'.docx')
10     wordobj=word.documents.Open(inputfilename)
11     wordobj.SaveAs(docxfile,16)
12     wordobj.Close()
13 if __name__=="__main__":
14     try:
15         word=win32com.client.Dispatch('Word.Application')
16         word.Visible=1
17         word.DisplayAlerts= False
18         for dirname,subdir,files in os.walk(wordpath):
19             for f in files:
20                 filename=os.path.join(dirname,f)
21                 doc_to_docx(word,filename,f)
22     except Exception as e:
23         print(e)
24     finally:
25         word.Quit()
```

其中，第 8 ~ 12 行代码定义了一个转换函数，第 11 行代码中的参数 "16" 指将 doc 格式转换为 docx 格式；第 18 ~ 21 行代码对指定目录进行遍历，找到所有的 doc 文档并进行转换。代码的执行结果如图 9-45 所示，每个 doc 格式文件都转换为了 docx 格式文件，请读者自行验证。

(E:) › book › code › 13 › doc
名称
类型
大小
docx_add_paragraph_indent
Microsoft Word 文档
27 KB
docx_add_paragraph_indent
Microsoft Word 97 - 2003 文档
82 KB
docx_add_pic
Microsoft Word 文档
138 KB
docx_add_pic
Microsoft Word 97 - 2003 文档
190 KB
docx_add_table
Microsoft Word 文档
27 KB
docx_add_table
Microsoft Word 97 - 2003 文档
84 KB
韩玉梅电子简历
Microsoft Word 文档
31 KB
韩玉梅电子简历
Microsoft Word 97 - 2003 文档
91 KB
田强劳动合同
Microsoft Word 文档
22 KB
田强劳动合同
Microsoft Word 97 - 2003 文档
45 KB

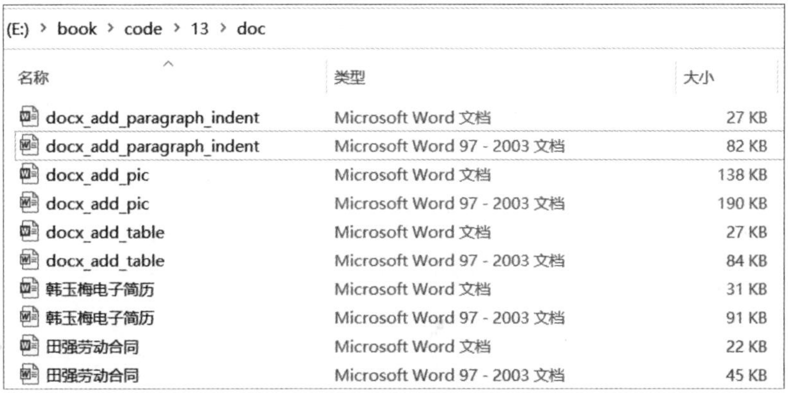

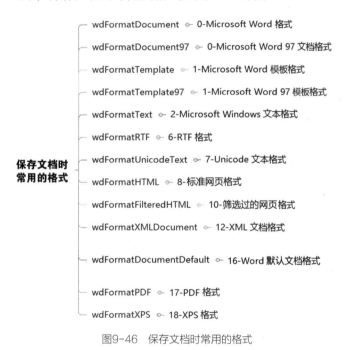

图9-45　格式转化

使用 win32com 库在保存文档时常用的格式如图 9-46 所示。

保存文档时常用的格式
wdFormatDocument
0-Microsoft Word 格式
wdFormatDocument97
0-Microsoft Word 97 文档格式
wdFormatTemplate
1-Microsoft Word 模板格式
wdFormatTemplate97
1-Microsoft Word 97 模板格式
wdFormatText
2-Microsoft Windows 文本格式
wdFormatRTF
6-RTF 格式
wdFormatUnicodeText
7-Unicode 文本格式
wdFormatHTML
8-标准网页格式
wdFormatFilteredHTML
10-筛选过的网页格式
wdFormatXMLDocument
12-XML 文档格式
wdFormatDocumentDefault
16-Word 默认文档格式
wdFormatPDF
17-PDF 格式
wdFormatXPS
18-XPS 格式

图9-46　保存文档时常用的格式

9.5　实战案例——利用win32com库把PPT文件页面转成长图

将所有 PPT 页面拼接在一起生成长图后，通过浏览长图可以快速知道该模板是否适合自己，而无须一个个去打开 PPT 文件查看。使用 win32com 库可以把 PPT 文件页面转成长图。

本例目标：将 PPT 文件的每一页转成图片，然后将这些图片拼接成一张长图。

最终效果：PPT 文件的每一页都被转成图片，并拼接成一张长图并放置到相应文件夹下。

知识点：win32com 库的基本使用、图像库 pillow 的使用等。

首先进行 pillow 库的安装，代码如下。

```
pip install pillow
```

下列代码演示将 PPT 文件转成长图，源代码见 code\9\pptx\example_pptx_pic.py。

```
1   import win32com
2   import win32com.client
3   from win32com.client import constants
4   import os
5   import time
6   from PIL import Image
7   curpath = os.path.dirname(__file__)
8   pptpath = os.path.join(curpath, 'file')
9   # PPT 转为 JPG
10  # srcname 为需要打开的 PPT 文件，全路径
11  def ppt_to_jpg(powerpoint, srcname, filename):
12      jpgpath = os.path.join(curpath, 'jpg', filename[0:-5])
13      if not os.path.exists(jpgpath):
14          os.makedirs(jpgpath)
15      pptobj = powerpoint.Presentations.Open(srcname)
16      pptobj.SaveAs(jpgpath, constants.ppSaveAsJPG)    # 17 代表另存为 JPG 图像
17      pptobj.Close()
18  def build_jpgs():
19      jpgpath = os.path.join(curpath, 'jpg')
20      for fn in os.listdir(jpgpath):
21          if os.path.isdir(os.path.join(jpgpath,fn)):
22              ims = [Image.open(os.path.join(jpgpath,fn, f)) for f in os.
    listdir(os.path.join(jpgpath,fn))]
23              width, height = ims[0].size
24              result = Image.new(ims[0].mode, (width, height*len(ims)))
25              for index, x in enumerate(ims):
26                  result. paste (x, box=(0, index*height))
27              result.save(os.path.join(jpgpath, fn+".jpg"))
28  if __name__ == "__main__":
29      try:
30          ppt=win32com.client.gencache.EnsureDispatch('PowerPoint.Application')
31          ppt.Visible = 1
32          ppt.DisplayAlerts = False
33          for dirname, subdir, files in os.walk(pptpath):
34              for f in files:
35                  filename = os.path.join(dirname, f)
36                  ppt_to_jpg(ppt, filename, f) # 将 PPT 所有页面都分别生成图片
37          build_jpgs() # 遍历目录，生成长图
38      except Exception as e:
39          print(e)
```

```
40      finally:
41          ppt.Quit()
```

其中，第 11 ～ 17 行代码使用 win32com 库直接将 PPT 文件的每一页转成为图片；第 18 ～ 27 行代码遍历目录，使用 pillow 库将已经生成的图片拼接成长图（第 22 行代码使用列表推导式生成图片对象，第 23、24 行代码定义新图片的大小，第 26、27 行代码使用 paste() 和 save() 方法生成新图片）。

代码执行后，PPT 文件将被转成长图，请读者自行测试。

此外，PPT 文件还可以转换为各种别的格式，常见转换格式如图 9-47 所示。

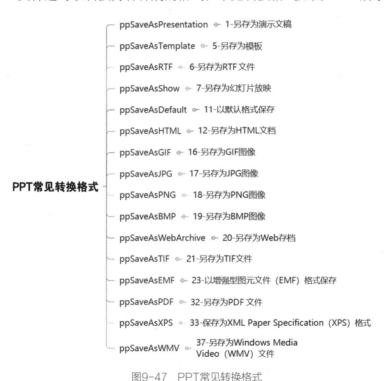

图9-47　PPT常见转换格式

9.6　使用ChatGPT实现Word合同自动生成

合同通常是书面形式的，广泛用于社会的方方面面。企业与员工签订的劳动合同便是常见的合同种类之一。对用人单位来说，与员工签订的劳动合同的文本，有一个非常重要的特征：大部分内容是固定的、不需要改动的。

对于大部分内容是固定的 Word 文档，要批量制作的时候很多人会想到用 Word 模板或邮件合并功能来完成。因此合同的批量生成非常适合使用 Word 模板技术来实现。现在我们一起用 ChatGPT 来解决这个问题。

具体的操作步骤如下。

（1）结合实际情况分析需求。

在本例的灯塔教育公司的劳动合同中，需要变动的地方一共有 7 处，分别是用人单位名称、员工姓名（在合同中共有 2 处）、员工的部门名称、员工职位、用人单位合同签署人、合同签订时间。

结合 9.2.3 小节中介绍的 Word 模板，可以看出需要变动的地方与模板域名的对应关系，具体如表 9-2 所示。

表 9-2　　　　　　劳动合同中需要变动的地方与 Word 模板域名的对应关系

序号	需要变动的地方	Word 模板域名	域名对应含义
1	用人单位名称	firstparty	甲方公司名称
2	员工姓名（第一页）	secondparty	乙方人员姓名
3	员工的部门名称	department	乙方部门名称
4	员工职位	job	乙方职位
5	用人单位合同签署人	owner	甲方负责人签名
6	员工姓名（签名页）	name	乙方签名
7	合同签订时间	sj	合同签订时间

根据实际情况，我们需要将 firstparty 替换成"灯塔教育"，将 secondparty 替换成 name 列，将 department 替换成 department 列，将 job 替换成 job 列、将 owner 替换成"龙卷风"，将 name 替换成 name 列，将 sj 替换成当天的时间。

最后，我们希望将所有合同文档保存在名为 build2 的文件夹下，合同文档的命名形式为"员工姓名 + 劳动合同"。

（2）打开 ChatGPT，输入提示词，等待 ChatGPT 给出代码。

经过需求分析，我们可以用如下提示词进行提问。

需求：根据 CSV 文件中的人员名单，套用劳动合同模板生成劳动合同。

① 模板文件见 E:\book\code\8\docxtpl\template\ 劳动合同模板 .docx，打开模板文件，可以看到有 7 处内容需要更换，分别是 firstparty、secondparty、department、job、owner、name、sj。

② CSV 文件见 E:\book\code\8\docxtpl\t_person_info.csv，使用"灯塔教育"替换 firstparty，name 列替换 secondparty，department 列替换 department，job 列替换 job，"龙卷风"替换 owner，name 列替换 name，当天的时间替换 sj。

③ 在 E:\book\code\8\docxtpl 目录下创建 build2 目录，在该目录下生成名称为"员工姓名 + 劳动合同"的 Word 文档。

将提示词输入 ChatGPT 中，如图 9-48 所示。

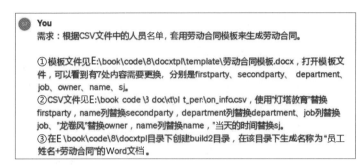

图9-48　输入提示词

ChatGPT 会很快给出解决方案，如图 9-49 所示。

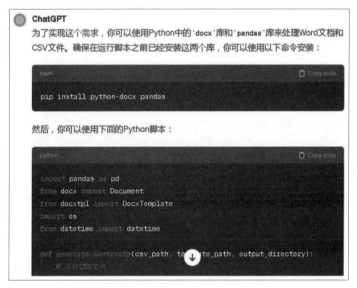

图9-49　ChatGPT给出解决方案

（3）复制代码，并且粘贴到 VS Code 中。

将 ChatGPT 生成的代码复制到本地的 VS Code 编辑器环境中（源代码见 code\9\9.py）。

```python
import pandas as pd
from docx import Document
from docxtpl import DocxTemplate
import os
from datetime import datetime
def generate_contracts(csv_path, template_path, output_directory):
    # 读取 CSV 文件
    df = pd.read_csv(csv_path)
    # 确保输出目录存在
    output_directory = os.path.join(output_directory, "build2")
    if not os.path.exists(output_directory):
```

```
        os.makedirs(output_directory)
    # 加载劳动合同模板
    doc = DocxTemplate(template_path)
    # 遍历 CSV 中的每一行
    for _, row in df.iterrows():
        # 替换模板中的变量
        context = {
            'firstparty': '灯塔教育', # 甲方公司名称
            'secondparty': row['name'], # 乙方人员姓名
            'department': row['department'], # 乙方部门名称
            'job': row['job'], # 乙方职位
            'owner': '龙卷风', # 甲方负责人签名
            'name': row['name'], # 乙方签名
            'sj': datetime.now().strftime('%Y 年 %m 月 %d 日') # 合同签订时间
        }
        doc.render(context)
        # 生成劳动合同文件名
        output_filename = f"{row['name']}劳动合同 .docx"
        # 保存生成的劳动合同文件
        output_path = os.path.join(output_directory, output_filename)
        doc.save(output_path)
        print(f" 生成劳动合同:{output_filename}")
if __name__ == "__main__":
    # CSV 文件路径
    csv_path = "e:/book/code/9/docxtpl/t_person_info.csv"
    # 劳动合同模板文件路径
    template_path = "e:/book/code/9/docxtpl/template/ 劳动合同模板 .docx"
    # 输出目录
    output_directory = "e:/book/code/9/docxtpl"
    # 执行生成劳动合同操作
    generate_contracts(csv_path, template_path, output_directory)
```

（4）检查运行结果，如果出错则修改代码。

在 VS Code 编辑器环境中执行 ChatGPT 给出的这段代码会报错。

经过检查，可以发现 ChatGPT 为了实现需求使用了 Python 中的 python-docx 库和 pandas 库来分别处理 Word 文档和 CSV 文件。在本例中，如此调用这两个库会产生两个错误。

第一，本例应该调用 docxtpl 库，而不是 python-docx 库。

第二，ChatGPT 生成的代码中，from docx import Document 是多余的。

修改这两处代码后再次运行，不会出现错误。

需要说明的是，可以直接在提示词中说明需要使用 docxtpl 库，从而避免出现这个问题。

（5）检查结果。

经检查，生成的文档符合预期，所有生成的文档均在目标文件夹下，如图 9-50 所示。

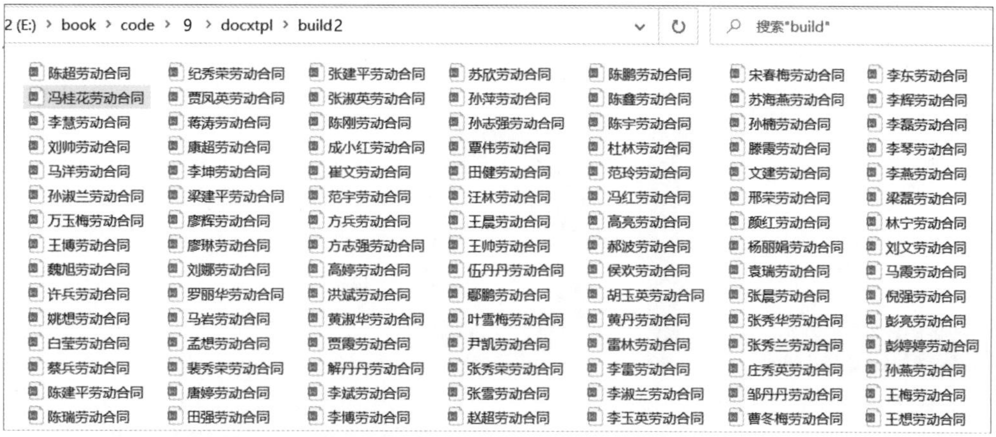

图9-50　目标文件夹下的劳动合同文档

对比手动编写的代码和使用ChatGPT生成的代码，可以看到ChatGPT生成的代码更严谨，而且带有大量的注释。此外，ChatGPT还会贴心地给出如下的提示。

请确保将上述代码中的文件路径替换为实际文件路径。此脚本会为CSV文件中的每个人生成一个劳动合同，保存在指定的输出目录中。请在运行脚本之前备份重要文件，以免由于程序错误导致文件丢失。

10

Excel办公自动化

本章介绍在 Python 下使用 openpyxl 库和 xlwings 库操作 Excel 文档的方法。xlwings 库功能非常强大，支持高级 API 用法，还支持表单内设计等。此外，本章还介绍操作 Excel 文档的 xlsxwriter 库、使用 ChatGPT 实现多张工作表的合并等。

本章的目标知识点与学习要求如表 10-1 所示。

表 10-1　　　　　　　　　　　　　　　目标知识点与学习要求

时间	目标知识点	学习要求
第 1 天	• openpyxl 库的使用	• 理解 openpyxl 库的层次关系 • 掌握 openpyxl 库与 xlwings 库的基本用法和高级用法 • 能使用 xlsxwriter 库进行格式设置
第 2 天	• xlwings 库的使用 • 高级 API 用法 • 表单内设计	
第 3 天	• xlsxwriter 库的使用	

10.1 openpyxl库

openpyxl是操作Excel文档的开源库,用于创建和更新Excel文档(*.xlsx)。openpyxl
库是一款综合工具,不仅能够读取和修改Excel文档,而且可以对Excel单元格进行详细设
置(包括单元格样式等内容),甚至还支持图表插入、打印设置等。使用openpyxl库可以读
写xltm、xltx、xlsm、xlsx等格式的文件,而且能够处理的单张工作表的最大行数可以到
1048576。

在Python中,openpyxl库只能操作xlsx格式文件,不能操作xls格式文件。另外,这个
库可以跨平台使用,也可以在未安装Office办公软件的情况下使用。

10.1.1 openpyxl库的安装和对象层次

使用pip命令可以方便、快捷地安装openpyxl库,命令如下。

```
pip install openpyxl
```

本书中案例使用的openpyxl库版本为3.0.3。

openpyxl库的对象层次可以分为3层。

(1)Workbook(工作簿,一个包含多张工作表的Excel文件)。

(2)Worksheet(工作表,一个工作簿有多张工作表,如Sheet1、Sheet2等)。

(3)cell(单元格,存储具体的数据)。

openpyxl库围绕着这3层进行操作,基本思路就是打开Workbook、定位Worksheet、
操作cell。具体流程如下。

(1)调用openpyxl.load_workbook()函数或openpyxl.Workbook()函数,获得Workbook
对象。

(2)调用sheetnames属性或worksheets属性,获得Worksheet对象。

(3)使用索引或工作表的cell()方法获取cell对象,读取或编辑cell对象的value属性。

图10-1所示的是openpyxl库的对象层次。

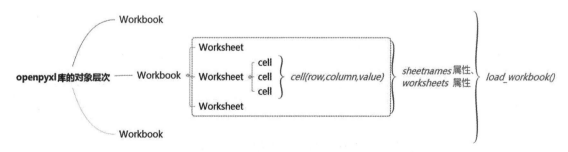

图10-1 openpyxl库的对象层次

10.1.2 openpyxl库的基本操作

本小节将讲解 openpyxl 库的基本操作，包括工作簿的新建、打开和保存，工作表的处理，单元格的处理，图片的插入等。了解这些知识点，便于对 Excel 文档进行操作。

1. 工作簿的新建、打开和保存

使用 openpyxl 库的 Workbook() 函数新建一个工作簿的语法格式如下。

```
from openpyxl import Workbook
# 新建一个工作簿
wb = Workbook()
```

该函数返回一个工作簿对象，工作簿是文档所有内容的容器。

另外，还可以通过 load_workbook(文件名) 的方式打开一个已经存在的 Excel 文档，其语法格式如下。

```
from openpyxl import load_workbook
wb = load_workbook(文件)
```

使用工作簿对象的 save() 方法保存 Excel 文档的语法格式如下。

```
wb.save(文件路径)
```

下列代码演示新建、保存 Excel 文档，源代码见 code\10\openpyxl\openpyxl_new.py。

```
1   from openpyxl import Workbook
2   import os
3   curpath=os.path.dirname(__file__)
4   savefilename=os.path.join(curpath,'openpyxl_open.xlsx')
5   # 新建工作簿对象
6   wb = Workbook()
7   # 保存后上述操作才能生效
8   wb.save(savefilename)
```

代码执行后，当前文件夹下生成 openpyxl_open.xlsx 文件，请读者自行验证。

2. 工作表的处理

工作表的处理包括工作表的获取、修改、复制和新建等。

（1）获取工作表。

获取工作表的方式有很多种，可以通过 Workbook 对象的 sheetnames 属性获取所有工作表的名称，也可以通过 Worksheet[' 表名 '] 获取 Worksheet 对象，还可以通过 active 属性获取当前活动的工作表。

下列代码演示获取工作表的几种方式，源代码见 code\10\openpyxl\openpyxl_getsheet.py。

```
1   from openpyxl import load_workbook
2   import os
```

```
3   curpath=os.path.dirname(__file__)
4   filename=os.path.join(curpath,'t_person_info.xlsx')
5   # 加载工作簿
6   wb = load_workbook(filename)
7   # 获取工作簿中所有工作表的名称（列表）
8   print('sheetnames '+str(wb.sheetnames))
9   # 获取指定工作表的名称
10  ws=wb["Sheet1"]
11  print(ws)
12  # 以列表的形式返回所有的 Worksheet（表格）
13  print(wb.worksheets)
14  # 获取当前活动的工作表
15  activesheet=wb.active
16  print('active '+str(activesheet))
```

代码的执行结果如下。生成的 t_person_info.xlsx 文件中有两张工作表，请读者自行验证。

```
sheetnames ['t_person_info', 'Sheet1']
<Worksheet "Sheet1">
[<Worksheet "t_person_info">, <Worksheet "Sheet1">]
worksheets <Worksheet "t_person_info">
worksheets <Worksheet "Sheet1">
active <Worksheet "t_person_info">
```

注意：新版本的 openpyxl 库已经废弃了 get_sheet_names() 方法、get_sheet_by_name()
方法和 get_active_sheet() 方法。

（2）修改和复制工作表。

可以直接使用以下代码修改工作表的名称。

```
ws=wb["Sheet1"]
ws.title=" 第一张工作表 "
```

还可以把当前活动的工作表复制为新的工作表，代码如下。

```
activesheet=wb.active
copysheet=wb.copy_worksheet(activesheet)
copysheet.title=' 这是复制过来的 '
```

下列代码演示修改和复制工作表，源代码见 code\10\openpyxl\openpyxl_sheet_copy.py。

```
1   from openpyxl import load_workbook
2   import os
3   curpath=os.path.dirname(__file__)
4   filename=os.path.join(curpath,'openpyxl_sheet_copy.xlsx')
5   # 加载工作簿
6   wb = load_workbook(filename)
7   # 修改工作表名称
8   ws=wb["Sheet1"]
```

```
9   ws.title=' 程序修改的 sheet 名称 '
10  # 获取当前活动的工作表
11  activesheet=wb.active
12  copysheet=wb.copy_worksheet(activesheet)
13  copysheet.title=' 这是复制过来的工作表 '
14  wb.save(filename) # 保存后上述操作才能生效
```

其中，第 12 行指复制当前活动的工作表，默认插入最后位置。代码执行后，openpyxl_sheet_copy.xlsx 文件的工作表名称区域如图 10-2 所示。

图10-2　修改和复制工作表的效果

（3）创建新的工作表。

使用工作簿的 create_sheet() 方法创建新的工作表的语法格式如下。

```
sheet=wb.create_sheet(title,index)
```

其中，参数 title 指工作表名称，参数 index 指位置索引。如果不加第二个参数，则新建的工作表被放在最后。

下列代码演示工作表的创建，源代码见 code\10\openpyxl\openpyxl_sheet_create.py。

```
1   from openpyxl import load_workbook
2   import os
3   curpath=os.path.dirname(__file__)
4   filename=os.path.join(curpath,'openpyxl_sheet_create.xlsx')
5   # 加载工作簿
6   wb = load_workbook(filename)
7   # 创建一张新工作表，第二个参数是位置索引
8   sheet=wb.create_sheet(" 程序创建的 sheet",1)
9   # 保存后上述操作才能生效
10  wb.save(filename)
```

代码执行后，openpyxl_sheet_create.xlsx 文件的工作表名称区域如图 10-3 所示。

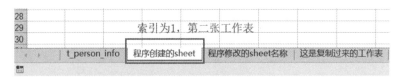

图10-3　工作表的创建效果

3. 单元格的处理

单元格的处理包括单元格的赋值、数据的循环写入、使用 append() 方法插入数据、获取单

元格的信息、合并／取消合并单元格等。

（1）单元格的赋值。

使用工作表对象的 cell() 方法对单元格进行赋值的语法格式如下。

```
ws.cell(row,column,value)
```

比如，对第 1 行第 1 列单元格赋值，可以这样使用。

```
ws.cell(row=1,column=1,value='hello')
```

还可以直接对单元格赋值，其语法格式如下。

```
ws['a1'].value="python"
```

（2）数据的循环写入。

可以采用循环方式写入数据到单元格。

下列代码演示将数据循环写入单元格，源代码见 code\10\openpyxl\openpyxl_cell.py。

```
1   from openpyxl import Workbook
2   import os
3   curpath=os.path.dirname(__file__)
4   savefilename=os.path.join(curpath,'openpyxl_cell.xlsx')
5   #新建一个工作簿
6   wb = Workbook()
7   #获取当前活动的工作表
8   ws=wb.active
9   #第1行第5列的单元格值为"hello"
10  ws.cell(row=1,column=5,value='hello')
11  #b列第5行的单元格值为"python"
12  ws['b4'].value="python"
13  #循环写入
14  for i in range(5,10):
15      for j in range(1,5):
16          ws.cell(row=i,column=j,value='*')
17  #数据写入
18  data=([1,2,3],[4,5,6],[7,8,9])
19  rows=len(data)
20  columns=len(data[0])
21  for row in range(1,rows+1):
22      for column in range(1,columns+1):
23          ws.cell(row,column,value=data[row-1][column-1])
24  wb.save(savefilename)
```

其中，第 21 ~ 23 行代码用两层循环写入单元格数据。执行代码后，生成 openpyxl_cell.xlsx 文件，文件内容如图 10-4 所示，请读者自行对照代码和生成结果。

	A	B	C	D	E	F
1	1	2	3		hello	
2	4	5	6			
3	7	8	9			
4		python				
5	*	*	*	*		
6	*	*	*	*		
7	*	*	*	*		
8	*	*	*	*		
9	*	*	*	*		
10						
11						

图10-4　数据的循环写入效果

（3）使用 append() 方法插入数据。

除了对单元格赋值外，还可以使用 append() 方法追加一组数据到当前工作表的底部，其语法格式如下。

```
ws.append(data)
```

其中，参数 data 指一个序列，如列表等。

下列代码演示 append() 方法的使用，源代码见 code\10\openpyxl\openpyxl_cell_append.py。

```
1  from openpyxl import Workbook
2  import os
3  curpath=os.path.dirname(__file__)
4  savefilename=os.path.join(curpath,' openpyxl_cell_append.xlsx ')
5  # 新建一个工作簿
6  wb = Workbook()
7  # 获取当前活动的工作表
8  ws=wb.active
9  data=[
10    ['刘帅','男','技术部'],
11    ['朱春梅','女','销售部'],
12    ['陈秀荣','女','技术部'],
13    ['胡萍','女','采购部'],
14    ['林秀华','女','销售部'],
15    ['吴霞','女','技术部'],]
16 for x in data:
17     ws.append(x)
18 wb.save(savefilename)
```

其中，第 16、17 行代码使用 append() 方法追加 data 列表数据到当前工作表的底部。代码执行后，生成 openpyxl_cell_append.xlsx，文件内容如图 10-5 所示。

（4）获取单元格的信息。

可以通过 sheet['A1'] 的方式获取单元格的行、列、值和位置，其语法格式如下。

图10-5 使用append()方法插入数据到当前工作表

```
cell1=ws['A1']
#row为行, column为列, value为值, coordinate为单元格位置
print(cell1.row,cell1.column,cell1.value, cell1.coordinate)
```

此外，还可以通过 sheet['A1:C6'] 获取一系列单元格信息，其语法格式如下。

```
cell=ws['A1:C6']
for x in cell:
    for i in x:
        print(i.value)
```

可以通过下列代码获取单元格的信息，源代码 code\10\openpyxl\openpyxl_cell_get.py。

```
1   from openpyxl import load_workbook
2   import os
3   curpath=os.path.dirname(__file__)
4   filename=os.path.join(curpath,'openpyxl_cell_get.xlsx')
5   wb = load_workbook(filename)
6   #获取当前活动的工作表
7   ws=wb.active
8   cell1=ws['A1']
9   cell2=ws['B2']
10  #row为行, column为列, value为值, coordinate为单元格位置
11  print(cell1.row,cell1.column,cell1.value, cell1.coordinate)
12  print(cell2.row,cell2.column,cell2.value, cell2.coordinate)
13  cell3=ws['A1:C6']
14  print(cell3)
15  for x in cell3:
16      for i in x:
17          print(i.value,end='')
```

其中，第11、12行代码输出单元格所在的行、列、值和单元格位置。代码的执行结果如下。

```
1 1 刘帅 A1
2 2 女 B2
((<Cell 'Sheet'.A1>, <Cell 'Sheet'.B1>, <Cell 'Sheet'.C1>), (<Cell 'Sheet'.
A2>, <Cell 'Sheet'.B2>, <Cell 'Sheet'.C2>), (<Cell 'Sheet'.A3>, <Cell 'Sheet'.
B3>, <Cell 'Sheet'.C3>), (<Cell 'Sheet'.A4>, <Cell 'Sheet'.B4>, <Cell 'Sheet'.
C4>), (<Cell 'Sheet'.A5>, <Cell 'Sheet'.B5>, <Cell 'Sheet'.C5>), (<Cell 'Sheet'.
A6>, <Cell 'Sheet'.B6>, <Cell 'Sheet'.C6>))
刘帅 男 技术部 朱春梅 女 销售部 陈秀荣 女 技术部 胡萍 女 采购部 林秀华 女 销售部 吴霞 女 技术部
```

（5）合并 / 取消合并单元格。

使用工作表的 ws.merge_cells() 方法可以合并单元格，使用 ws.unmerge_cells() 方法可以取消单元格的合并，其语法格式如下。

```
# 从 A1 到 D5 合并单元格
ws.merge_cells('A1:D5')
# 另外一种合并方式
ws.merge_cells(start_row=1, start_column=6, end_row=5, end_column=9)
# 取消合并
ws.unmerge_cells('A1:D5')
# 取消合并的另一种方式
ws.unmerge_cells(start_row=1, start_column=6, end_row=5, end_column=9)
```

下列代码演示单元格的合并和取消合并，源代码见 code\10\openpyxl\openpyxl_merge.py。

```
1   from openpyxl.workbook import Workbook
2   import os
3   curpath=os.path.dirname(__file__)
4   savefilename=os.path.join(curpath,'openpyxl_merge.xlsx')
5   wb = Workbook()
6   ws = wb.active
7   # 从 A1 到 D5 合并单元格
8   ws.merge_cells('A1:D5')
9   # 取消合并
10  ws.unmerge_cells('A1:D5')
11  # 另外一种方式合并
12  ws.merge_cells(start_row=1, start_column=6, end_row=5, end_column=9)
13  # 取消合并的另一种方式
14  ws.unmerge_cells(start_row=1,start_column=6,end_row=5,end_column=9)
15  wb.save(savefilename)
```

代码执行后，生成 openpyxl_merge.xlsx，文件内容如图 10-6 所示。

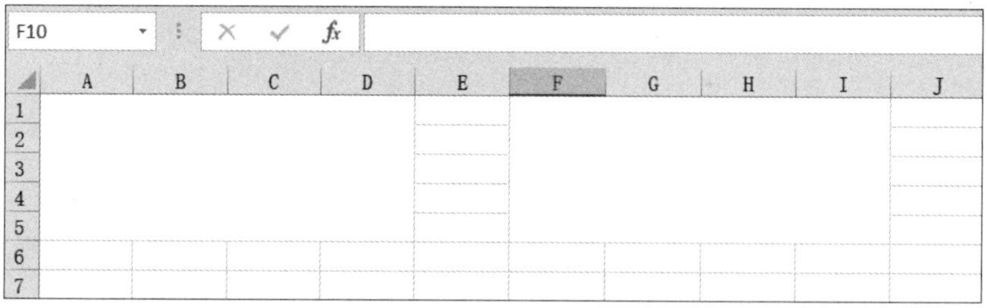

图10-6　单元格合并和取消合并的效果

4. 图片的插入

可使用工作表的 add_image() 方法可以添加图片，其语法格式如下。

```
sheet=wb.add_image(img,anchor)
```

其中，参数 img 指图片对象，参数 anchor 指定添加图片的位置，一般用单元格位置表示。下列代码演示插入图片，源代码见 code\10\openpyxl\openpyxl_insert_img.py。

```
1  from openpyxl import Workbook
2  from openpyxl.drawing.image import Image
3  from openpyxl.workbook import Workbook
4  import os
5  curpath=os.path.dirname(__file__)
6  savefilename=os.path.join(curpath,'openpyxl_insert_img.xlsx')
7  imgfile=os.path.join(curpath,'openpyxl1.png')
8  wb = Workbook()
9  ws = wb.active
10 ws['A1'] = '插入一张图片'
11 img = Image(imgfile)
12 # 在指定单元格插入
13 ws.add_image(img, 'B3')
14 wb.save(savefilename)
```

其中，第 13 行代码插入一个 img 对象到 B3 单元格。代码执行后，生成 openpyxl_insert_img.xlsx，文件内容如图 10-7 所示。

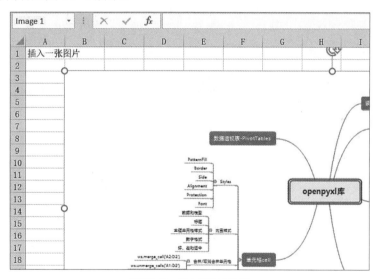

图10-7　插入图片的效果

10.1.3　openpyxl库的样式使用

单元格的样式包含字体、填充、边框、对齐、行高和列宽等。

1. 字体设置

字体设置可通过 Font 类的构造来实现，其语法格式如下。需要说明的是，下述格式中只列出参数名称，实际使用时必须指定参数值，本小节其他仅列出参数名称的语法格式同理。

```
font_style = Font(name, color, size, bold, italic, verAlign)
```

Font 类参数如图 10-8 所示。

图10-8　Font类参数设置

2. 填充设置

填充样式通过设置 PatternFill 类和 GradientFill 类的构造函数来实现，其语法格式如下。

```
fill=PatternFill(fill_type, fgColor,bgColor)
fill=GradientFill(type, stop=(渐变颜色1, 渐变颜色2, 渐变颜色3))
```

PatternFill 类参数如图 10-9 所示。

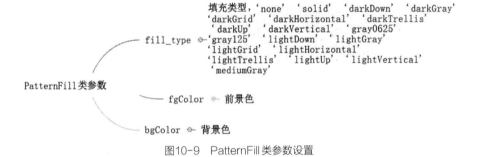

图10-9　PatternFill 类参数设置

3. 边框设置

边框设置需要两步。首先定义一个 Side 对象，其语法格式如下。

```
thin = Side(style, color)
```

其中，参数 style 指边框线的风格，可选值包括 dotted、slantDashDot、dashDot、hair、mediumDashDot、dashed、mediumDashed、thick、dashDotDot、medium、double、thin、mediumDashDotDot。

然后定义一个 Border 对象，其语法格式如下。

```
border = Border(top, bottom, left, right)
```

其中，参数 top（上）、bottom（下）、left（左）、right（右）必须是 Side 对象中的边框线的风格类型。

边框参数设置示例如图 10-10 所示。

图10-10　边框参数设置示例

4．对齐设置

对齐设置可通过 Alignment 类实现，其语法格式如下。

```
alignment = Alignment(horizontal, vertical, text_rotation, wrap_text, shrink_
to_fit, indent)
```

Alignment 类参数如图 10-11 所示。

图10-11　Alignment 类参数

5．行高和列宽设置

行高和列宽设置的示例代码如下。

```
# 第 1 行行高
ws.row_dimensions[1].height = 30
# C列列宽
ws.column_dimensions['C'].width = 40
```

此外，还可以对整行整列进行格式设定，示例代码如下。

```
font_style=Font(name=' 微软雅黑 ',size=18,color=colors.BLUE,bold=True)
row = ws.row_dimensions[1]
row.font = font_style
col = ws.column_dimensions['A']
col.font = font_style
```

6. 样式的综合演示

接下来，演示使用 openpyxl 库进行样式设定，生成人员通讯录，其中，大标题设置为蓝色字体，居中对齐；行标题设置为绿色背景，居中对齐；为有数据的单元格设置边框。

通过下列代码可以实现样式的综合使用，源代码见 code\10\openpyxl\openpyxl_style.py。

```
1   from openpyxl import load_workbook
2   from openpyxl.styles import Font,colors,GradientFill,Alignment,PatternFill,Border,Side
3   import os
4   curpath=os.path.dirname(__file__)
5   filename=os.path.join(curpath,'openpyxl_style.xlsx')
6   savefilename=os.path.join(curpath,'openpyxl_style_1.xlsx')
7   wb = load_workbook(filename)
8   #获取当前活动的工作表
9   ws=wb.active
10  thin = Side(border_style="thin",color=colors.BLACK)
11  border = Border(top=thin, left=thin, right=thin, bottom=thin)
12  font_style = Font(name='微软雅黑', size=30, italic=False, color=colors.
BLUE,bold=True,strike=False,vertAlign='baseline')
13  fill = PatternFill(fill_type='solid', fgColor=colors.GREEN)
14  gfill = GradientFill(stop=("FFFFFF","88DDAA","000000"))
15  ws['A1'].font = font_style
16  ws['A3'].fill = gfill
17  # 设置第2行标题为垂直居中对齐、水平居中对齐
18  alignment = Alignment(horizontal='center', vertical='center')
19  ws['A1'].alignment = alignment
20  for row in ws.rows:
21      for cell in row:
22          cell.border=border
23          if cell.row==2:#标题列居中对齐
24              cell.fill = fill
25              cell.alignment = alignment
26  #设置行高和列宽
27  #第1、2行行高
28  ws.row_dimensions[1].height = 40
29  ws.row_dimensions[2].height = 30
30  #列宽
31  ws.column_dimensions['A'].width = 20
32  ws.column_dimensions['B'].width = 20
33  ws.column_dimensions['C'].width = 20
34  wb.save(savefilename)
```

其中，第 10 ~ 14 行代码设置边框、字体、填充样式，第 20 ~ 25 行代码设置标题列的边框，以及第 2 行内容的填充和对齐方式。代码执行后，生成 openpyxl_style_1.xlsx，文件内容如图 10-12 所示。

图10-12 样式的综合演示效果

10.1.4 openpyxl库的高级使用

通过 openpyxl 库可以对单元格应用公式、冻结窗口等高级操作。

1. 应用公式

Excel 中的公式用来对数据或信息进行计算或处理。公式以等号 "=" 开头，使用运算符按一定顺序将数据和函数等元素连接在一起，如 G2=B2&D2&F2、Q2=YEAR(P2) 等。

下列代码演示 openpyxl 库中公式的使用，其中 G 列和 Q 列使用了公式，源代码见 code\10\openpyxl\openpyxl_formula.py。

```
1   from openpyxl import load_workbook
2   import os
3   curpath = os.path.dirname(__file__)
4   filename = os.path.join(curpath, 'openpyxl_formula_1.xlsx')
5   savefilename = os.path.join(curpath, 'openpyxl_formula.xlsx')
6   wb = load_workbook(filename)
7   ws = wb.active
8   for index, row in enumerate(ws.rows):
9       if index==0: # 忽略第一行
10          continue
11          #G2=B2&D2&F2
12          ws['G'+str(index+1)].value = "=B"+str(index+1)+"&D"+str(index+1)+"&F"+str(index+1)
13          #Q2=YEAR(P2)
14          ws['Q'+str(index+1)].value="=YEAR(P"+str(index+1)+")"
15  wb.save(savefilename)
```

其中，第 12、14 行代码指公式的使用。代码执行后，生成 openpyxl_formula.xlsx，文件内容如图 10-13、图 10-14 所示。

	A	B	C	D	E	F	G
1	id	name	user_name	sex	phone_number	salary	合并列
2	3699	刘帅	lei20	M		5000	刘帅M5000
3	3700	朱春梅	tianli	M		5491	朱春梅M5491
4	3701	陈秀荣	yang40	F		7588	陈秀荣F7588
5	3702	胡萍	qiang74	M		3173	胡萍M3173
6	3703	林秀华	agong	M		5248	林秀华M5248
7	3704	吴霞	oma	F		3787	吴霞F3787

图10-13　G列公式的结果

	N	O	P	Q	R
1	department	job	date_time	year_time	
2	技术部	有线传输工程师	2008/1/1	2008	
3	销售部	休闲娱乐	2000/1/1	2000	
4	技术部	汽车销售与服务	2000/8/15	2000	
5	采购部	公司业务部门经理/主管	2000/1/1	2000	
6	销售部	电子/电器/半导体/仪器仪	2003/1/1	2003	
7	人事部	货运司机	2001/5/28	2001	
8	技术部	电话销售	2003/1/1	2003	
9	销售部	面料辅料开发	2013/5/23	2013	

图10-14　Q列公式的结果

2. 冻结窗口

有些 Excel 文件的行或列非常多，查阅数据不方便，这时，冻结标题字段（一般是顶部标题行或左边关键列）有助于阅读与理解数据。

工作表对象拥有 freeze_panes 属性，可以为其设置一个单元格的位置。这个单元格上方的所有行和左边的所有列都会被冻结，但不会影响其所在的行和列。

下列代码演示冻结窗口，源代码见 code\10\openpyxl\openpyxl_freeze.py。

```
1  from openpyxl import load_workbook
2  import os
3  curpath = os.path.dirname(__file__)
4  filename = os.path.join(curpath, 'openpyxl_freeze.xlsx')
5  savefilename = os.path.join(curpath, 'openpyxl_freeze_1.xlsx')
6  wb = load_workbook(filename)
7  ws = wb.active
8  ws.freeze_panes = 'F7'
9  wb.save(savefilename)
```

其中，第 8 行代码设定的单元格坐标为 F7，这个单元格上方的所有行和左边的所有列都会被冻结。代码执行后，生成 openpyxl_freeze_1.xlsx 文件，请读者测试冻结窗口功能。

10.1.5　openpyxl库的图表操作

openpyxl 库虽然支持折线图、饼图、柱形图、面积图、散点图、条形图、雷达图等，但是从官方文档看，目前仍然欠缺一些功能。

接下来一起学习其中关于图表的操作。

1. 简单的图表

使用 openpyxl 库创建图表，一般包含以下 4 个步骤。

（1）关联数据源。

首先需要引入图表模块，然后创建 Reference 实例，关联数据源。

```
from openpyxl.chart import BarChart, Reference, Series
values = Reference(ws, min_col= 1, min_row=1, max_col=1, max_row=12)
```

其中，参数 ws 指当前活动的工作表，代表数据来源，可以使用 ws = wb.active 获取，其他的参数指定这张工作表中的行列数据，包含起始列、起始行、终止列、终止行。

（2）创建一个 Chart 对象。

可以选择柱形图、饼图、折线图等，还可以设置图的标题，x 轴、y 轴标签，示例代码如下。

```
chart = BarChart()
chart.title = "销售情况图"
chart.x_axis.title = "月份"
chart.y_axis.title = "销售量"
```

（3）创建一个 Series 对象。

```
series1 = Series(values, title="张三")
series2 = Series(values, title="李四")
chart.append(series1)    #添加到图表中
chart.append(series2)    #添加到图表中
```

（4）将 Chart 对象添加到工作表对象。

使用工作表对象的 add_chart() 方法将 Chart 对象添加到工作表对象，示例代码如下。

```
ws.add_chart(chart,anchor)
```

其中，chart 指 Chart 对象；anchor 指插入的位置，一般为单元格的位置。

下列代码演示一个简单柱形图的制作，源代码见 code\10\openpyxl\openpyxl_barchart.py。

```
1   from openpyxl import Workbook
2   from openpyxl.chart import BarChart, Reference, Series
3   import random
4   import os
5   curpath = os.path.dirname(__file__)
6   savefilename = os.path.join(curpath, 'openpyxl_barchart.xlsx')
7   wb = Workbook()
8   ws = wb.active
9   #循环写入
10  for i in range(1,13):
11      for j in range(1,3):
```

```
12          ws.cell(row=i,column=j,value=random.randint(1,100))
13 values = Reference(ws, min_col=1,min_row=1, max_col= 1, max_row=12)
14 chart = BarChart()
15 chart.title = "销售情况图"
16 chart.x_axis.title = "月份"
17 chart.y_axis.title = "销售量"
18 series1 = Series(values, title=u"张三")
19 series2 = Series(values, title=u"李四")
20 chart.append(series1)    # 添加到图表中
21 chart.append(series2)    # 添加到图表中
22 ws.add_chart(chart, "E5")
23 wb.save(savefilename)
```

其中，第22行代码插入 Chart 对象到工作表对象，坐标为 E5。代码执行后，生成 openpyxl_barchart.xlsx，文件内容如图 10-15 所示。

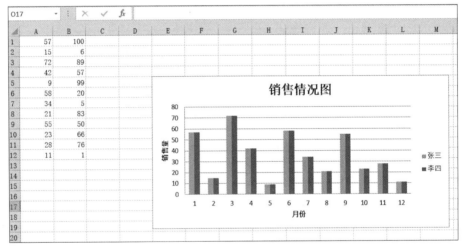

图10-15　柱形图效果

2. 数据标签的设置

生成数据标签主要使用以下代码。

```
from openpyxl.chart.label import DataLabelList
# 数据标签
chart.dLbls=DataLabelList()
chart.dLbls.showVal=True
```

可以通过下列代码设置数据标签，源代码见 code\10\openpyxl\openpyxl_barchart_datalabel.py。

```
1  from openpyxl import Workbook
2  from openpyxl.chart import BarChart, Reference, Series
3  from openpyxl.chart.label import DataLabelList
4  import random
```

```
 5   import os
 6   curpath = os.path.dirname(__file__)
 7   savefilename = os.path.join(curpath, 'openpyxl_barchart_datalabel.xlsx')
 8   wb = Workbook()
 9   ws = wb.active
10   # 循环写入
11   for i in range(1,13):
12       for j in range(1,3):
13           ws.cell(row=i,column=j,value=random.randint(1,100))
14   values = Reference(ws, min_col= 1,min_row=1,max_col= 1, max_row=12)
15   values_2 = Reference(ws,min_col=2,min_row=1, max_col= 2, max_row=12)
16   chart = BarChart()
17   chart.type='bar' # 条形图
18   chart.style=11
19   # 默认 width 为 15、height 为 7.5
20   chart.width = 30
21   chart.height = 15
22   chart.title = "销售情况图"
23   chart.x_axis.title = "月份"
24   chart.y_axis.title = "销售量"
25   series1 = Series(values, title="张三")
26   series2 = Series(values_2, title="李四")
27   # 数据标签
28   chart.dLbls=DataLabelList()
29   chart.dLbls.showVal=True
30   chart.append(series1)    # 添加到图表中
31   chart.append(series2)    # 添加到图表中
32   ws.add_chart(chart, "E3")
33   wb.save(savefilename)
```

代码执行后，生成 openpyxl_barchart_datalabel.xlsx，文件内容如图 10-16 所示。

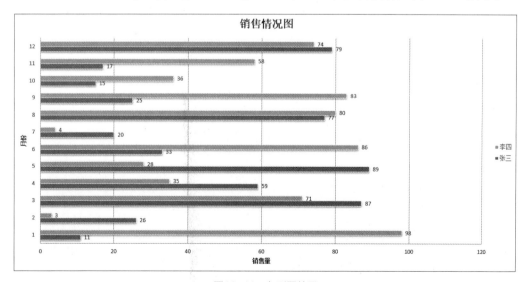

图10-16　条形图效果

10.1.6 实战案例——工作簿文件的拆分与合并

工作中，很多读者经常会有这样的需求：将一份 Excel 文件按照部门进行拆分，每个部门单独生成一个文件，或者将每个部门整理的文件上传汇总为一个文件。这种需求可以通过 openpyxl 库实现。

案例目标：将指定的 Excel 文件按照部门拆分成单个文件，然后将多个文件合并成一个整体文件。

最终效果：按照部门生成文件，并将所有部门文件合并成一个文件。

知识点：enumerate() 函数的使用、工作簿文件的读取、表格的循环、样式的处理、工作簿的保存等。

（1）表格样式的复制。

由于总表是带格式的，在将之拆分成子表的时候，需要把格式带过去。有两种方式：第一，在生成子表的时候重建样式，只要知道总表的样式，代码编写就相对简单；第二，把总表的样式复制到子表。第二种方式使用 style_copy() 函数进行处理，将字体、对齐方式、填充、边框、数字格式进行复制。

```
#ws 为工作表, i 为行, n 为列, cell 为单元格
def style_copy(ws,i,n,cell):
    if cell.has_style:
        ws.cell(row=i+1,column=n+1).font=copy(cell.font)
        ws.cell(row=i+1,column=n+1).alignment=copy(cell.alignment)
        ws.cell(row=i+1,column=n+1).fill=copy(cell.fill)
        ws.cell(row=i+1,column=n+1).border=copy(cell.border)
        ws.cell(row=i+1,column=n+1).number_format=copy(cell.number_format)
    return ws
```

（2）将单个工作簿文件拆分为多个工作簿文件。

下列代码演示单个文件的拆分，源代码见 code\10\openpyxl\example_split.py。

```
1   from openpyxl import load_workbook,Workbook
2   import os
3   from copy import copy
4   curpath = os.path.dirname(__file__)
5   filename = os.path.join(curpath, 't_person_info_split.xlsx')
6   #ws 为工作表, i 为行, n 为列, cell 为单元格
7   def style_copy(ws,i,n,cell):
8   …
9   def split():
10      wb=load_workbook(filename)
11      ws=wb.active
12      department=[] #部门列表
```

```
13        for index,row in enumerate(ws.rows):
14            if index==0:
15                continue
16   # 从第2行开始获取部门值
17            depart=ws['H'+str(index+1)].value
18            if depart not in department:
19                department.append(depart)
20        for x in department:# 拆分
21            index=0
22            wb2=Workbook()
23            ws2 = wb2.active
24            ws2.title = x
25            for i,row in enumerate(ws.rows):
26                for n,cell in enumerate(row):
27                    if i==0: # 标题行
28                        style_copy(ws2,i,n,cell)
29                        # 将标题赋给另外一张工作表
30                        ws2.cell(row=1,column=n+1,value=cell.value)
31                        ws2.row_dimensions[1].height=ws.row_dimensions[1].height# 行高
32            if ws['H'+str(i+1)].value==x: # 找到相应的部门
33                index=index+1 # 新表的行索引
34                for j,cell in enumerate(row): # 遍历每一行
35                    style_copy(ws2,index,j,cell)
36                    # 赋值给另外一张工作表
37                    ws2.cell(row=index+1,column=j+1,value=cell.value)
38                # 每一列的宽度
39                    for a in ['A','B','C','D','E','F','G','H']:
40                        ws2.column_dimensions[a].width=ws.column_dimensions[a].width
41            wb2.save(os.path.join(curpath,'example_1',x+'.xlsx'))
42   if __name__ == "__main__":
43        split()
```

其中，第12～19行代码获取部门列表。第20～41行代码为具体的拆分过程，第22～24行代码为在每次循环时，创建一个工作簿；第25～31行代码复制标题列的数据和格式；第32～40行代码复制具体的数据和格式。代码执行后，会根据部门名称生成文件，并且保留总表的样式，如图10-17、图10-18所示，请读者自行测试。

图10-17　根据部门名称生成的文件

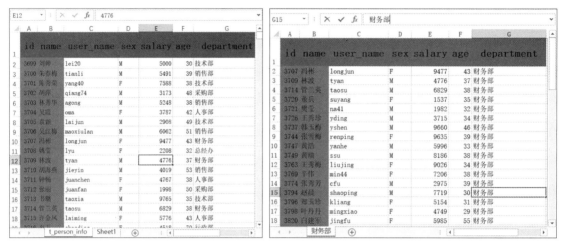

图10-18　总表和子表对比

（3）将多个工作簿合并为一个工作簿。

对样式的处理为，将标题样式复制到新的工作表，对数据行样式不做处理。

下列代码演示将多个工作簿合并为一个工作簿，源代码见 code\10\openpyxl\example_merge.py。

```python
1   from openpyxl import load_workbook,Workbook
2   import os
3   from copy import copy
4   curpath = os.path.dirname(__file__)
5   splitpath=os.path.join(curpath,'example_2')
6   savefilename = os.path.join(curpath, 'example_merge.xlsx')
7   splitfile=[]
8   #ws为工作表，i为行，n为列，cell为单元格
9   def style_copy(ws,i,n,cell):
10  …
11  def merge():
12      wb2=Workbook()
13      ws2 = wb2.active
14      ws2.title = '汇总表'
15      for file in os.listdir(splitpath):
16          splitfile.append(os.path.join(splitpath,file))
17      for x in splitfile:
18          wb=load_workbook(x)
19          ws=wb.active
20          for i,row in enumerate(ws.rows):
21              if i==0: #第一行标题
22                  for j,cell_title in enumerate(row):
```

```
23                    style_copy(ws2,i,j,cell_title)
24            #将标题赋给另外一张工作表
25            ws2.cell(row=i+1,column=j+1,value=cell_title.value)
26            ws2.row_dimensions[1].height=ws.row_dimensions[1].height
27       #每一列的宽度
28            for a in ['A','B','C','D','E','F','G','H']:
29                ws2.column_dimensions[a].width = ws.column_dimensions[a].width
30        else:
31            data=[cell.value for cell in row]
32            ws2.append(data)
33     wb2.save(savefilename)
34 if __name__=='__main__':
35     merge()
```

其中，第15、16行代码将每个部门的工作簿文件组装为列表；第17～32行代码将每个部门的工作簿文件组装成的列表打开，获取数据，对标题进行样式复制，对数据行使用append()方法进行处理。代码执行后，生成example_merge.xlsx文件，其中包含各部门人员数据。请读者自行测试验证。

10.1.7　实战案例——工作表的拆分与合并

工作表的拆分与合并，始终在一个工作簿内进行。接下来通过openpyxl库来实现。

本例目标：将指定的工作表按照部门拆分成多张工作表；将多张工作表合并成一张工作表。

最终效果：按照部门名称生成多张工作表，将多个部门的工作表合并成一张工作表。

知识点：enumerate()函数的使用、工作簿内容的读取、表格的循环、样式的处理、通过循环创建工作表等。

（1）工作表的拆分。

下列代码演示工作表的拆分，源代码见code\10\openpyxl\example_sheet_split.py。

```
1  from openpyxl import load_workbook, Workbook
2  import os
3  from copy import copy
4  curpath = os.path.dirname(__file__)
5  filename = os.path.join(curpath, 'example_sheet_original.xlsx')
6  savefilename = os.path.join(curpath, 'example_sheet_split.xlsx')
7  def get_department(ws):
8      department = []  # 部门列表
9      for index, row in enumerate(ws.rows):
10         if index == 0:  # 忽略标题
11             continue
12         depart = ws['H'+str(index+1)].value  # 获取部门名称
```

```
13          if depart not in department:
14              department.append(depart)
15      return department
16  def split():
17      wb = load_workbook(filename)
18      ws = wb.active
19      department = get_department(ws)
20      for x in department:# 拆分
21          ws2 = wb.create_sheet(x)   # 创建工作表
22          ws = wb.active
23          for i, row in enumerate(ws.rows):
24              if i == 0:  # 标题行
25                  for n, cell_title in enumerate(row):
26                      # 将标题赋给另外一张工作表
27                      ws2.cell(row=1,column=n+1,value=cell_title.value)
28                      # 行高
29                      ws2.row_dimensions[1].height=ws.row_dimensions[1].height
30                      # 每一列的宽度
31                      for a in ['A','B','C','D','E','F','G','H']:
32                          s2.column_dimensions[a].width=ws.column_dimensions[a].width
33              if i > 0:  # 数据行
34                  if ws['H'+str(i+1)].value == x:
35                      data = [cell.value for cell in row]
36                      ws2.append(data)
37      wb.save(savefilename)
38  if __name__ == "__main__":
39      split()
```

其中，第 7 ~ 15 行代码用来获取部门名称并返回列表；第 23 ~ 36 行代码对标题行进行复制并设置行高和列宽，对数据行使用 append() 方法进行处理。代码执行后，生成 example_sheet_split.xlsx，文件内容如图 10-19 所示。

	A	B	C	D	E	F	G	
35	4032	夏亮	chenglei	F	9042	1991-12-20 0:00:00	28	技术部
36	4034	张健	xiaguo	F	6217	1985-02-14 0:00:00	35	技术部
37	4042	邓秀芳	xiaoguiying	M	6632	1986-02-14 0:00:00	36	技术部
38	4043	张旭	gliu	M	3100	1981-03-23 0:00:00	42	技术部
39	4063	孙楠	liguiying	M	2251	1984-05-31 0:00:00	38	技术部
40	4073	苏海燕	guiyingdeng	M	2087	1987-01-02 0:00:00	35	技术部
41	4095	李雷	rguo	M	5168	1989-10-24 0:00:00	30	技术部

汇总表　技术部　销售部　采购部　人事部　财务部　总经办　行政部　生产部　⊕

图10-19　工作表的拆分效果

（2）工作表的合并。

要合并工作表，首先要获取所有的工作表，使用 wb.worksheets 可以获取包含所有工作表的列表。

下列代码演示工作表的合并，源代码见 code\10\openpyxl\example_sheet_merge.py。

```
1  from openpyxl import load_workbook,Workbook
2  import os
3  curpath = os.path.dirname(__file__)
4  filename = os.path.join(curpath, 'example_sheet_merge_original.xlsx')
5  savefilename = os.path.join(curpath, 'example_sheet_merge.xlsx')
6  def merge():
7      wb=load_workbook(filename)
8      ws_merge=wb.create_sheet(' 汇总表 ',0)# 创建工作表
9      for ws in wb.worksheets:# 合并
10         if ws.title!=' 汇总表 ':
11             for i,row in enumerate(ws.rows):
12                 if i==0: # 标题行
13                     for j,cell_title in enumerate(row):
14                         # 将标题赋给另外一张工作表
15                         ws_merge.cell(row=1,column=j+1,value=cell_title.value)
16                         ws_merge.row_dimensions[1].height=ws.row_dimensions[1].height
17                         # 每一列的宽度
18                         for a in ['A','B','C','D','E','F','G','H']:
19                             ws_merge.column_dimensions[a].width = ws.column_
dimensions[a].width
20                 if i>0: # 数据行
21                     data=[cell.value for cell in row]
22                     ws_merge.append(data)
23         wb.save(savefilename)
24 if __name__=='__main__':
25     merge()
```

其中，第 8 行代码创建了一张新工作表，位置索引是 0；第 12 ～ 19 行代码对标题行进行处理；第 20 ～ 22 行代码构造列表推导式，将数据添加到新的工作表。代码执行后，生成 example_sheet_merge.xlsx 文件。请读者自行测试验证。

10.2　xlwings库

xlwings 是 Python 的第三方库，专门用来处理 Excel 文档。xlwings 库提供了几乎所有用 Python 与 Excel 电子表格交互和编写脚本的功能。除了常见操作外，该库还支持 VBA 脚本，也可以内嵌到表单作为宏被调用（这一点是其他库不能比拟的）。

xlwings 库仅适用于安装了 Excel 软件的、操作系统为 Windows 或 macOS 的计算机。xlwings 是一个开源库，提供了社区版本，可以随任何电子表格免费发送。对 xlwings 库的接收方来说，只要安装了 Python 就可以使用电子表格。

10.2.1 xlwings库的安装和对象层次

使用 pip 命令安装 xlwings 库，代码如下所示。

```
pip install xlwings==0.19.0
```

本书案例中使用的 xlwings 库版本为 0.19.0。

xlwings 库的对象层次可以分为 4 层。

（1）App 指 Excel 实例应用。

（2）Book 指工作簿，包含多张 Sheet 的 Excel 文件。

（3）Sheet 指工作表，一个 Book 可以有多张 Sheet。

（4）Range 指单元格区域，存储具体的数据。

其中，App 是 Apps 集合的成员对象，代表 Excel 实例应用；Book 是 Books 集合的成员对象，代表工作簿；Sheet 是 Sheets 集合的成员对象，代表工作表；Range 是 Ranges 集合的成员对象，代表工作表中的单元格区域。

xlwings 库的对象层次结构与 Excel 文档的层次结构保持高度一致。可以这样认为，在 Excel 中了解到的知识，可以同样应用到 xlwings 中。这一点会在后面的学习中得到验证。

图 10-20 所示为 xlwings 库的对象层次。

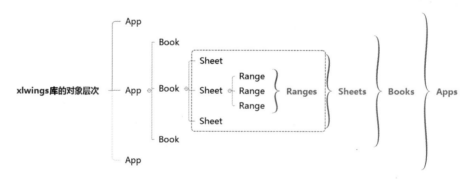

图10-20　xlwings库的对象层次

10.2.2 xlwings库的基本操作

本小节将讲解 xlwings 库的基本操作，包括 App 对象的创建，工作簿的新建、打开、保存和关闭，工作表的处理和单元格的处理等。了解这些知识点，便于对 Excel 文档进行操作。

1. 创建App对象

创建 App 对象的语法格式如下。

```
import xlwings as xw
app=xw.App(visible=True,add_book=False)
```

其中，参数 visible 指对象是否可见；参数 add_book 指是否新增工作簿，默认为不新增。返回的 App 对象是 Excel 应用程序。

2. 新建/打开工作簿文件

使用下列代码新建工作簿对象，从 Books 集合中返回一个 Book 对象。

```
wb=xw.Book()
```

此外，也可以使用下列代码创建一个新的 Book 对象，该 Book 对象为当前活动工作簿。

```
wb=app.books.add()
```

打开工作簿文件有两种方式，代码如下。

```
wb=app.books.open(Excel 文件 )
wb=xw.Book(Excel 文件 )
```

其中，对于 app.books.open() 打开方式，每执行一次程序，都会打开一个只读副本，比较烦琐；xw.Book() 打开方式每次会进行判断文件是否打开，如果已经打开就不会再次打开。

3. 保存和关闭

使用工作簿的 save() 方法对文件进行保存，其语法格式如下。

```
wb.save()  # 不加参数，默认保存当前文件
```

wb.save(Excel 文件名) 相当于"另存为"。

注意：保存的文件不能打开。

完成对 Excel 文件的操作之后，需要关闭工作簿并且退出应用程序，其语法格式如下。

```
wb.close()
app.quit()
```

下列代码演示 xlwings 库的工作簿创建、保存和关闭等功能，源代码见 code\10\xlwings\xlwings_new.py。

```
1   import xlwings as xw
2   import os
3   curpath=os.path.dirname(__file__)
4   savefilename=os.path.join(curpath,'xlwings_new.xlsx')
5   app=xw.App(visible=True,add_book=False)
6   wb=xw.Book()
7   wb.save(savefilename)
8   wb.close()
9   app.quit()
```

代码执行后，会出现 Excel 的界面，紧接着该界面会被关闭，Excel 程序退出；同时生成 xlwings_new.xlsx 文件，请读者自行调整参数进行测试和验证。

4. 引用工作表

在操作工作表之前，必须指定要操作的是哪张工作表，也就是要引用的工作表。引用工作表有两种基本方式：通过索引引用工作表和通过名称引用工作表。

（1）通过索引引用。

```
sheet=wb.sheets[0] # 根据索引值
```

（2）通过名称引用。

```
sheet=wb.sheets['Sheet1'] # 根据表名称
```

5. 新建工作表

可利用 add() 方法新建一张工作表，然后引用该工作表进行重命名，其语法格式如下。

```
wb.sheets.add(name=None,before=None,after=None)
```

其中，参数 name 指工作表名称，before、after 分别指添加到当前工作表的前面、后面。下列代码演示新建工作表，源代码见 code\10\xlwings\xlwings_sheet_create.py。

```
1   import xlwings as xw
2   import os
3   from xlwings import constants
4   curpath=os.path.dirname(__file__)
5   filename=os.path.join(curpath,'xlwings_sheet_create.xlsx')
6   savefilename=os.path.join(curpath,'xlwings_sheet_create_1.xlsx')
7   app = xw.App(visible=False, add_book=False)
8   wb=xw.Book(filename)
9   wt=wb.sheets[0]
10  wb.sheets.add('程序创建before',before=wt)  # 添加到当前工作表的前面
11  wb.sheets.add('程序创建after',after=wt)  # 添加到当前工作表的后面
12  n=wb.sheets.count
13  wb.sheets.add('程序创建aftercount',after=wb.sheets[n-1])  # 添加到最后面
14  wb.save(savefilename)
15  wb.close()
16  app.quit()
```

代码执行后，生成 xlwings_sheet_create_1.xlsx，文件内容如图 10-21 所示，请读者测试验证。

图10-21 新建的工作表的名称区域

6. 引用单元格

可以使用 range 属性引用连续的单元格，一般有如下两种方式。

（1）直接引用连续的单元格区域的左上角单元格位置和右下角单元格位置（用冒号分隔），代码如下所示。

```
sheet.range('A1:B10')
```

（2）分别引用连续的单元格区域的左上角单元格位置和右下角单元格位置，它们之间用冒号分隔，代码如下所示。

```
sheet.range('A1','B10')
```

如果只是一个单元格，可以使用如下引用形式。

```
sheet.range('A1')
```

7．获取单元格

可以使用 range 对象获取单元格的行号、列标和值。获取单元格行号的示例代码如下，索引从 1 开始。

```
wt.range("A1").row
```

获取单元格列标的示例代码如下，索引从 1 开始，如单元格 B5 的列标索引为 2。

```
wt.range("B5").column
```

获取单元格的值，示例代码如下。

```
wt.range("B10").value
```

获取多个单元格的值，示例代码如下。

```
for row in range(1,6):
    print(wt.range(row,2).value)
```

8．写入单元格

常见的单元格赋值方式有直接赋值、批量赋值、单元格区域赋值、列表方式赋值等。接下来一一进行介绍。

（1）直接赋值。

```
wt.range('A4').value='Python 高效学习训练营'
```

（2）批量赋值。

```
for row in range(5,10):
    wt.range(row,2).value=' 我爱 Python'
```

（3）单元格区域赋值。

```
wt.range("C2:D10").value=' 区域赋值 '
```

（4）列表方式赋值。

采用列表方式赋值，当前单元格向右下展开。

```
data=[[1,2,3],[4,5,6],[7,8,9]]
wt.range("C6").value=data
```

下列代码演示 xlwing 库的基本操作，源代码见 code\10\xlwings\xlwings_range_get.py。

```
1  import xlwings as xw
2  import os
3  from xlwings import constants
4  curpath=os.path.dirname(__file__)
5  filename=os.path.join(curpath,'xlwings_range_get.xlsx')
6  savefilename=os.path.join(curpath,'xlwings_range_get_1.xlsx')
7  app = xw.App(visible=False, add_book=False)
8  wb=xw.Book(filename)
9  wt=wb.sheets[0]
10 print(wt.range("A1").row)# 获取 A1 所在的行号
11 print(wt.range("B5").column) # 获取 B5 所在的列标
12 print(wt.range("B10").value) # 获取 B10 所在的值
13 for row in range(1,6):
14     print(wt.range(row,2).value) # 获取第 1 ~ 5 行的姓名列的值
15 for row in range(5,10):
16     wt.range(row,2).value=' 我爱 Python'
17 wt.range("C2:D10").value=' 区域赋值 '
18 data=[[1,2,3],[4,5,6],[7,8,9]]
19 wt.range("E2").value=data
20 wb.save(savefilename)
21 wb.close()
22 app.quit()
```

其中，第 18、19 行代码将列表数据直接赋给单元格，单元格数据自动向右、向下扩展。代码执行后，生成 xlwings_range_get_1.xlsx，文件内容如图 10-22 所示。

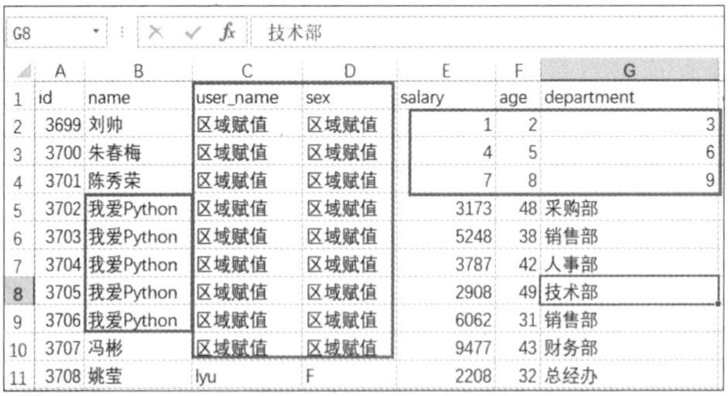
G8 技术部

	A	B	C	D	E	F	G
1	id	name	user_name	sex	salary	age	department
2	3699	刘帅	区域赋值	区域赋值	1	2	3
3	3700	朱春梅	区域赋值	区域赋值	4	5	6
4	3701	陈秀荣	区域赋值	区域赋值	7	8	9
5	3702	我爱Python	区域赋值	区域赋值	3173	48	采购部
6	3703	我爱Python	区域赋值	区域赋值	5248	38	销售部
7	3704	我爱Python	区域赋值	区域赋值	3787	42	人事部
8	3705	我爱Python	区域赋值	区域赋值	2908	49	技术部
9	3706	我爱Python	区域赋值	区域赋值	6062	31	销售部
10	3707	冯彬	区域赋值	区域赋值	9477	43	财务部
11	3708	姚莹	lyu	F	2208	32	总经办

图10-22　生成的文件内容

10.2.3　常用的方法和属性

通过 10.2.2 节的学习，可大致了解 xlwings 库的基本操作，能够简单进行工作表的引用、

单元格数据的读取和赋值等。接下来，将详细介绍 xlwings 库的 Sheet 对象、Range 对象常用属性和方法的相关操作。

1. Sheet对象

Sheet 对象提供了很多属性与方法，如图 10-23 所示。

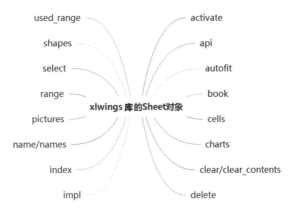

图10-23　Sheet对象的属性与方法

接下来对常用的属性、方法进行介绍。

（1）used_range 属性。

used_range 属性返回指定工作表上已使用区域的 Range 对象，它是一个只读属性。利用 used_range 属性可以引用在工作表中已使用的单元格区域。

此外，还可以使用 wt.used_range.last_cell.row 和 wt.used_range.last_cell.column 获取当前已使用区域的行和列。

下列代码演示 used_range 属性的用法，源代码见 code\10\xlwings\xlwings_sheet_usedrange.py。

```
1  import xlwings as xw
2  import os
3  curpath=os.path.dirname(__file__)
4  filename=os.path.join(curpath,'xlwings_sheet_usedrange.xlsx')
5  savefilename=os.path.join(curpath,'xlwings_sheet_usedrange_1.xlsx')
6  app = xw.App(visible=False, add_book=False)
7  wb=xw.Book(filename)
8  wt=wb.sheets['人员信息']
9  rng=wt.used_range
10 rng.api.Interior.Color=0x0000ff #单元格填充颜色
11 rng.api.Interior.Pattern=15 #单元格背景图案（网格）
12 rng.api.Interior.PatternColor=0x00ffff #单元格背景颜色
13 print(wt.used_range.last_cell.row)
14 print(wt.used_range.last_cell.column)
15 wb.save(savefilename)
16 wb.close()
17 app.quit()
```

其中，第 9 行代码获取当前工作表中已使用区域的 Range 对象；第 10 ~ 12 行代码在已使用区域的 Range 对象上设置单元格填充颜色、单元格背景图案、单元格背景颜色等。代码执行后，生成 xlwings_sheet_usedrange_1.xlsx，文件内容如图 10-24 所示。

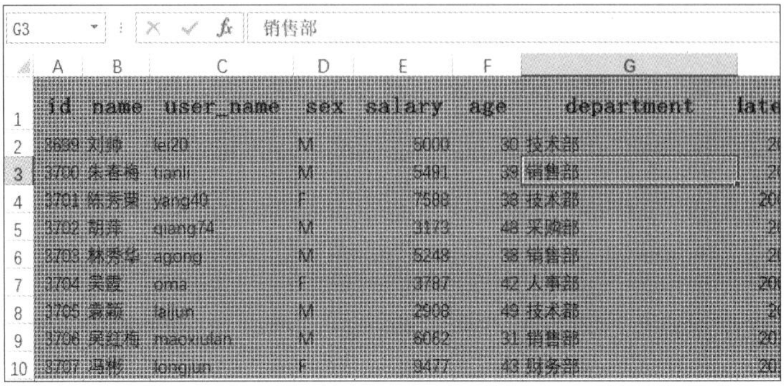

图10-24　used_range属性的用法

（2）range() 方法。

可以使用 range() 方法引用连续的单元格，返回 Range 对象，示例代码如下。

```
sheet.range('A1:B10')
sheet.range('A1','B10')
sheet.range('A1')
```

（3）cells 属性。

cells 属性返回一个 Range 对象，该对象表示工作表的所有单元格（而不仅仅是当前正在使用的单元格），其语法的调用格式如下。

```
sheet.cells
```

输出如下，从第 1 行到 Excel 文档支持的最大的 1048576 行。

```
<Range [xlwings_range_get.xlsx]t_person_info!$1:$1048576>
```

（4）clear() 方法和 clear_contents() 方法。

可以直接清除某张工作表的数据和格式。clear() 方法用于清除表中所有的数据和格式；clear_contents() 方法用于清除工作表的内容，但保留格式。

下列代码演示这两种方法的区别，源代码见 code\10\xlwings\xlwings_clear.py。

```
1   import xlwings as xw
2   import os
3   curpath=os.path.dirname(__file__)
4   filename=os.path.join(curpath,'xlwings_clear.xlsx')
5   app = xw.App(visible=True, add_book=False)
6   wb=xw.Book(filename)
7   wb.sheets['清除'].clear() #清除全部，包含数据和格式
8   wb.sheets['清除格式'].clear_contents() #只清除格式
```

代码执行后，打开 xlwing_clear.xlsx 文件，可以发现一张工作表中的数据和格式被全部清除，另一张工作表中只有数据被清除，格式得以保留。请读者自行测试验证。

（5）工作表的复制。

工作表的复制使用 api.Copy() 方法，其语法格式如下。

```
sht.api.Copy(Before=sht.api)
```

其中，参数 Before 指当前复制的工作表插入的位置。

执行 api.Copy() 方法之后，会生成一个复制了原工作表完整内容（数据 + 格式）的新工作表，对新工作表命名即可。

下列代码演示工作表的复制，源代码见 code\10\xlwings\xlwings_sheet_copy.py。

```
1  import xlwings as xw
2  import os
3  curpath=os.path.dirname(__file__)
4  filename=os.path.join(curpath,'xlwings_sheet_copy.xlsx')
5  savefilename=os.path.join(curpath,'xlwings_sheet_copy_1.xlsx')
6  app = xw.App(visible=False, add_book=False)
7  app.display_alerts = False
8  app.screen_updating = False
9  wb=xw.Book(filename)
10 sht= wb.sheets['人员信息模板'] # 要复制的工作表
11 sht.api.Copy(Before=sht.api)
12 sht_copy=wb.sheets['人员信息模板 (2)']
13 sht_copy.name='我是从模板复制过来的'
14 wb.save(savefilename)
15 wb.close()
16 app.quit()
```

其中，第 11 行代码复制了一张新的工作表，插到当前工作表的前面。代码执行后，生成 xlwings_sheet_copy_1.xlsx，文件内容如图 10-25 所示。

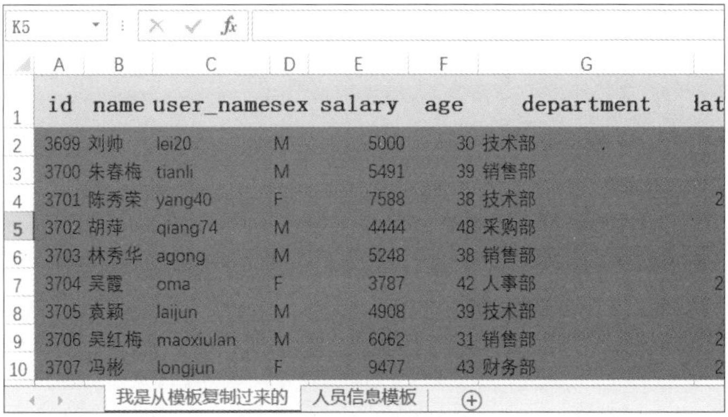

id	name	user_name	sex	salary	age	department	lat
3699	刘帅	lei20	M	5000	30	技术部	
3700	朱春梅	tianli	M	5491	39	销售部	
3701	陈秀荣	yang40	F	7588	38	技术部	2
3702	胡萍	qiang74	M	4444	48	采购部	
3703	林秀华	agong	M	5248	38	销售部	
3704	吴霞	oma	F	3787	42	人事部	2
3705	袁颖	laijun	M	4908	39	技术部	
3706	吴红梅	maoxiulan	M	6062	31	销售部	2
3707	冯彬	longjun	F	9477	43	财务部	2

图10-25 工作表的复制

2．Range对象

Range 对象提供了很多属性与方法，如图 10-26 所示。这部分知识需要重点掌握，因为大部分 Excel 操作其实都是基于 Range 对象来完成的。

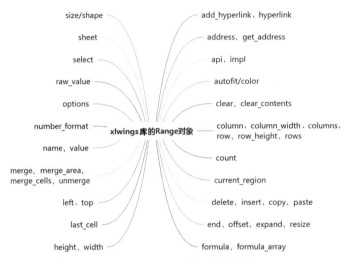

图10-26　Range对象的属性与方法

接下来对常用的属性、方法进行介绍。

（1）current_region 属性。

current_region 属性返回 Range 对象，该对象代表当前的区域。当前区域是一个边缘由任意空行和空列组合成的范围。

使用 current_region 属性选中的区域，相当于在 Excel 工作表中按 Ctrl+G 组合键，在弹出的"定位"对话框中单击"定位条件"按钮，然后在"定位条件"对话框中选中"当前区域"选项后选中的区域，如图 10-27 所示；或者相当于按 Ctrl+Shift+* 组合键选中的区域。

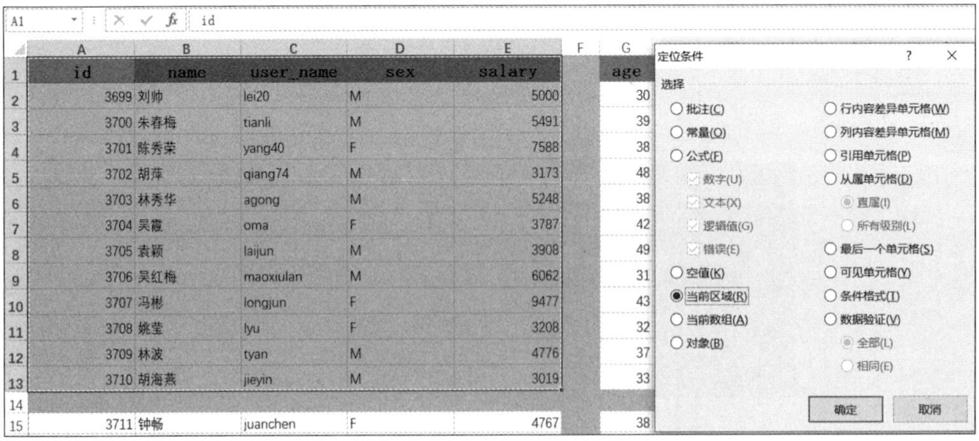

图10-27　通过"定位"对话框选中的区域

下列代码演示 current_region 属性的用法，源代码见 code\10\xlwings\xlwings_current_region.py。

```
1  import xlwings as xw
2  import os
3  from xlwings import constants
4  curpath=os.path.dirname(__file__)
5  filename=os.path.join(curpath,'xlwings_current_region.xlsx')
6  savefilename=os.path.join(curpath,'xlwings_current_region_1.xlsx')
7  app = xw.App(visible=False, add_book=False)
8  wb=xw.Book(filename)
9  wt=wb.sheets['人员信息']
10 rng=wt.range('A1').current_region
11 rng.select()
12 print(rng.api.ListHeaderRows) # 所在区域中标题行的行数
13 print(rng.api.Rows.Count) # 所在区域的行数
14 print(rng.api.Columns.Count) # 所在区域的列数
15 print(rng.api.Cells.Count) # 所在区域的单元格数
16 rng.api.RowHeight=20 # 行高
17 rng.api.ColumnWidth=15 # 列宽
18 wb.save(savefilename)
19 wb.close()
20 app.quit()
```

代码执行后，生成 xlwings_current_region_1.xlsx 文件，内容如图 10-28 所示。其中，当前区域被空行和空列分隔并被自动选中，请读者自行测试。

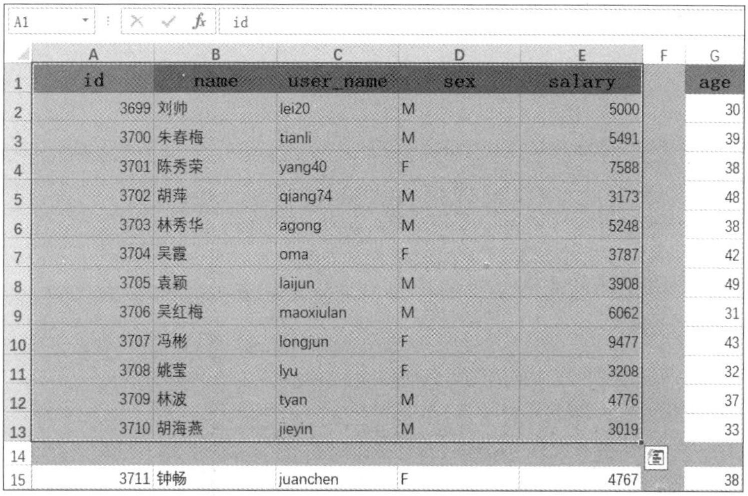

图10-28　current_region属性的用法

（2）单元格的地址。

获取单元格的地址信息可以使用 address 属性，其语法格式如下。

```
get_address(row_absolute=True, column_absolute=True, include_sheetname=
False, external=False)
```

参数解释如下。

row_absolute 指定行的引用方式，分为绝对引用和相对引用，默认为 True，表示绝对引用。

column_absolute 指定列的引用方式，分为绝对引用和相对引用，默认为 True，表示绝对引用。

include_sheetname 指返回地址中是否包含工作表名称，默认为 False，表示不包含。如果 external=True，则忽略该选项。

external 默认为 False。如果设置为 True，则返回工作簿或工作表名。

下列代码演示单元格地址的获取，源代码见 code\10\xlwings\xlwings_range_address.py。

```
1  import xlwings as xw
2  app = xw.App(visible=False, add_book=False)
3  wb=xw.Book()
4  wt=wb.sheets[0]
5  print(wt.range("A1").get_address(True,True,external=True)) #绝对应用
6  print(wt.range("B5").get_address(False,True,external=True))
7  print(wt.range("B10").get_address(True,False))
8  print(wt.range("C2:D10").get_address(True,True,external=True))#单元格区域的相对应用
9  print(" 获取 address")
10 print(wt.range("B10").address)  #默认为绝对引用
11 print(wt.range("C3:D10").address) #默认为绝对引用
12 wb.close()
13 app.quit()
```

代码的执行结果如下，请读者自行测试验证。

```
[ 工作簿 1]Sheet1!$A$1
[ 工作簿 1]Sheet1!$B5
B$10
[ 工作簿 1]Sheet1!$C$2:$D$10
获取 address
$B$10
$C$3:$D$10
```

（3）range 属性和 cells 属性。

可以组合使用 range 属性和 cells 属性来引用连续的单元格区域，在 range 属性中使用 cells 属性作为参数，其语法格式如下。

```
wt.range(wt.cells(1,1),wt.cells(10,10))
```

当单元格的行与列都是变量（不固定）时，便可以组合使用 range 属性和 cells 属性。

下列代码演示 range 属性和 cells 属性的组合用法，源代码见 code\10\xlwings\xlwings_range_cells.py。

```
1   import xlwings as xw
2   app = xw.App(visible=False, add_book=False)
3   wb=xw.Book()
4   wt=wb.sheets[0]
5   print(wt.range(wt.cells(1,1),wt.cells(10,10)))
6   a=3 #起始行
7   b=5 #终止行
8   c=2 #起始列
9   d=6 #终止列
10  rng=wt.range(wt.cells(a,b),wt.cells(c,d))
11  rng1=wt.range("E2:F3")
12  rng.select()
13  print(rng.address)
14  print(rng1.address)
15  wb.close()
16  app.quit()
```

代码的执行结果如下。

```
<Range [工作簿1]Sheet1!$A$1:$J$10>
$E$2:$F$3
$E$2:$F$3
```

（4）offset() 方法。

offset() 方法返回 Range 对象，它以某一个指定的单元格为起点，根据指定的行数和列数进行偏移，移动到另一个单元格或单元格区域。其语法格式如下。

```
offset(row_offset,column_offset)
```

其中，参数 row_offset 指偏移行数，偏移行数可以是正数、负数或 0，偏移行数为正数则向下偏移，为负数则向上偏移，默认为 0（即不偏移）；参数 column_offset 指偏移列数，偏移列数可以是正数、负数或 0，偏移列数为正数则向右偏移，为负数则向左偏移，默认为 0（即不偏移）。

下列代码演示 offset() 方法的使用，源代码见 code\10\xlwings\xlwings_range_offset.py。

```
1   import xlwings as xw
2   import os
3   from xlwings import constants
4   curpath=os.path.dirname(__file__)
5   filename=os.path.join(curpath,'xlwings_range_offset.xlsx')
```

```
6  app = xw.App(visible=False, add_book=False)
7  wb=xw.Book(filename)
8  wt=wb.sheets[0]
9  rng1=wt.range("A2:C5")
10 rng2=rng1.offset(4,3)
11 rng2.select()
12 print(rng2.address)
13 wb.save()
14 wb.close()
15 app.quit()
```

其中，第 9、10 行代码指从 A2:C5 单元格区域整体向下移 4 行，向右移 3 列，如图 10-29 所示。代码执行后，打开 xlwings_range_offset.xlsx 文件，可以看到新的区域（D6:F9）被选中。

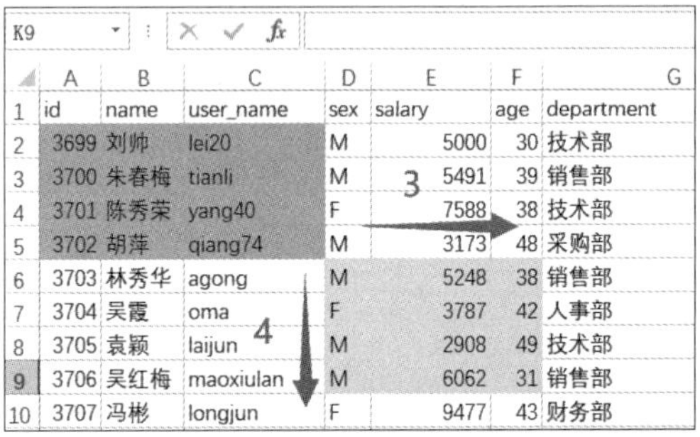

	A	B	C	D	E	F	G
1	id	name	user_name	sex	salary	age	department
2	3699	刘帅	lei20	M	5000	30	技术部
3	3700	朱春梅	tianli	M	5491	39	销售部
4	3701	陈秀荣	yang40	F	7588	38	技术部
5	3702	胡萍	qiang74	M	3173	48	采购部
6	3703	林秀华	agong	M	5248	38	销售部
7	3704	吴霞	oma	F	3787	42	人事部
8	3705	袁颖	laijun	M	2908	49	技术部
9	3706	吴红梅	maoxiulan	M	6062	31	销售部
10	3707	冯彬	longjun	F	9477	43	财务部

图10-29　offset()方法示意

（5）resize() 方法。

利用 Range 对象的 resize() 方法可以将单元格区域改变为指定的大小，并引用变更后的单元格区域，其语法格式如下。

```
resize(row_size=None, column_size=None)
```

其中，参数 row_size 指新区域的行数，如果省略该参数则区域的行数保持不变；参数 column_size 指新区域的列数，如果省略该参数则该区域的列数保持不变。

下列代码演示 reize() 方法的使用，源代码见 code\10\xlwings\xlwings_range_resize.py。

```
1  import xlwings as xw
2  import os
3  curpath=os.path.dirname(__file__)
4  filename=os.path.join(curpath,'xlwings_range_resize.xlsx')
5  app = xw.App(visible=False, add_book=False)
6  wb=xw.Book(filename)
7  wt=wb.sheets[0]
8  rng1=wt.range("A2:C5")# 指定单元格区域
9  rng2=rng1.resize(8,6) # 获取并引用新的单元格区域
10 rng2.select()
11 print(rng2.address)
12 wb.save()
13 wb.close()
14 app.quit()
```

其中，第 8、9 行代码指单元格区域从 A2:C5 扩展为 A2:F9。代码执行后，打开 xlwings_range_resize.xlsx，文件内容如图 10-30 所示。

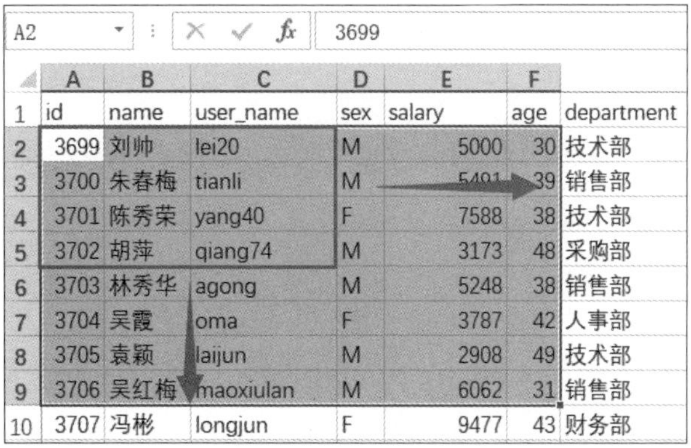

图10-30 resize()方法的用法

（6）end()方法。

end()方法的功能和在 Excel 中按"Ctrl+方向键"组合键实现的功能一致。利用 end()方法，可以获取数据区域的最后一个非空单元格的行号和列标，其语法格式如下。

```
Range.end(direction)
```

其中，参数 direction 表示定位的方向，有 4 个可选值，包括 1（向左）、2（向右）、3（向上）、4（向下）。

下列代码演示 end()方法的使用，源代码见 code\10\xlwing\xlwings_range_end.py。Range("C1048576") 表示 C 列最后一个单元格，Range("XFD1") 表示第 1 行的最后一个单元格，适用于 Excel 2007 及以上版本。

```
1  import xlwings as xw
2  import os
3  from xlwings import constants
4  curpath=os.path.dirname(__file__)
5  filename=os.path.join(curpath,'xlwings_range_end.xlsx')
6  app = xw.App(visible=False, add_book=False)
7  wb=xw.Book(filename)
8  wt=wb.sheets[0]
9  #选中的是A列最后一个非空单元格，从下往上计算
10 print(wt.range("A1048576").end(constants.Direction.xlUp).row)
11 #表示工作表中A1单元格往下最后一个有数据的单元格的所在行，从上往下计算
12 print(wt.range("A1").end(constants.Direction.xlDown).row)
13 #表示第1行最后一个单元格，从右到左计算
14 print(wt.range("XFD1").end(constants.Direction.xlToLeft).column)
15 #表示第1行最后一个单元格，从左到右计算
16 print(wt.range("A1").end(constants.Direction.xlToRight).column)
17 wb.save()
18 wb.close()
19 app.quit()
```

代码的执行结果如下，请读者自行测试验证。

```
503
503
9
9
```

（7）合并／取消合并单元格。
使用工作表的 merge() 方法可以合并单元格，unmerge() 方法可以取消合并单元格。
下列代码演示合并／取消合并单元格，源代码见 code\10\xlwings\xlwings_merge.py。

```
1   import xlwings as xw
2   import os
3   curpath=os.path.dirname(__file__)
4   savefilename=os.path.join(curpath,'xlwings_merge.xlsx')
5   app = xw.App(visible=True, add_book=False)
6   wb=xw.Book()
7   sht = wb.sheets.active
8   rng=sht.range('A2:B8')
9   rng.merge()              # 合并单元格
10  #rng.unmerge()           # 取消合并单元格
11  rng1=sht.range('D3:F8')
12  rng1.merge()             # 合并单元格
13  #rng1.unmerge()          # 取消合并单元格
14  wb.save(savefilename)
15  wb.close()
16  app.quit()
```

代码执行后，会生成 xlwings_merge.xlsx 文件，代码执行效果如图 10-31 所示。

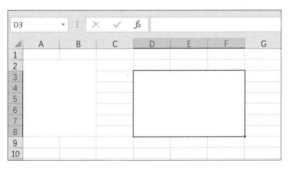

图10-31　合并/取消合并单元格的效果

（8）复制单元格的全部信息。
使用 copy() 方法，可以把单元格区域中的全部内容（数据、格式、公式等信息）复制到其他单元格区域中，其语法格式如下。

```
Range.copy(destination=None)
```

其中，参数 destination 指要复制到的目标区域，如果省略该参数，会将单元格区[...]剪贴板。

通过下列代码演示单元格区域复制功能的用法，源代码见 code\10\xlwings\x[...] range_copy.py。

```
1  import xlwings as xw
2  import os
3  from xlwings import constants
4  curpath=os.path.dirname(__file__)
5  filename=os.path.join(curpath,'xlwings_range_end.xlsx')
6  app = xw.App(visible=False, add_book=False)
7  wb=xw.Book(filename)
8  wt=wb.sheets[0]
9  wt1=wb.sheets[1]
10 # 将工作表 1 指定的单元格区域内容复制到工作表 2 中指定的单元格区域
11 wt.range("A1:E20").copy(wt1.range("B2"))
12 wb.save()
13 wb.close()
14 app.quit()
```

代码执行后，打开 xlwings_range_end.xlsx 文件，可以看到数据已经被复制，请读者自行测试验证。

（9）筛选。

可以使用 Range.api.AutoFilter() 方法对 Excel 文档的数据进行筛选，其语法格式如下。

```
Range.api.AutoFilter(Field,Criteria1,Operator,Criteria2)
```

其中，参数 Field 指筛选的字段所在列的数值。参数 Criteria1、Criteria2 是两个指定的判断条件，为字符串方式；参数 Criteria1 是必需的，参数 Criteria2 是可选的，两个条件的关系由 Operator 决定。

参数 Operator 指筛选类型，为 AutoFilterOperator 常量之一。常见的有 xlAnd，指 Criteria1 和 Criteria2 的逻辑关系是"并"；xlOr，指 Criteria1 和 Criteria2 的逻辑关系是"或"等。比如 "Criteria1=' 技术部 ',operator=xlOr,Criteria2=' 采购部 '" 表示筛选条件为技术部或采购部。

下列代码演示 AutoFilter() 方法的用法，源代码见 code\10\xlwings\xlwings_range_filter.py。

```
1  import xlwings as xw
2  import os
3  from xlwings import constants
4  curpath=os.path.dirname(__file__)
5  filename=os.path.join(curpath,'xlwings_range_filter.xlsx')
6  savefilename=os.path.join(curpath,'xlwings_range_filter_1.xlsx')
7  app = xw.App(visible=False, add_book=False)
```

```
      Book(filename)
      .sheets[0]
      screen_updating = False
      wt.range('A1').current_region
   g.api.AutoFilter(Field=7,Criteria1=' 技术部 ')
   取消筛选
   t.api.ShowAllData()
   wt1=wb.sheets[1]
   rng1=wt1.range('A1').current_region
   # 多条件筛选
18 rng1.api.AutoFilter(Field=7,Criteria1=' 技术部 ',Operator=constants.
AutoFilterOperator.xlOr,Criteria2=' 采购部 ')
19 wb.save(savefilename)
20 wb.close()
21 app.quit()
```

其中，第 18 行代码对部门列进行筛选，条件为 "技术部" 或 "采购部"。代码执行后，生成 xlwings_range_filter_1.xlsx，请读者自行测试验证。

（10）设置单元格字体。

可使用 rng.api.Font 对象来设置单元格的字体属性，如字号、是否加粗、是否斜体、是否带下画线等。

下列代码演示单元格字体的设置，源代码见 code\10\xlwings\xlwings_range_font.py。

```
1  import xlwings as xw
2  import os
3  from xlwings import constants
4  curpath=os.path.dirname(__file__)
5  filename=os.path.join(curpath,'xlwings_range_font.xlsx')
6  savefilename=os.path.join(curpath,'xlwings_range_font_1.xlsx')
7  app = xw.App(visible=False, add_book=False)
8  wb=xw.Book(filename)
9  wt=wb.sheets[0]
10 app.screen_updating = False
11 rng=wt.range('C5:I15')
12 myfont=rng.api.Font
13 myfont.Name=' 微软雅黑 '
14 myfont.Size=14
15 myfont.Bold=True
16 myfont.Italic=True
17 myfont.Underline=True
18 myfont.ColorIndex=43
19 wb.save(savefilename)
20 wb.close()
21 app.quit()
```

代码执行后，生成 xlwings_range_font_1.xlsx，文件内容如图 10-32 所示。

5	3702	胡萍	*qiang74*	M	*3173*	*48*	采购部	*2000/1/1*
6	3703	林秀华	*agong*	M	*5248*	*38*	销售部	*2003/1/1*
7	3704	吴霞	*oma*	F	*3787*	*42*	人事部	*2001/5/28*
8	3705	袁颖	*laijun*	M	*2908*	*49*	技术部	*2003/1/1*
9	3706	吴红梅	*maoxiula*	M	*6062*	*51*	销售部	*2013/5/23*
10	3707	冯彬	*longjun*	F	*9477*	*43*	财务部	*2018/5/21*
11	3708	姚莹	*lyu*	F	*3208*	*32*	总经办	*2001/1/1*
12	3709	林波	*tyan*	M	*4776*	*37*	财务部	*2003/1/1*
13	3710	胡海燕	*jieyin*	M	*3019*	*33*	销售部	*2003/1/*
14	3711	钟畅	*juanchen*	F	*4767*	*38*	人事部	*2001/1*
15	3712	张丽	*juanfan*	F	*3998*	*50*	采购部	*2003*

图10-32 设置单元格字体

（11）ColorIndex 属性。

在 Excel 中，单元格可以设置成填充各种各样的颜色，这是通过设置 Interior.ColorIndex 属性值来实现的。值和显示的颜色是一一对应的，如 4 代表绿色等，从 0 到 56，共计 57 种。

下列代码演示 ColorIndex 属性的用法，源代码见 code\10\xlwings\xlwings_index.py。

```
1  import xlwings as xw
2  import os
3  from xlwings import constants
4  curpath=os.path.dirname(__file__)
5  savefilename=os.path.join(curpath,'xlwings_range_colorindex.x
6  app = xw.App(visible=False, add_book=False)
7  wb=xw.Book()
8  wt=wb.sheets[0]
9  for i in range(1,4):
10    for j in range(1,20):
11        wt.cells(j,i).value=19*(i-1)+j-1
12        wt.cells(j,i).api.Interior.ColorIndex=19*(i-1)+j-1
13 wb.save(savefilename)
14 wb.close()
15 app.quit()
```

其中，第 9 ~ 12 行代码使用两层循环设置单元格颜色。代码执行后，生成 xlwings_range_colorindex.xlsx，文件内容如图 10-33 所示。

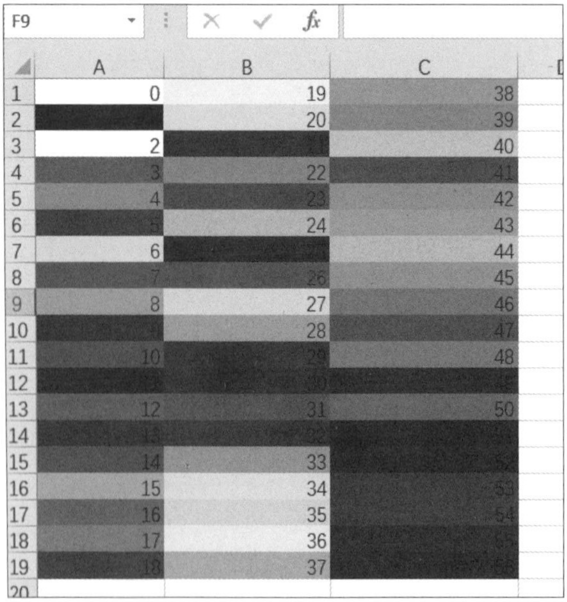

图10-33　ColorIndex属性的用法

Sheet 对象、Range 对象还有很多技巧和用法，这里不赘述。

.4　图表处理

xlwings库的图表功能很强大。图表由图表区、图表标题、绘图区、垂直（值）轴、水
平（值）轴、图例、网格线、系列等对象组成，每个对象都可以单独设置颜色、填充、字体等

下来介绍 xlwings 库主要的图表功能。

表的设置

用 xlwings 库创建图表，一般包含以下 4 个步骤。

（1）创建一个图表对象。

过 charts 对象的add() 方法创建图表，示例代码如下。

```
wb.sheets[0]
rt=wt.charts.add(left=0,top=0,width=355,height=211)
```

中，left、top、width、height 分别指图表对象的左边距、上边距、宽度和高度。
该工作表中创建一个图表对象。

表类型。

象的chart_type 属性，就可以得到各种类型的图表，示例代码如下。

```
c.chart_type='pie'
```

xlwings 库支持的图表有 73 种之多，包括 Excel 中的绝大部分图表。如雷达图（radar）、面积图（area）、折线图（line）、饼图（pie）、散点图（xy_scatter）、柱形图（column_clustered）等。

（3）添加数据源。

引用单元区域，然后调用 chart.set_source_data(source) 方法，其语法格式如下。

```
chart.set_source_data(source)
```

其中，参数 source 指图表引用的单元格区域。

（4）设置图表属性。

可以设置标题的名称、字号大小、字体、颜色等内容，示例代码如下。

```
chart.api[1].ChartTitle.Text = '2020 年开发语言排行榜'
chart.api[1].ChartTitle.Font.Size= 18
chart.api[1].ChartTitle.Font.Name=' 微软雅黑 '
chart.api[1].ChartTitle.Font.ColorIndex= 3
chart.api[1].HasTitle=True
```

可以设置图表区域的颜色、填充和背景，示例代码如下。

```
chart.api[1].ChartArea.Interior.ColorIndex=37
chart.api[1].ChartArea.Interior.PatternColorIndex=1
chart.api[1].ChartArea.Interior.Pattern=constants.Pattern.xlPatternSolid
```

可以设置绘图区域的颜色、填充和背景，示例代码如下。

```
chart.api[1].PlotArea.Interior.ColorIndex=24
chart.api[1].PlotArea.Interior.PatternColorIndex=1
chart.api[1].PlotArea.Interior.Pattern=constants.Pattern.xlPatternSolid
```

还可以将图表导出为图片，示例代码如下。

```
chart.api[1].Export(image1) #保存成 png 图片
```

2．柱形图

将 chart.chart_type 属性设置为 column_clustered，可以实现柱形图的效果。此外，还需注意数据标签和坐标轴的显示方法。

下列代码演示柱形图的创建与设置，源代码见 code\10\xlwings\xlwings_chart_bar.py。

```
...
1   chart = wt.charts.add(230,20)
2   chart.set_source_data(wt.range('A1:D4'))
3   chart.chart_type ='column_clustered' #柱形图
4   chart.api[1].HasTitle=True #需要设置
5   chart.api[1].ChartTitle.Text = ' 某小学一年级期末考试成绩 '
6   #显示多个系列的数据标签
7   chart.api[1].SeriesCollection(1).ApplyDataLabels(constants.DataLabelsType.
```

```
xlDataLabelsShowValue)
   8  chart.api[1].SeriesCollection(2).ApplyDataLabels(constants.DataLabelsType.
xlDataLabelsShowValue)
   9  chart.api[1].SeriesCollection(3).ApplyDataLabels(constants.DataLabelsType.
xlDataLabelsShowValue)
  10 # 显示坐标轴
  11 chart.api[1].axes(constants.AxisType.xlCategory).HasTitle=True
  12 chart.api[1].axes(constants.AxisType.xlCategory).AxisTitle.Text=' 科目 '
  13 chart.api[1].axes(constants.AxisType.xlValue).HasTitle=True
  14 chart.api[1].axes(constants.AxisType.xlValue).AxisTitle.Text=' 班级 '
```

其中，第 7 ~ 9 行代码设置多个系列的数据标签，第 11 ~ 14 行代码显示坐标轴。代码执行后，生成 xlwings_chart_bar_1.xlsx，文件内容如图 10-34 所示。

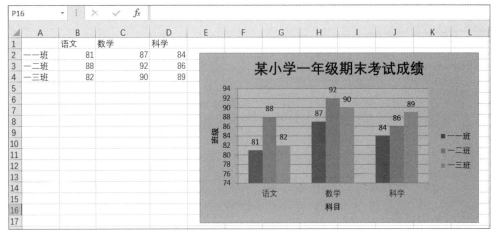

图10-34　生成的柱形图效果

3. 饼图

将 chart.chart_type 属性设置为 pie，就可以实现饼图的效果。此外，还需注意将图表保存成图片的方法。

下列代码演示饼图的创建和设置，源代码见 code\10\xlwings\xlwings_chart_pie.py。

```
   1  chart = wt.charts.add(200,20)
   2  chart.set_source_data(wt.range('A1:B9'))
   3  chart.chart_type ='pie'
   4  chart.api[1].SeriesCollection(1).ApplyDataLabels(constants.DataLabelsType.
xlDataLabelsShowValue)
   5  chart.api[1].ChartTitle.Text = '2020 年开发语言排行榜 '
   6  chart.api[1].ChartTitle.Font.Size= 18
   7  chart.api[1].ChartTitle.Font.Name=' 微软雅黑 '
   8  chart.api[1].ChartTitle.Font.ColorIndex= 3
   9  chart.api[1].HasTitle=True
```

```
10 # 图表区域背景
11 chart.api[1].ChartArea.Interior.ColorIndex=37
12 chart.api[1].ChartArea.Interior.PatternColorIndex=1
13 chart.api[1].ChartArea.Interior.Pattern=constants.Pattern.xlPatternSolid
14 # 绘图区域背景
15 chart.api[1].PlotArea.Interior.ColorIndex=24
16 chart.api[1].PlotArea.Interior.PatternColorIndex=1
17 chart.api[1].PlotArea.Interior.Pattern=constants.Pattern.xlPatternSolid
18 # 保存成 png 图片
19 chart.api[1].Export(image1)
```

其中，第 11 ~ 13 行代码设置图表区域的背景，第 15 ~ 17 行代码设置绘图区域背景。代码执行后，生成 xlwings_chart_pie_1.xlsx，文件内容如图 10-35 所示。

图10-35　生成的饼图效果

10.2.5　实战案例——在单元格中设置超链接

有时候，Excel 文档中的工作表非常多，需要一个目录链接进行快速导航和跳转。可以创建一个目录链接，单击超链接跳转到对应的工作表。

案例目标：根据工作表名称制作一个目录链接，方便用户快速切换。

最终效果：生成一张带有目录链接的单独工作表。

知识点：add_hyperlink() 方法的使用、工作簿文件的读取、工作表的循环处理等。

（1）超链接设置。

使用工作表的 add_hyperlink() 方法创建一个目录链接，示例代码如下。

```
wt.range("A1").add_hyperlink(link,text_to_display=' 查看链接 ',screen_tip=' 这可是 Python 做出来的 ')
```

其中，参数 link 为 ""#'+ 工作表名称 +'!A1'" 的格式，!A1 会自动选中工作表左上角的第

213

一个单元格。

（2）代码编写。

下列代码演示在单元格中设置超链接，源代码见 code\10\xlwings\example_hyperlink.py。

```
1   wb=xw.Book(filename)
2   wt=wb.sheets['目录']
3   wt.range("B4:C12").clear()
4   wt.range('B4').value='部门'
5   wt.range('C4').value='链接'
6   i=5
7   for x in wb.sheets:
8       if x.name!='目录':
9           wt.range("B"+str(i)).value=x.name
10          link='#'+x.name+'!A1'
11          wt.range("C"+str(i)).add_hyperlink(link,text_to_display='查看链接',
screen_tip='这可是 Python 做出来的')
12          i=i+1
...
```

其中，第 3 行代码将单元格区域 B4:C12 的内容与格式清除，第 4、5 行代码设置初始值。第 6 ~ 12 行代码先给 i 赋值，然后通过循环语句获取"目录"工作表以外的工作表名称并放置在 B 列（从 B5 单元格开始）；将工作表的超链接放置在 C 列（从 C5 单元格开始）。代码执行后，生成 example_hyperlink_1.xlsx，文件内容如图 10-36 所示。

图10-36　在单元格中设置超链接的效果

10.2.6　表单内设计

细心的读者可能已经发现了，本章的 xlwings 的示例大多是以生成 Excel 文件、打开文件查看效果的方式展现的。有时候，我们更希望能够直接在 Excel 的表单中进行操作。

在基于 Excel 的函数或 VBA 编程中，单击 Excel 中的某一个按钮，就能够一键拆分工作表；单击某列，就能够对当前列进行排序——这种展示模式称为表单内设计。这样的好处就是在一个界面"所见即所得"，方便开发调试。xlwings 库也支持这种模式，接下来进行介绍。

1. 使用命令创建应用文件

在 VS Code 控制台中，可使用 xlwings 命令可以快速生成一个应用文件，命令如下。

```
xlwings quickstart xlwings_call_sub
```

命令执行成功后，会生成相关文件夹和文件，如图 10-37 所示。

创建文件后，还需要把 xlwings 安装目录下的 addin 文件夹复制到 xlwings_call_sub 文件夹下，如图 10-38 所示。

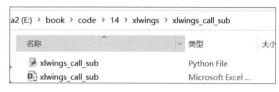

图10-37 生成的文件夹和文件

图10-38 addin文件夹

打开 xlwings_call_sub.xlsm 这张启用宏的工作表，单击"开发工具"菜单，在代码面板中单击"宏"按钮，然后单击名称为"SampleCall"的宏，再单击"执行"按钮，如图 10-39 所示。

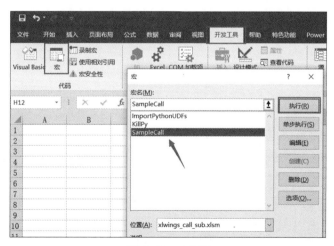

图10-39 宏界面

单元格 A1 显示"Hello xlwings!"。选择 B2 单元格，输入公式 =hello(A1)，按 Ctrl+Shift+

Enter 组合键后，B2 单元格的内容变成了 "hello Hello xlwings!"，如图 10-40 所示。

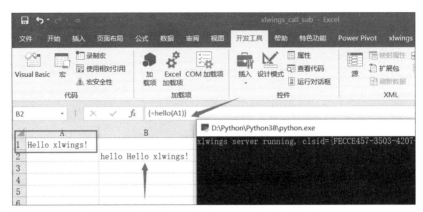

图10-40　执行宏代码后的单元格

看到这里，有读者可能在想，名称为 "SampleCall" 的宏是从哪里来的？公式中的 hello() 函数是如何定义的？接下来进行详细介绍。

（1）SampleCall() 宏。

单击图 10-40 所示界面左上角的 "Visual Basic" 按钮，在打开的界面中可以看到 SampleCall() 的代码，如图 10-41 所示。

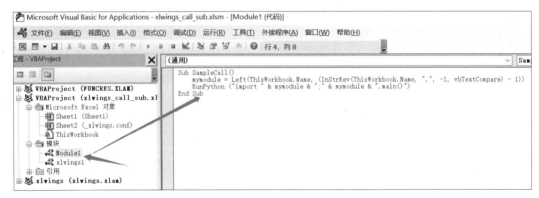

图10-41　SampleCall()的代码

当 SampleCall() 函数执行时，会通过 RunPython() 函数调用一段 Python 代码，这段代码调用的是当前目录下的 xlwings_call_sub.py 文件里的 main() 函数。

打开 xlwings_call_sub.py 文件，可以看到如下代码。

```
1  import xlwings as xw
2  @xw.sub   #only required if you want to import it or run it via UDF Server
3  def main():
4      wb = xw.Book.caller()
5      sheet = wb.sheets[0]
6      if sheet["A1"].value == "Hello xlwings!":
```

```
 7              sheet["A1"].value = "Bye xlwings!"
 8      else:
 9              sheet["A1"].value = "Hello xlwings!"
10 @xw.func
11 def hello(name):
12      return "hello {0}".format(name)
13 if __name__ == "__main__":
14      xw.Book("xlwings_call_sub.xlsm").set_mock_caller()
15      main()
```

第 2 行代码中的 @xw.sub 是一个装饰器，表明 main() 函数是一个过程。VBA 有 sub 过程和 function 函数，其中 function 函数可以返回值，sub 过程则不可以返回值；sub 过程可以直接执行，function 函数需要调用才可以执行。

第 4 行代码中的 caller() 函数指在 Excel 的 VBA 中，通过 RunPython() 函数运行 Python 的函数时所使用的工作簿；第 13 ~ 15 行代码对 main() 函数进行了测试。

（2）公式中的 hello() 函数。

在图 10-40 所示的 B2 单元格中的公式里有一个 hello() 函数，这个函数直接由 Python 代码提供，在 xlwings_call_sub.py 文件中，可以找到 hello() 函数的定义。该函数使用的 @ xw.func 是一个装饰器，表明这个函数是一个 VBA 能识别的函数。根据这个特性，可以大量编写一些用 VBA 不容易实现而用 Python 容易实现的函数，从而提高 Excel 的处理效率。

2. 在已有的Excel文件中嵌入xlwings库

如果已经有自己的 Excel 文件，如何将 xlwings 库嵌套进来使用呢？创建一个与已有的 Excel 文件同名的 Python 文件即可。

这里创建一个 xlwings_sub.xslx，打开文件，单击"开发工具"菜单，再单击代码面板中的"Visual Basic"按钮，打开 Visual Basic 编辑器界面，在该界面中单击"文件"菜单，选择"导入文件 …"，再选择 xlwings 安装路径下的 xlwings.bas 模块文件，配置 xlwings 的 VBA 环境，如图 10-42 所示。

图10-42　配置xlwings的VBA环境

打开后，xlwings.bas 模块文件就会被添加到当前的 VBA Project 中。接下来，编写 Python 代码，创建一个与 Excel 文件同名的 Python 文件 xlwings_sub.py。源代码见 code\10\xlwings\xlwings_sub.py。

```python
1  import xlwings as xw
2  from xlwings import constants
3  import os
4  curpath=os.path.dirname(__file__)
5  filename=os.path.join(curpath,'xlwings_sub.xlsx')
6  @xw.sub
7  def set_range_color():
8      wb = xw.Book.caller()
9      wt = wb.sheets[0]
10     rng=wt.range('B2:D10')
11     rng.api.Interior.Color=0x0000ff  # 单元格填充颜色
12     rng.api.Interior.Pattern=constants.Pattern.xlPatternGrid  # 单元格背景图案（网格）
13     rng.api.Interior.PatternColor=0x00ffff  # 单元格背景颜色
14 if __name__ == "__main__":
15     xw.Book(filename).set_mock_caller()
16     set_range_color()
```

xlwings_sub.py 中的代码在 VBA 中的执行有以下两种方式。

（1）以 VBA 默认方式执行。

在 Excel 文件中，单击"开发工具"菜单，再单击面板中的"宏"按钮，在弹出的"宏"对话框中单击"ImportPythonUDFs"，然后单击"执行"按钮，加载 Python 中的函数，如图 10-43 所示。

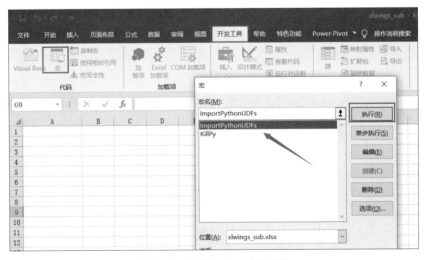

图10-43　加载Python中的函数

单击"执行"按钮后，会自动把同名文件中的 @xw.sub 过程加载进来，可以看到在 Python 中编写的 set_range_color() 函数，选择该函数，单击"执行"按钮，如图 10-44 所示。

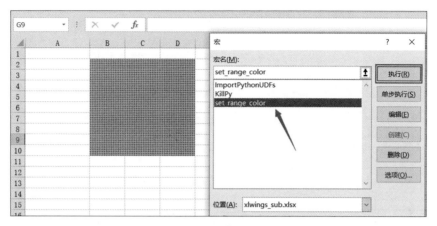

图10-44　执行函数

（2）通过 RunPython() 函数执行。

打开 xlwings_sub.xslx 文件的 Visual Basic 编辑器界面。在 Sheet1 工作表处，输入以下
VBA 代码。

```
Sub set_range_color()
    RunPython ("import xlwings_sub;xlwings_sub.set_range_color();")
End Sub
```

这里使用了 xlwings 库中定义的 RunPython() 函数，可以在模块 xlwings.bas 中看到函数
定义。该函数实参传入一段 Python 代码，如图 10-45 所示。

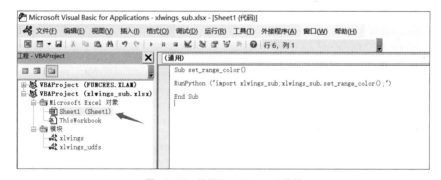

图10-45　使用RunPython()函数

保存 VBA 代码后，返回 Excel 文件，单击菜单"开发工具"下的"宏"按钮，此时会发
现编写的 VBA 代码自动出现在宏中。选择宏"Sheet1.set_range_color"，单击执行按钮，如
图 10-46 所示。

3. 使用表单内的Python函数

在 Excel 中有很多有趣的函数，当这些函数的功能不能满足工作需要，比如不能将汉字转
为拼音时，就可以使用 VBA 开发自定义函数来完成工作。

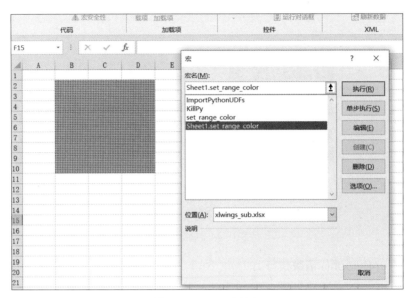

图10-46　VBA中的宏

　　这里自定义4个函数，分别实现4个功能：求和、求平均数、汉字转拼音、汉字转声调。源代码见 code\10\xlwings\xlwing_call_func_pinyin.py。

```
1   import xlwings as xw
2   import pypinyin
3   @xw.func
4   @xw.arg('data',ndim=2)
5   def py_sum(data):
6       for row in data:
7           return row[0]+row[1]
8   @xw.func
9   @xw.arg('data',ndim=2)
10  def py_avg(data):
11      for row in data:
12          return (row[0]+row[1])/2
13  @xw.func
14  def py_pinyin(word):
15      s = ''
16      for i in pypinyin.pinyin(word, style=pypinyin.NORMAL):
17          s += ''.join(i)
18      return s
19  @xw.func
20  # 带声调（默认）
21  def py_yinjie(word):
22      s = ''
23      # heteronym=False 表示不开启多音字
24      for i in pypinyin.pinyin(word, heteronym=False):
25          s = s + ''.join(i) + " "
26      return s
```

其中，第4行代码不考虑区域的形状，强制返回值为二维列表。这样就可以把 Excel 中的单元格区域转换为 Python 中的二维列表，以方便处理。

新建 xlwing_call_func_pinyin.xlsm 文件，添加 xlwings.bas 模块后，单击菜单"开发工具"中的"宏"按钮，在弹出的界面上单击"ImportPythonUDFs"，再单击"执行"按钮，如图 10-47 所示。这样就会把当前同名文件中的 Python 函数导入 VBA。

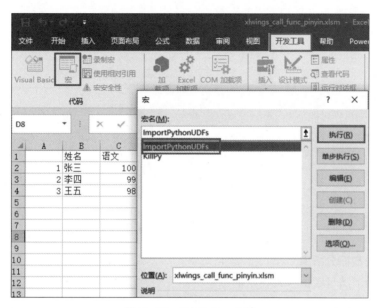

图10-47 导入Python函数

切换到 Visual Basic 编辑界面，可以看到增加了一个模块 xlwings_udfs，如图 10-48 所示。

图10-48 导入的模块

接下来就可以在 Excel 中随心所欲地使用这 4 个 Python 函数了，如图 10-49、图 10-50 所示。

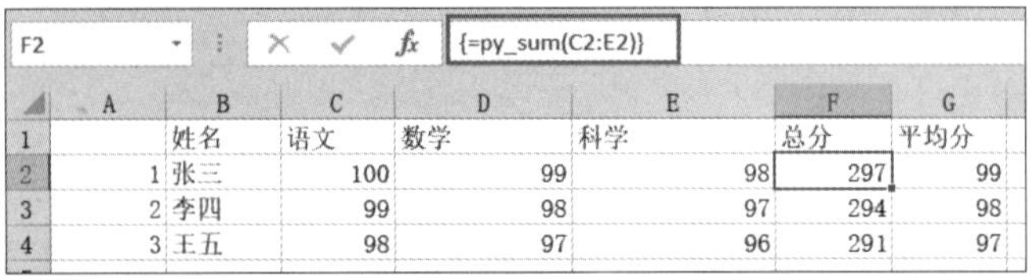

图10-49　求和

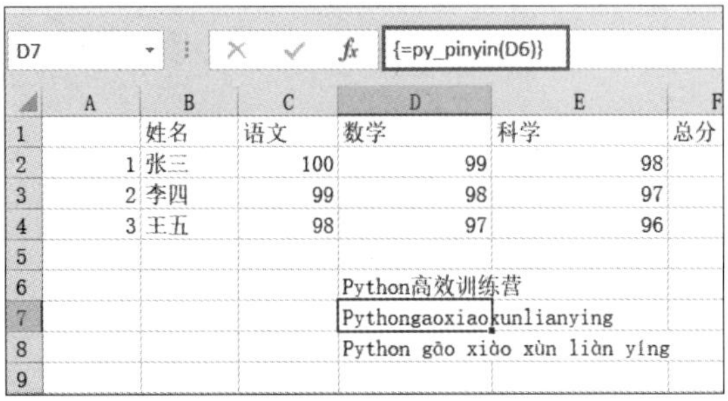

图10-50　汉字转拼音

4. 使用Pandas数据分析库

Pandas 是为了满足数据分析需求而创建的第三方库。Pandas 库提供了大量用来便捷地处理数据的函数和方法，第 12 章会重点介绍 Pandas 库。

数据框（DataFrame）对象是 Pandas 库中最核心的数据处理结构。DataFrame 是二维的表格型数据结构，可以把这种数据结构看作一张数据库中的表，或者平时使用的 Excel 表格。

可以通过 Pandas 库处理数据，比如筛选、排序、分组求和等，也可以把 DataFrame 结构以表的方式传回 Excel。

下列代码演示 Pandas 库在 Python 和 VBA 中的混合使用，源代码见 code\10\xlwings\xlwings_call_func_pandas.py。

```
1  import xlwings as xw
2  import pandas as pd
3  @xw.func
4  @xw.ret(index=False)
5  @xw.ret(expand="table")
6  def py_pandas_read():
7      data={"姓名":["张三","李四","小杨"],
8      "数学成绩":["100","99","98"],
9      "语文成绩":["95","94","93"],
10     "英语成绩":["98","89","88"]}
```

```
11      df=pd.DataFrame(data)
12      return df
```

其中，第 4 行代码的作用是，返回时在 Pandas 的 DataFrame 中去掉 index 列，第 5 行代码的作用是将 DataFrame 结构作为 table 返回。

新建 xlwing_call_func_pandas.xlsm 文件，添加 xlwings.bas 模块后，单击菜单"开发工具"中的"宏"按钮，在弹出的界面中，单击"ImportPythonUDFs"，再单击"执行"按钮，这样会把当前同名文件中的 Python 函数导入 VBA 中。

接下来就可以在 Excel 中使用 Pandas 库了，如图 10-51 所示。

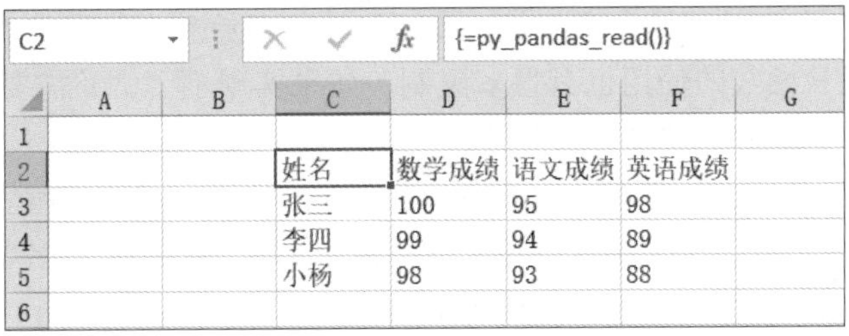

图10-51 Pandas库的使用

10.2.7 sql()函数的使用

在 Excel 中查找数据，使用较多的函数是 VLOOKUP()、HLOOKUP()、INDEX()、MATCH() 等，但是在面对一些较为复杂的场景时，VLOOKUP 等函数匹配起来比较困难，而且公式往往写得非常长，阅读起来也不容易。尽管现在的 XLOOKUP 函数功能很强，但其只在 Office 365 的版本上才有。

现在换一种思路来快速实现之前很难实现的某些效果。在 Excel 中操作单元格，本质上是对数据的处理，或者说是对二维数据表的加工处理。既然有数据表，那么能不能通过 SQL 语句来实现呢？答案是肯定的，xlwings 库提供了一个非常强大的 sql() 函数。

sql() 函数的语法格式如下。

```
=sql(SQL Statement, table a, table b, …)
```

其中，参数 SQL Statement 指一段 SQL 语句；table a、table b 都是表名，表可以只有一张，也可以有多张。接下来通过 4 个小例子进行演示。

打开 xlwings_sql.xlsm 文件，在"薪水"工作表中，根据某个人的姓名查找他对应的 salary。如图 10-52 所示，根据 G2 的值，查找对应的薪水，这里采用 VLOOKUP() 函数，公式为"=VLOOKUP(G2,B2:C20,2,FALSE)"。

其中，参数 G2 指想查的值，B2:C20 指想在何处查找它，这里从左边的列表中查找它。参数 2 指要查找的结果在查找区域的第几列（必须是正整数）。参数 FALSE 指精确匹配查找的值。

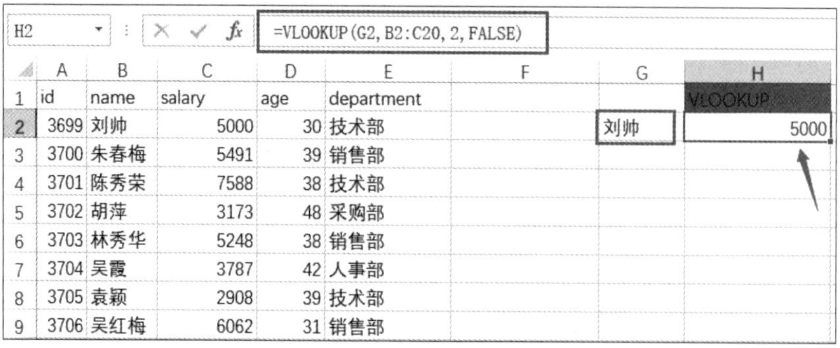

图10-52　VLOOKUP函数

当然，VLOOKUP 函数的使用也有很多限制，如果实现不了，还需要其他函数的配合等。接下来看看 sql() 函数是如何处理这一情况的。

选择 H6 单元格，输入公式"=sql(I5,A1:E20)"，其中，参数 I5 是一段 SQL 语句，内容为 select a.salary from a where a.name=' 刘帅 '，作用是获取姓名为"刘帅"的薪水。A1:E20 是一个二维表，包含列名称，将其当作 a 表。

使用 sql() 函数，可以把烦琐的函数公式用法转变为简单的 SQL 语句用法，大大降低实际开发难度，如图 10-53 所示。

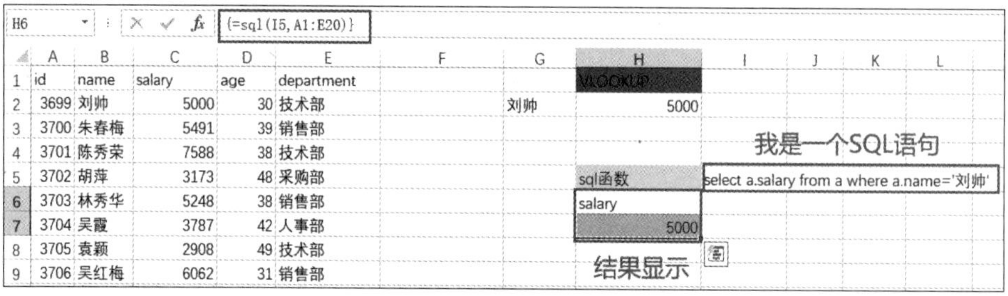

图10-53　sql()函数演示（1）

继续看 sql() 函数的其他用法。在 xlwings_sql.xlsm 文件名为"薪水级别"的工作表中，薪水被划分为多个区间段，比如大于等于 5000 且小于 10000 的薪水被划分为"一般"级别。现在想根据左边的列表自动算出每个人的薪水级别。

在 G2 单元格输入公式"=sql(A14,A1:E10)"。其中，A14 是编写的 SQL 语句，A1:E10 是数据区域。

A14 的 SQL 语句如下。

```
select a.name,a.salary,case when salary<5000 then  ' 温饱 '  when salary>=5000 and
salary<10000 then ' 一般 ' when salary>=10000 then ' 小康 '  else null end as ' 级别 '  from a
```

这段 SQL 语句虽然看起来稍长一些，但其实是很简单的语句。执行的结果如图 10-54 所示。

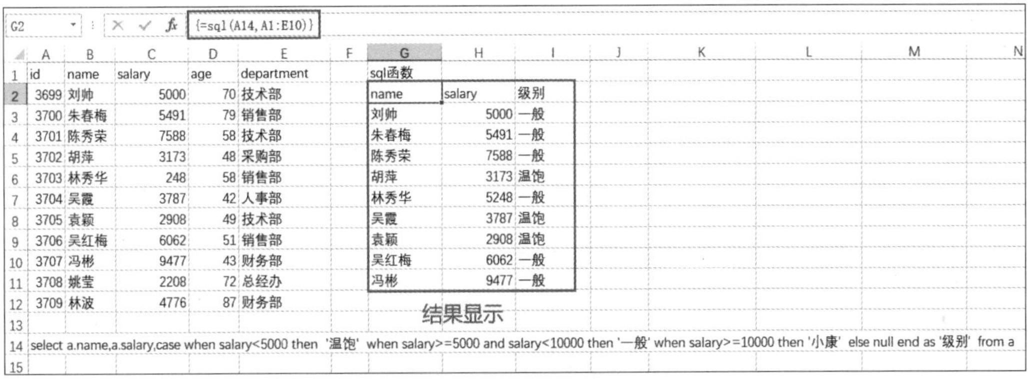

图10-54　sql()函数演示（2）

接着看 sql() 函数的其他用法。在 xlwings_sql.xlsm 文件的"Sheet1"工作表中，想把左边的列表和右边的列表通过 id 列关联起来，如何实现？

在 A16 单元格输入公式"=sql(A15,A1:E13,H1:N13)"。其中，A15 的黄色区域是编写的 SQL 语句；A1:E13 是数据区域表 a；H1:N13 是数据区域表 b。

A15 的 SQL 语句如下。

```
select a.id,a.name,a.sex,b.age,b.job from a,b where a.id=b.id
```

执行结果如图 10-55 所示。

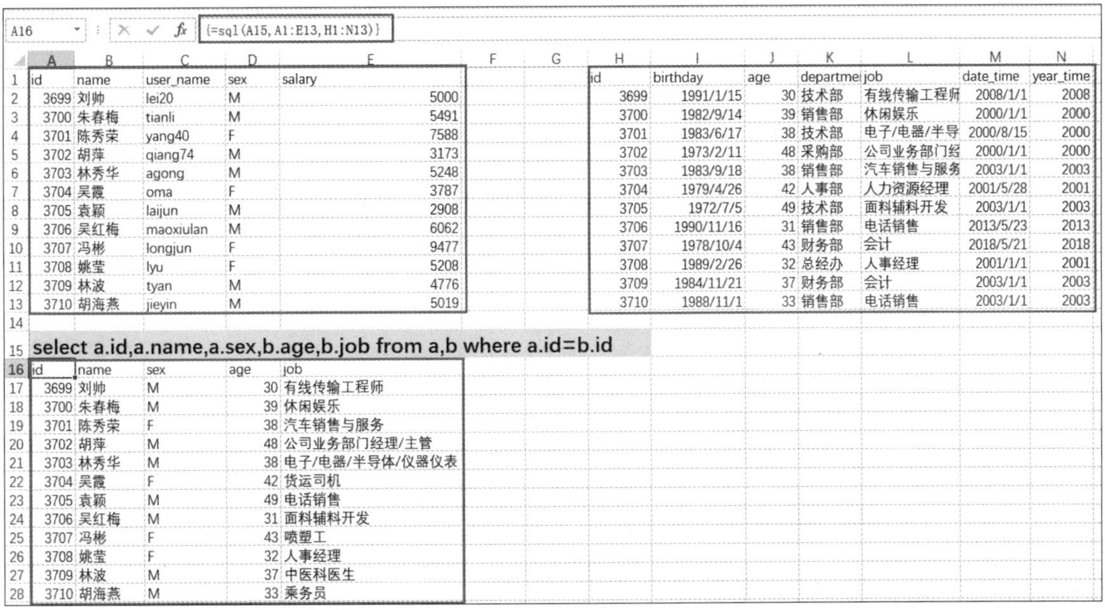

图10-55　sql()函数演示（3）

此外，sql() 函数还支持跨工作表操作数据。在 xkwings_sql.xlsm 文件的"Sheet2"工作表中，若想把 Sheet1 中的列表和 Sheet2 中的列表通过 id 列关联起来，如何实现？

在 A16 单元格输入公式“=sql(A15,sheet1!A1:E13,sheet2!A1:G13)”。其中，A15 是编写的 SQL 语句，sheet1!A1:E13 是 sheet1 中的数据区域表 a，sheet2!A1:G13 是 sheet2 中的数据区域表 b。

A15 的 SQL 语句如下。

```
select a.id,a.name,a.sex,b.age,b.job from a,b where a.id=b.id
```

执行的结果如图 10-56 所示。

A16 {=sql(A15, sheet1!A1:E13, sheet2!A1:G13)}

	A	B	C	D	E	F	G
1	id	birthday	age	department	job	date_time	year_time
2	3699	1991/1/15	30	技术部	有线传输工程师	2008/1/1	2008
3	3700	1982/9/14	39	销售部	休闲娱乐	2000/1/1	2000
4	3701	1983/6/17	38	技术部	电子/电器/半导(	2000/8/15	2000
5	3702	1973/2/11	48	采购部	公司业务部门经	2000/1/1	2000
6	3703	1983/9/18	38	销售部	汽车销售与服务	2003/1/1	2003
7	3704	1979/4/26	42	人事部	人力资源经理	2001/5/28	2001
8	3705	1972/7/5	49	技术部	面料辅料开发	2003/1/1	2003
9	3706	1990/11/16	31	销售部	电话销售	2013/5/23	2013
10	3707	1978/10/4	43	财务部	会计	2018/5/21	2018
11	3708	1989/2/26	32	总经办	人事经理	2001/1/1	2001
12	3709	1984/11/21	37	财务部	会计	2003/1/1	2003
13	3710	1988/11/1	33	销售部	电话销售	2003/1/1	2003
14							
15	select a.id,a.name,a.sex,b.age,b.job from a,b where a.id=b.id						
16	id	name	sex	age	job		
17	3699	刘帅	M	30	有线传输工程师		
18	3700	朱春梅	M	39	休闲娱乐		
19	3701	陈秀荣	F	38	电子/电器/半导体/仪器仪表		
20	3702	胡萍	M	48	公司业务部门经理/主管		
21	3703	林秀华	M	38	汽车销售与服务		
22	3704	吴霞	F	42	人力资源经理		
23	3705	袁颖	M	49	面料辅料开发		
24	3706	吴红梅	M	31	电话销售		
25	3707	冯彬	F	43	会计		
26	3708	姚莹	F	32	人事经理		
27	3709	林波	M	37	会计		
28	3710	胡海燕	M	33	电话销售		

图10-56　sql()函数演示（4）

要使用 sql() 函数，需要在 Excel 的 Visual Basic 编辑环境中引入 xlwings.bas 模块。

10.2.8　实战案例——九九乘法表

用 Python 来制作九九乘法表吧。

案例目标：通过表单内设计方式制作一张九九乘法表。

最终效果：生成一张 Excel 版本的九九乘法表。

知识点：xlwings 库的基本使用、RunPython() 函数的使用、表单内设计的技巧等。

（1）Python 实现。

下列代码演示九九乘法表的制作，源代码见 code\10\xlwings\example_99.py。

```
1  import xlwings as xw
2  import os
3  curpath=os.path.dirname(__file__)
4  filename=os.path.join(curpath,'example_99.xlsm')
5  @xw.sub
6  def py_99():
7      wb = xw.Book.caller()
8      wt = wb.sheets[0]
9      for i in range(1,10):
10         for j in range(1,10):
11             if i>=j:
12                 wt.range(i+10,j).value=str(i)+'*'+str(j)+'='+str(i*j)
13 if __name__ == "__main__":
14     xw.Book(filename).set_mock_caller()
15     py_99()
```

其中，第 9 ~ 12 行代码是九九乘法表的算法。代码执行后，会生成一张九九乘法表，读者可以自己测试。

（2）表单内设计。

以下为 VBA 的代码，源代码见 code\10\xlwings\example_99.xlsm 文件，打开 Visual Basic 编辑器就可以看到代码。其中，VBA 开头的过程由 VBA 本身来调用，"Py" 开头的过程则通过 RunPython() 函数调用，请注意区别。

```
1  Sub VBA_99()
2  Dim i As Long
3  Dim j As Long
4  For i = 1 To 9
5  For j = 1 To 9
6  If i >= j Then
7    Cells(i, j) = Str(i) & "*" & Str(j) & "=" & i * j
8  End If
9  Next j
10 Next i
11 End Sub
12 #Python 版本
13 Sub Py_99()
14   RunPython("import example_99;example_99.py_99()")
15 End Sub
```

其中，第 1 ~ 11 行代码使用 VBA 代码实现九九乘法表，第 13 ~ 15 行代码则使用 RunPython() 函数调用 Python 代码来实现九九乘法表。

代码执行后，最终的效果如图 10-57 所示。单击名称以 "VBA" 开头的按钮，按钮左边显示出 VBA 版本的九九乘法表；单击名称以 "Python" 开头的按钮，按钮左边显示 Python 版本的九九乘法表。请读者自行验证。

	A	B	C	D	E	F	G	H	I	J	K	L
1	1* 1=1											
2	2* 1=2	2* 2=4										
3	3* 1=3	3* 2=6	3* 3=9									
4	4* 1=4	4* 2=8	4* 3=12	4* 4=16						VBA的九九乘法表		
5	5* 1=5	5* 2=10	5* 3=15	5* 4=20	5* 5=25							
6	6* 1=6	6* 2=12	6* 3=18	6* 4=24	6* 5=30	6* 6=36						
7	7* 1=7	7* 2=14	7* 3=21	7* 4=28	7* 5=35	7* 6=42	7* 7=49					
8	8* 1=8	8* 2=16	8* 3=24	8* 4=32	8* 5=40	8* 6=48	8* 7=56	8* 8=64				
9	9* 1=9	9* 2=18	9* 3=27	9* 4=36	9* 5=45	9* 6=54	9* 7=63	9* 8=72	9* 9=81			
10												
11	1*1=1											
12	2*1=2	2*2=4										
13	3*1=3	3*2=6	3*3=9									
14	4*1=4	4*2=8	4*3=12	4*4=16								
15	5*1=5	5*2=10	5*3=15	5*4=20	5*5=25					Python的九九乘法表		
16	6*1=6	6*2=12	6*3=18	6*4=24	6*5=30	6*6=36						
17	7*1=7	7*2=14	7*3=21	7*4=28	7*5=35	7*6=42	7*7=49					
18	8*1=8	8*2=16	8*3=24	8*4=32	8*5=40	8*6=48	8*7=56	8*8=64				
19	9*1=9	9*2=18	9*3=27	9*4=36	9*5=45	9*6=54	9*7=63	9*8=72	9*9=81			

图10-57　九九乘法表

10.2.9　实战案例——设置边框

有时候，需要对 Excel 文档中单元格区域边框线条进行设置，比如颜色、粗细等。

案例目标：通过表单内设计方式来设置 Excel 文档中的边框。

最终效果：生成一个 Excel 文档，内置边框的样式设置功能。

知识点：xlwings 库的基本使用、RunPython() 函数的使用、从 VBA 传参到 Python 中的技巧等。

（1）Python 实现。

使用 Range 对象的 api() 方法来对 Borders.LineStyle 设置样式，其语法格式如下。

```
rng.api.Borders.LineStyle= 线的类型
```

其中，线条样式（LineStyle）有 8 种，如图 10-58 所示。

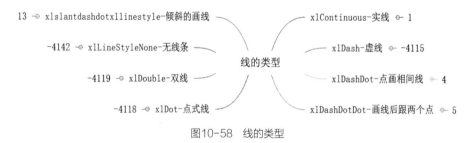

图10-58　线的类型

使用 Range 对象的 api() 方法可以对 Borders.Weight 设置边框的粗细，其语法格式如下。

```
rng.api.Borders.Weight= 边框的粗细类型
```

其中，边框的粗细类型（Weight）有 4 种，如图 10-59 所示。

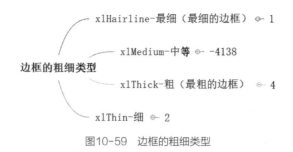

图10-59 边框的粗细类型

下列代码演示线的样式的设置（需要在 VBA 中调用执行），源代码见 code\10\xlwings\example_border.py。

```
1  import xlwings as xw
2  from xlwings import constants
3  import os
4  curpath=os.path.dirname(__file__)
5  filename=os.path.join(curpath,'example_border.xlsm')
6  @xw.sub
7  def set_border_linestyle(type):
8      wb = xw.Book.caller()
9      wt = wb.sheets[0]
10     rng=wt.range('I1').current_region
11     rng.api.ClearFormats() #清除格式
12     rng.api.Borders.LineStyle=type
13 @xw.sub
14 def set_border_weight(type):
15     wb = xw.Book.caller()
16     wt = wb.sheets[0]
17     rng=wt.range('I1').current_region
18     rng.api.Borders.Weight=type
19 if __name__ == "__main__":
20     xw.Book(filename).set_mock_caller()
21     set_border_linestyle(5)
```

（2）表单内设计。

源代码见 code\10\xlwings\xlwings_border.xlsm 文件，打开 Visual Basic 编辑器就可以看到代码。其中，VBA 开头的过程由 VBA 本身来调用，以 "Py" 开头的过程则通过 RunPython() 函数调用，请注意区别。

```
1  # 设置线的样式
2  Sub Py_Border_LineStyle()
3    Dim item As Integer, text As String
4    text = "1-实线；" & Chr(13) & "2-虚线 " & Chr(13) & "3-点画相间线 " & Chr(13)
& "4-画线后跟两个点 " & Chr(13) & "5-点式线 " & Chr(13) & "6-双线 " & Chr(13) & "7-
无线条 " & Chr(13) & "8-倾斜的画线 "
5    item=Application.InputBox("请输入单元格边框线类型 "&Chr(13) &text," 框线类型 ",3)
6    Select Case item
7      Case 1: item = 1
```

```
8          Case 2: item = -4115
9          Case 3: item = 4
10         Case 4: item = 5
11         Case 5: item = -4118
12         Case 6: item = -4119
13         Case 7: item = -4142
14         Case 8: item = 13
15     End Select
16     RunPython("import example_border;example_border.set_border_linestyle
('" & item & " ')")
17 End Sub
18   # 设置边框线的粗细
19 Sub Py_Border_Weight()
20     Dim item As Long, text As String
21     text = "1- 最细 " & Chr(13) & "2- 细 " & Chr(13) & "3- 中等 " & Chr(13)&"4- 粗 "
22     item=Application.InputBox(" 请输入框线粗线值。"&Chr(13)&text,"框线粗细", 4)
23     Select Case item
24         Case 1: item = 1
25         Case 2: item = 2
26         Case 3: item = -4138
27         Case 4: item = 4
28     End Select
29     RunPython("import example_border;example_border.set_border_weight('" &
item & " ')")
30 End Sub
```

其中，第 16 行、29 行代码使用 RunPython() 函数调用 Python 代码，而且从 VBA 向 Python 传递了参数，注意参数传递的写法。

代码执行后，最终的效果如图 10-60 所示。单击名称以 "VBA" 开头的按钮，左边的列表发生变化；单击名称以 "Python" 开头的按钮，右边的列表发生变化，请读者自行测试验证。

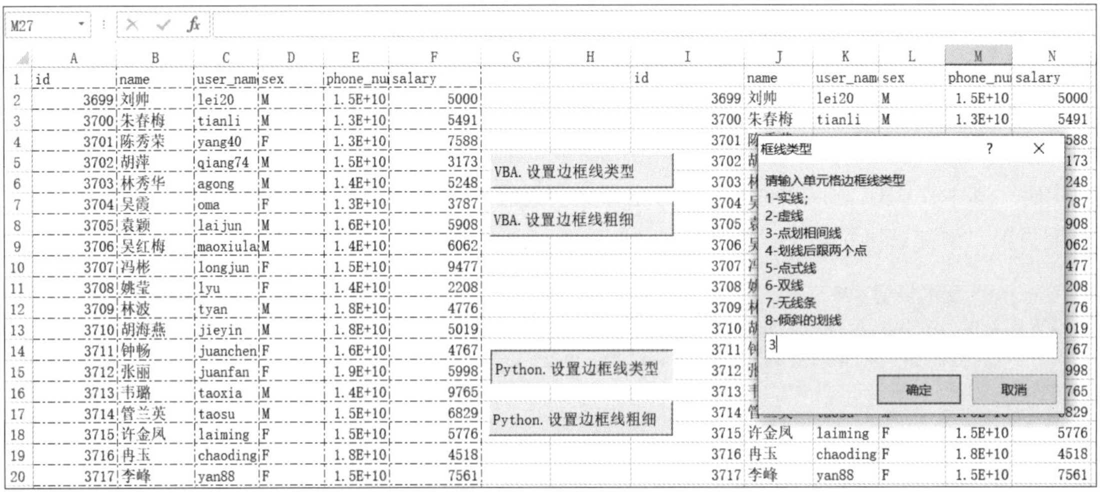

图10-60　代码执行的效果

10.2.10　实战案例——文件的拆分和合并

工作中，如果想将一份 Excel 文件按照部门进行拆分，每个部门单独生成一份文件，或者将每个部门整理的文件汇总为一份总的文件，可以通过 xlwings 库实现。

本例目标：将指定的 Excel 文件按照部门拆分成单个文件，然后把拆分后的文件汇总成一个文件。

最终效果：按照部门拆分文件，将部门文件合并成总的文件。

知识点：工作簿的读取、工作簿之间的复制、单元格的赋值、样式的处理、工作簿的保存、end() 方法和 offset() 方法的使用等。

（1）样式的复制。

在不同工作簿之间进行复制操作，可以这样处理：激活原始工作簿，复制内容到剪贴板，选中目标区域，粘贴。在本例中，为简单起见，只复制标题列的样式，代码如下。

```
wt.activate()
wt.range("A1:O1").copy()
wt2.activate()
wt2.range('A1:O1').select()
wt2.api.Paste()
```

（2）文件拆分。

下列代码演示文件的拆分，源代码见 code\10\xlwings\example_split.py。

```
1   import xlwings as xw
2   import os
3   curpath = os.path.dirname(__file__)
4   filename = os.path.join(curpath, 'example_split.xlsx')
5   def split():
6       app=xw.App(visible=False,add_book=False)
7       app.display_alerts = False
8       app.screen_updating = False
9       wb=xw.Book(filename)
10      wt = wb.sheets[0]
11      wt.activate()
12      wt.range("A1:O1").copy()
13      department=[] #部门列表
14      rng=wt.used_range
15      values=wt.range("A2").expand("table").value   #读取所有数据
16      for i in range(len(values)):
17          depart_name=values[i][11] #获取当前行的部门名称
18          if depart_name not in department:
19              department.append(depart_name)
20      #拆分
21      for x in department:
22          wb2=app.books.add()
23          wt2=wb2.sheets.add(x)
24          list1=[]
```

```
25          for i in range(1,rng.last_cell.row):
26              if i==1: # 带格式复制标题
27                      # 从总表复制到子表
28                  wt2.activate()
29                  wt2.range('A1:O1').select()
30                  wt2.api.Paste()
31              if wt.range('L'+str(i+1)).value==x:
32                  list1.append(wt.range("A"+str(i+1)+":O"+str(i+1)).value)
33          wt2.range("A2").expand('table').value=list1
34          wt2.autofit() # 自动调整
35          savefilename=os.path.join(curpath,'example_split',x+'.xlsx')
36          wb2.save(savefilename)
37          wb2.close()
38          wb.close()
39          app.display_alerts = True
40          app.screen_updating = True
41          app.quit()
42  if __name__=='__main__':
43      split()
```

其中，第 7、8 行代码，第 39、40 行代码中的 display_alerts 属性指是否显示警告信息，设置为 True 则显示警告；screen_updating 属性指屏幕实时更新，设置为 True（默认值）就是打开屏幕实时更新，设置为 False 即关闭屏幕实时更新，可以加速脚本运行。通常脚本运行完毕之后需要把 screen_updating 属性值设置为 True。

第 16 ~ 19 行代码循环获取部门名称并添加至列表，如果部门名称已存在则不再添加。第 21 ~ 33 行代码遍历部门列表，每次增加一个工作簿。第 28 ~ 30 行代码将总表标题行的数据和样式复制到子表；第 31 ~ 33 行代码的作用是当 L 列的值和部门的值一致时，将 A 列到 O 列数据放置到列表中，等本次循环完成后，把列表中的数据赋给新工作表的 A2 列。

代码执行后，系统在相关文件夹下按照部门生成文件，效果如图 10-61 所示。此外，可以对这个例子进行扩展，如果只复制数据、不复制样式，代码该如何编写呢？可以参考源代码 code\10\xlwings\example_split1.py。感兴趣的读者可以试试。

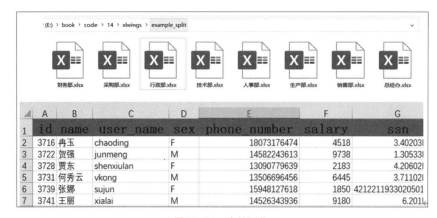

图 10-61　文件拆分

（3）文件合并。

下列代码演示文件的合并，源代码见 code\10\xlwings\example_merge.py。

```
1  import xlwings as xw
2  import os
3  from xlwings import constants
4  curpath = os.path.dirname(__file__)
5  splitpath = os.path.join(curpath, 'example_split')
6  savefilename = os.path.join(curpath, 'example_merge.xlsx')
7  splitfile = []
8  for file in os.listdir(splitpath):
9      splitfile.append(os.path.join(splitpath, file))
10 def merge():
11     try:
12         app = xw.App(visible=False, add_book=False)
13         wb_hz = xw.Book()
14         wt_hz = wb_hz.sheets[0]
15         wt_hz.activate()
16         for index,x in enumerate(splitfile):
17             wb = app.books.open(x)
18             wt = wb.sheets[0]
19             n=wt.range("A1048576").end(constants.Direction.xlUp).row
20             if index==0:
21                 wt.range('A1:O1').copy()
22                 wt_hz.range('A1:O1').select()
23                 wt_hz.api.Paste()
24                 wb.close()
25             else:
26                 rng = wt.range('A2:O'+str(n))
27                 rng.copy()
28                 # 到最后一行进行粘贴
29                 rng_hz=wt_hz.range("A1048576").end(constants.Direction.xlUp).offset(1,0)
30                 rng_hz.select()
31                 wt_hz.api.Paste()
32                 wb.close()
33         wt_hz.autofit()   # 自动调整
34         wb_hz.save(savefilename)
35     except Exception as e:
36         print(e)
37     finally:
38         wb_hz.close()
39         app.quit()
40 if __name__ == '__main__':
41     merge()
```

其中，第 21 ~ 23 行代码对标题的数据和样式进行复制和粘贴，第 26 ~ 32 行代码把每一张子表的区域数据复制粘贴到汇总表的最后一行，从而把多张子表的数据拼接成一张汇总表。

代码执行后，生成 example_merge.xlsx。打开文件可以看到数据和格式全部被复制过来，请读者自行测试验证。

10.3 操作Excel的xlsxwriter库

xlsxwriter 库的功能非常强大，可用于将文本、数字和公式写入多张工作表，支持格式设置，图像、图表、页面设置，单元格合并，条件格式设置，VBA 写入，行高和列宽设置等。

顾名思义，xlsxwriter 库的定位就是新建文件，然后写入。xlsxwriter 库不能用来读取和修改 Excel 文件，也不支持 xls 格式。

10.3.1 xlsxwriter 库的基本操作

xlsxwriter 库的主要功能是生成 Excel 文件，使用 xlsxwriter 库生成 Excel 文件的过程大致分为 5 步。

（1）安装并导入。

```
pip install xlsxwriter
import xlsxwriter
```

（2）创建工作簿对象。

```
import xlsxwriter
wb=xlsxwriter.Workbook(xlsx 文件路径 )
```

（3）添加工作表。

```
wb.add_worksheet(name)
```

其中，参数 name 指工作表名称，若不指定参数则默认是 Sheet1。

（4）关闭。

关闭必须使用 close() 方法，在进行关闭之前，所有的步骤都是在内存中操作的，只有调用 close() 方法后，才能生成 Excel 文件。

```
wb.close()
```

（5）写入数据。

可以通过以下方式写入数据，代码如下。

```
ws.write( 行, 列, 值 )
```

其中，行和列位置从 0 开始计算，(0,0) 代表第 1 行第 1 列，(2,2) 代表第 3 行第 3 列。下列代码的第 2、3 行演示用列标与行号的形式写入数据的方法。

```
ws.write( 单元格坐标, 值 )
ws.write('B1'," 描述 ")
ws.write('C1'," 数量 ")
```

10.3.2　格式处理

使用 xlsxwriter 库可以对样式中的字体等进行设置。

（1）设置格式。

使用工作簿的 add_format() 方式添加格式，示例代码如下。

```
fm=wb.add_format()
# 加粗
fm.set_bold(True)
# 字体
fm.set_font_name(' 微软雅黑 ')
# 颜色
fm.set_font_color('red')
# 数值格式
number_format = wb.add_format({'num_format': '#,##0.00'})
wb.write('C2', 1234.56, number_format)
```

（2）写入格式。

使用工作表的 write() 方法写入格式，其语法格式如下。

```
ws.write(0,0," 名称 ", 格式 )
ws.write('B1'," 描述 ", 格式 )
```

除了上述定义的格式之外，还可以使用更清晰的字典定义。

```
text={'font_name':' 微软雅黑 ',
      'font_size':16,
      'border':True,
      'align':'center'}
text_format = wb.add_format(text)
ws.write('A2'," 这是名称 ",text_format)
```

下列代码演示 xlsxwriter 的用法，源代码见 colde\10\xlsxwriter\xlsxwriter_style.py。

```
1   import xlsxwriter
2   import os
3   curpath = os.path.dirname(__file__)
4   filename = os.path.join(curpath, ' xlsxwriter_style.xlsx ')
5   wb=xlsxwriter.Workbook(filename)
6   ws=wb.add_worksheet(" 第一个 sheet")
7   ws.write(0,0," 名称 ")
8   ws.write('B1'," 描述 ")
9   ws.write('C1'," 数量 ")
10  # 设置每列的宽度
11  ws.set_column('A:A',13)   #A 列宽度
12  ws.set_column('B:C',30)   #B 列、C 列宽度
13  fm=wb.add_format()
14  # 加粗
```

```
15   fm.set_bold(True)
16   # 字体
17   fm.set_font_name(' 微软雅黑 ')
18   # 颜色
19   fm.set_font_color('red')
20   ws.write('B2'," 这是 xlsxwriter 库写入的带格式的数据 ",fm)
21   text={'font_name':' 微软雅黑 ',
            'font_size':16,
            'border':True,
            'align':'center'}
22   text_format = wb.add_format(text)
23   ws.write('A2'," 这是名称 ",text_format)
24   number_format = wb.add_format({'num_format': '#,##0.00'})
25   ws.write('C2', 1234.56, number_format)
26   wb.close()
```

其中，第 7 ~ 9 行代码设置标题，第 21 行设置文本格式，第 23 行代码设置 A2 所使用的文本格式，第 24、25 行代码设置数值格式。代码执行后，生成 xlsxwriter_style.xlsx，文件内容如图 10-62 所示。

图10-62　xlsxwriter库生成的Excel文件

10.3.3　实战案例——学生成绩表

下列代码演示 xlsxwriter 库的综合使用，源代码见 code\10\xlsxwriter\xlsxwriter_student.py。

```
1    import xlsxwriter
2    import os
3    curpath = os.path.dirname(__file__)
4    filename = os.path.join(curpath, 'xlsxwriter_student.xlsx')
5    wb=xlsxwriter.Workbook(filename)
6    ws=wb.add_worksheet(" 学生信息 ")
7    head=[' 编号 ',' 姓名 ',' 科目 ',' 成绩 ']
8    data=[('1',' 张三 ',' 语文 ',100),
            ('2',' 李四 ',' 数学 ',99.5),
            ('3',' 王五 ',' 物理 ',98.5),]
9    # 设置每列的宽度
```

```
10 ws.set_column('A:A',13)   #A 列宽度
11 ws.set_column('B:D',15)   #B 列、C 列和 D 列宽度
12 #header 格式
13 header_format={
   'bold' : True, # 粗体
   'font_name' : '微软雅黑',
   'font_size' : 14,
   'border' : True, # 边框线
   'align' : 'center', # 水平居中
   'bg_color' : '#66CC22' # 背景颜色 }
14 # 文本格式
15 text_format={'font_name':'微软雅黑',
       'font_size':16,
       'border':True,
       'align':'center'     }
16 # 数值格式
17 number_format={'font_name':'微软雅黑',
       'font_size':16,
       'border':True,
       'num_format': '#,##0.00'     }
18 # 添加格式
19 header_formats = wb.add_format(header_format)
20 text_formats = wb.add_format(text_format)
21 number_formats = wb.add_format(number_format)
22 # 输出表头
23 for col,coldata in enumerate(head):
24    ws.write(0,col,coldata,header_formats)
25 # 输出内容
26 for row,rowdata in enumerate(data):
27     for col,coldata in enumerate(rowdata):
28         # 如果是成绩列
29         if col==3:
30             ws.write(row+1,col,coldata,number_formats)
31         else:
32             ws.write(row+1,col,coldata,text_formats)
33 wb.close()
```

其中，第 13 ~ 17 行代码设定表头格式、文本格式，以及数值格式。代码执行后，生成 xlsxwriter_student.xlsx，文件内容如图 10-63 所示。

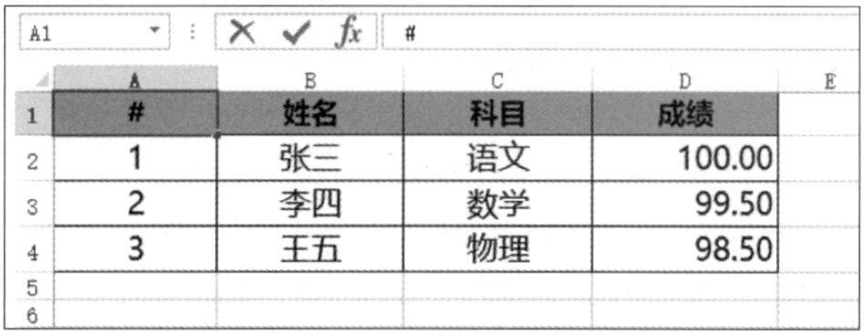

#	姓名	科目	成绩
1	张三	语文	100.00
2	李四	数学	99.50
3	王五	物理	98.50

图10-63 xlsxwriter库综合使用案例效果

▶10.4 操作Excel的几种工具

操作 Excel 的类库众多，各有各的优缺点，这里从以下几个方面进行讨论。

10.4.1 操作系统

win32com 库、xlwings 库，只能在 Windows 操作系统、macOS 操作系统下运行。其他类库在三大操作系统下都可以运行。

10.4.2 文件格式

xlrd 库主要用来读 xls 格式的 Excel 文件。xlwt 库主要用来写 xls 格式的 Excel 文件。xlutils 库结合 xlrd 库可以达到修改 Excel 文件的目的。需要注意的是，必须同时安装这 3 个库。

openpyxl 库读写 xlsx 格式的 Excel 文件。

xlsxwriter 库主要用来生成 xlsx 格式的 Excel 文件，支持图表、公式等。其缺点是不能打开或修改已有文件，意味着使用 xlsxwriter 库需要从零开始。

其他的库对 xls 和 xlsx 这两种格式都支持。

10.4.3 功能

xlwings 库简单强大，拥有丰富的 API，可结合 API 对 Excel 进行深度编程，还可以结合 Pandas 库、Numpy 库、Matplotlib 库轻松应对 Excel 数据处理工作。

openpyxl 库简单易用，操作 xlsx 格式文档的功能丰富。单元格格式、图片、表格、公式、筛选、批注、文件保护等功能应有尽有，但是图表功能有限，带格式复制实现起来较为困难。

Pandas 库是数据分析的必备工具，支持各种数据获取、数据分析。在 Excel 中不容易实现的功能，在 Pandas 库中实现往往很简单。

xlrd 库可以读取 xls 和 xlsx 格式的文件。xlwt 库只能新建 xls 格式的文件，不可以对文件进行修改。xlutils 库可以把 xlrd 库的工作簿转换为 xlwt 库的工作簿，并在现有的 xls 文件基础上修改数据，然后保存为一个新的 xls 文件，从而实现修改。但是 xlutils 库读取带格式的文件效果不佳。

xlsxwriter 库用来写各种复杂的报表，拥有丰富的特性，支持关于图片、表格、图表、筛选、格式、公式等的操作，功能与 openpyxl 库相似。优点是相比 openpyxl 库，还支持 VBA 文件导入、迷你图等功能。

win32com 库是 Python 实现的一套基于微软组件编程的第三方库，可以对 Office 软件进行编程。从命名上可以看出，这是一个处理 Windows 应用的扩展库。该库还支持 Office 软件的众多操作。需要注意的是，该库不单独存在，可通过安装 pywin32 库来获取。

对各个库的使用，笔者根据实际经验建议如下，仅供参考。

（1）如果偏重数据分析，使用 Pandas 库。在 Pandas 库中把数据处理好，可以直接输出，也可以带格式输出。

（2）要从数据库生成 Excel 报表，使用 openpyxl 库或 xlsxwriter 库都可以。

（3）要从模板读取信息再生成文件，推荐使用 xlwings 库、openpyxl 库。

（4）如果会使用 VBA，希望学习 Python 办公自动化，建议使用 xlwings 库。

（5）win32com 库功能强大，几乎没有它实现不了的功能（需要的时候可查看微软 MSDN 帮助文档）。除了操作 Excel，win32com 还能操作 Word 和 PPT。

（6）尽量不要用 xls 格式。因为微软公司 2010 版及以后的 Excel 都使用 xlsx 格式，而且 xls 格式还有文件行数的限制。如果要处理大量的 xls 格式文档，可以批量转换成 xlsx 格式再进行。

（7）如果要在网页中生成 Excel，推荐使用 openpyxl 库与 xlsxwriter 库。

各个库的对比如表 10-2 所示。

表 10-2　　　　　　　各个库对操作系统与文件格式的支持的对比

操作系统与格式	库					
	xlrd/xlwt/xlutils	openpyxl	xlsxwriter	xlwings	win32com	Pandas
Windows	支持	支持	支持	支持	支持	支持
macOS	支持	支持	支持	支持	支持	支持
Linux	支持	支持	支持	不支持	不支持	支持
xls	支持	不支持	不支持	支持	支持	支持
xlsx	支持读，不支持写	支持	支持	支持	支持	支持

10.5　使用ChatGPT实现多张工作表的合并

使用 ChatGPT，我们可以轻松实现多张工作表的合并。通过明确的步骤和技巧，我们可以将分散的数据整合到一张工作表中，以便更方便地进行分析和处理。合并多张工作表可以大大提高工作效率，减少手动操作和错误。同时，通过筛选和整理数据、进行深入的数据分析，我们可以获得更全面的报告。使用 ChatGPT，我们可以简化整个过程，提高数据质量和报告的准确性，为我们的工作带来更多的便利和价值。

具体的操作步骤如下。

（1）结合实际情况分析需求。

将多张 Excel 工作表合并为一张汇总表。读取指定 Excel 文件，该文件包含 id、name、user_name、sex、salary、age、company、department 列。共有技术部、销售部、采购部、人事部、财务部、总经办、行政部、生产部 8 张工作表。然后将这 8 张工作表的数据汇总，命名为"汇总表"。最后将文件重命名保存到同一个文件夹下。

（2）打开 ChatGPT，输入提示词，等待 ChatGPT 给出代码。

对需求进行仔细的分析，要明确需求，并分步详细描述需求。可以用如下的提示词提问。

需求：将多张工作表合并为一张汇总表。

① 文件为 E:\book\code\10\openpyxl\example_sheet_merge_original.xlsx, 包含 id、name、user_name、sex、salary、age、company、department 列。共有技术部、销售部、采购部、人事部、财务部、总经办、行政部、生产部 8 张工作表。

② 请将这 8 张工作表的数据汇总，命名为"汇总表"。表头保持不变。

③ 将文件保存为 E:\book\code\10\openpyxl\example_sheet_merge_chatgpt.xlsx。

将提示词输入 ChatGPT 中，如图 10-64 所示。

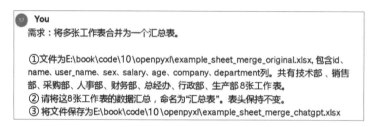

图10-64　输入的提示词

ChatGPT 会很快给出解决方案，部分代码如图 10-65 所示。

图10-65　ChatGPT给出的解决方案

（3）复制代码，并将其粘贴到 VS Code 中。

将 ChatGPT 生成的代码复制到本地的 VS Code 编辑器环境中。源代码见 code\10\10.py。

```
import openpyxl
# 1. 读取原始文件
file_path = r'e:\book\code\10\openpyxl\example_sheet_merge_original.xlsx'
workbook = openpyxl.load_workbook(file_path)
# 2. 创建汇总表
summary_sheet = workbook.create_sheet(title='汇总表')
# 3. 循环遍历每个原始表格并合并数据到汇总表
for sheet_name in ['技术部', '销售部', '采购部', '人事部', '财务部', '总经办',
'行政部', '生产部']:
        original_sheet = workbook[sheet_name]
        # 复制表头到汇总表
        for row in original_sheet.iter_rows(min_row=1, max_row=1):
            for cell in row:
                summary_sheet[cell.column_letter + str(cell.row)] = cell.value
        # 复制数据到汇总表
        for row in original_sheet.iter_rows(min_row=2, values_only=True):
            summary_sheet.append(row)
# 4. 保存新的Excel文件
output_file_path = r'e:\book\code\9\openpyxl\example_sheet_merge_chatgpt.xlsx'
workbook.save(output_file_path)
print(f'合并完成，结果保存在 {output_file_path}')
```

（4）运行代码，如果出错则修改代码。

在 VS Code 环境中运行代码，没有出现错误，说明不需要修改。

（5）检查结果。

代码运行后，检查结果是否符合需求，若不符合则需要修改提示词。实际效果如图 10-66 所示。

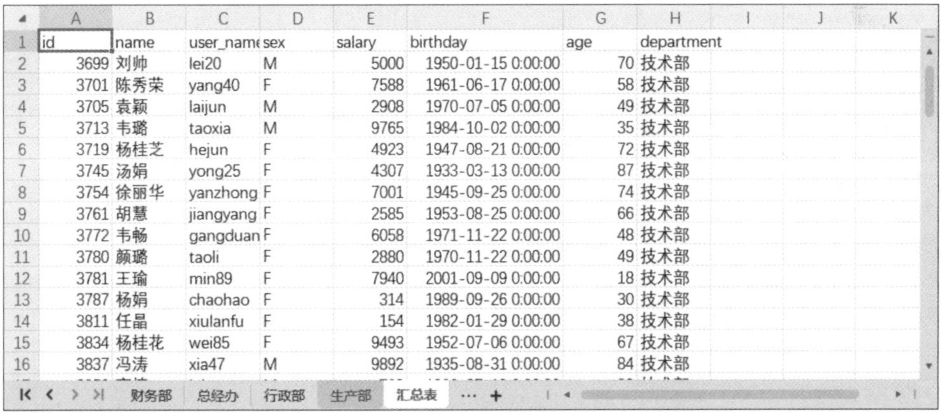

	A	B	C	D	E	F	G	H	I	J	K
1	id	name	user_name	sex	salary	birthday	age	department			
2	3699	刘帅	lei20	M	5000	1950-01-15 0:00:00	70	技术部			
3	3701	陈秀荣	yang40	F	7588	1961-06-17 0:00:00	58	技术部			
4	3705	袁颖	laijun	M	2908	1970-07-05 0:00:00	49	技术部			
5	3713	韦璐	taoxia	M	9765	1984-10-02 0:00:00	35	技术部			
6	3719	杨桂芝	hejun	F	4923	1947-08-21 0:00:00	72	技术部			
7	3745	汤娟	yong25	F	4307	1933-03-13 0:00:00	87	技术部			
8	3754	徐丽华	yanzhong	F	7001	1945-09-25 0:00:00	74	技术部			
9	3761	胡慧	jiangyang	F	2585	1953-08-25 0:00:00	66	技术部			
10	3772	韦畅	gangduan	F	6058	1971-11-22 0:00:00	48	技术部			
11	3780	颜璐	taoli	F	2880	1970-11-22 0:00:00	49	技术部			
12	3781	王瑜	min89	F	7940	2001-09-09 0:00:00	18	技术部			
13	3787	杨娟	chaohao	F	314	1989-09-26 0:00:00	30	技术部			
14	3811	任晶	xiulanfu	F	154	1982-01-29 0:00:00	38	技术部			
15	3834	杨桂花	wei85	F	9493	1952-07-06 0:00:00	67	技术部			
16	3837	冯涛	xia47	M	9892	1935-08-31 0:00:00	84	技术部			

图10-66　代码运行结果

当涉及将多张工作表中的数据合并到一张工作表中时，ChatGPT 生成的代码与手动编写的代码相比，具有一些明显的特点。

首先，ChatGPT 生成的代码更加严谨，具有大量的注释。这使得代码更易于理解和维护，降低了出错的可能性。相比之下，手动编写的代码可能缺乏足够的注释和文档，导致代码可读性较差。

其次，ChatGPT 还会贴心地提示用户确保已经安装了必要的库。这有助于避免因缺少必要的库而导致的错误和问题。相比之下，手动编写的代码可能没有这样的提示，需要用户自行确认所需的库是否已经安装。

最后，ChatGPT 生成的代码具有更好的可扩展性和可维护性。由于代码中使用了大量的注释，因此让人能更容易理解代码的结构和功能，也更容易修改和扩展。相比之下，手动编写的代码可能因缺乏清晰的架构和文档而难以维护和扩展。

第 **11** 章

PDF文档操作自动化和邮件发送

本章介绍 PDF 文档操作的自动化。可以使用 pdfplumber 库获取 PDF 文档的内容，还可以使用 PyPDF2 库打造个性化的功能。此外，还介绍控制邮件发送的功能，通过 Python 让邮件发送更简单。

本章的目标知识点与学习要求如表 11-1 所示。

表 11-1 　　　　　　　　　　　　目标知识点与学习要求

时间	目标知识点	学习要求
第 1 天	• pdfplumber 库的基本操作 • PyPDF2 库的基本操作	• 熟练掌握对 PDF 文档进行简单操作的方法 • 理解对邮件内容和发送时间进行设置的方法
第 2 天	• smtplib 库和 email 库的基本操作	

▶11.1　PDF文档操作自动化

工作中的很多时候会面临以下问题。
- 需要从上百份PDF资料中找出关键字并生成明细。
- 生成一份漂亮的PDF文档。
- 对多个PDF文档进行分割或合并，或进行加密传输。

• 对各个部门上报的PDF资料进行分类统计。

……

在 Python 中，使用功能强大的 PDF 处理库可进行生成文档、分析文本表格、合并和拆分、加密和解密等操作，并且这些操作通过简单的代码就能实现。

11.1.1 使用pdfplumber库解析PDF文档的内容

pdfplumber 是一个可以处理 PDF 格式文档的库，可以用来提取文本字符、表格对象的内容。接下来详细介绍。

1. 安装和导入

使用以下命令进行安装和导入使用。

```
pip install pdfplumber
import pdfplumber
```

2. 文本信息解析

首先打开 PDF 文档，其次获取 page 对象，最后使用 page 对象的 extract_text() 方法进行文本信息解析，该方法返回的是页面所有的文本信息。

下列代码演示 PDF 文档中文本信息的解析，源代码见 code\11\pdf\pdf_pdfplumber.py。

```
1   import pdfplumber
2   import os
3   curpath = os.path.dirname(__file__)
4   pdffilename = os.path.join(curpath, '录取通知书 .pdf')
5   pdf=pdfplumber.open(pdffilename)
6   pages=pdf.pages
7   # 获取第 1 页的内容
8   page=pages[0]
9   print(page.extract_text())
```

其中，第 6 行代码返回一个 PDF 对象中的 pages 列表。代码的执行结果如图 11-1 所示，其中的箭头指向的部分为 PDF 文档的文本信息解析结果。

3. 表格信息解析

可使用 page 对象的 extract_tables() 方法获取表格信息，该方法返回的内容是表格，类型是嵌套列表。

下列代码演示表格信息的解析，源代码见 code\11\pdf\pdfplumber_table.py。

```
1   import pdfplumber
2   import os
3   curpath = os.path.dirname(__file__)
4   pdffilename = os.path.join(curpath, '电子简历 .pdf')
```

```
5    pdf=pdfplumber.open(pdffilename)
6    pages=pdf.pages
7    # 全部显示
8    for x in pages:
9        print(" 当前页数 :",x.page_number)
10       print(" 表格信息 ",x.extract_tables())
```

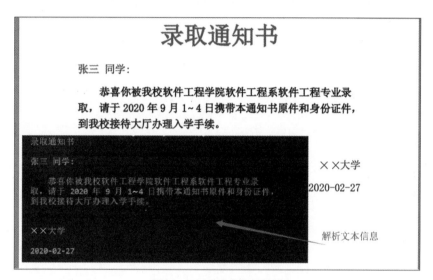

图11-1　文本信息解析结果

其中，第9行代码输出某页的页数，第10行代码输出某页的表格信息。代码的执行结果如图 11-2 所示。

```
当前页数: 1
表格信息 [[['姓名', '崔晶', '性别', 'M', ''], ['民族', '汉', '籍贯', '浙江省', None], ['出生日期', '1976-04-10', '婚姻
状况', '否', None], ['学历', '本科', '身高体重', '171', None], ['联系电话', '156291██████', '邮箱', 'n██████.cn', None],
['求职意向', '月薪2万，程序员', None, None, None], ['专业技能', '精系Python、Java、前端开发', None, None, None], 评价
    ['工作经历', '2018年，任项目经理，酒店机票预定系统 \n2019年，任项目经理，大数据风控系统', None, None, None], ['自我
', '善于沟通、乐于助人、喜欢旅游  音乐', None, None, None]]]
```

图11-2　表格信息解析结果

从测试效果来看，pdfplumber 库还是很不错的，对于大部分 PDF 文档都能正常读取。

11.1.2　使用PyPDF2库打造个性化的功能

想对 PDF 文档随意拆分、合并，如何实现呢？接下来介绍 PyPDF2 库。

PyPDF2 是一个第三方库，能够实现拆分、合并、旋转、加密、解密 PDF 文档等功能。它可以创建一个新的 PDF 文件，但是不能将任何文本内容都写入 PDF，其功能仅限于复制页面、旋转页面、重叠页面和加密文件。也就是说，只能使用 PyPDF2 库处理已存在的 PDF 文档。

1. PyPDF2库的安装

使用 pip 命令安装 PyPDF2 库，代码如下。

```
pip install PyPDF2
```

2. 拆分和合并

PyPDF2 库可以将一个 PDF 文档按照页拆分成多个文档，也可以将多个 PDF 文档合并成一个文档。

（1）文档拆分。

下列代码演示文档的拆分，源代码见 code\11\pdf_split.py。

```
1   from PyPDF2 import PdfFileReader, PdfFileWriter
2   import os
3   curpath = os.path.dirname(__file__)
4   filename = os.path.join(curpath, '录取通知书.pdf')
5   # 拆分 PDF 文档函数
6   def split_pdf(file1):
7       read_pdf = PdfFileReader(file1)
8       # 计算此 PDF 文档的页数
9       n = read_pdf.getNumPages()
10      print(f"文档共有 {n} 页")
11      for i in range(n):
12          writer_pdf = PdfFileWriter()
13          writer_pdf.addPage(read_pdf.getPage(i))
14          file2 = os.path.join(curpath,'split', str(i)+'.pdf')
15          with open(file2, "wb") as f:
16              writer_pdf.write(f)
17      print(f"拆分完毕! ")
18  if __name__ == '__main__':
19      split_pdf(filename)
```

其中，第 11 ~ 16 行代码通过循环，使用 addPage() 方法把每一页添加到一个独立的 pdf 对象，并保存为 PDF 文档。代码执行结果如图 11-3 所示。

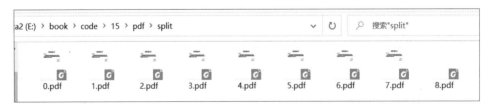

图11-3　文档拆分结果

（2）文档合并。

下列代码演示文档的合并，源代码见 code\11\pdf\pdf_merge.py。

```
1   from PyPDF2 import PdfFileReader, PdfFileWriter
2   import os
3   curpath = os.path.dirname(__file__)
4   file1 = os.path.join(curpath, '电子简历 .pdf')
5   file2 = os.path.join(curpath, '录取通知书 .pdf')
6   file3 = os.path.join(curpath, '合并后的文档 .pdf')
7   # 合并两个 PDF 文档函数，input2 加在 input1 后面
8   def merge_pdf(file1,file2,file3):
9       read_pdf1 = PdfFileReader(file1)
10      read_pdf2 = PdfFileReader(file2)
11      n1 = read_pdf1.getNumPages()    # 计算此 PDF 文档的页数
12      n2 = read_pdf2.getNumPages()    # 计算此 PDF 文档的页数
13      writer_pdf = PdfFileWriter()
14      for i in range(n1):
15          writer_pdf.addPage(read_pdf1.getPage(i))
16      for j in range(n2):
17          writer_pdf.addPage(read_pdf2.getPage(j))
18      with open(file3, "wb") as f:
19          writer_pdf.write(f)
20      print(f" 合并完毕 ")
21  if __name__ == '__main__':
22      merge_pdf(file1,file2,file3)
```

其中，第 11 ～ 17 行代码通过遍历两个文档，使用 addPage() 方法把每一个文档添加到同一个 pdf 对象，第 18、19 行代码将这个 pdf 对象保存为 PDF 文档。代码执行后，生成"合并后的文档 .pdf"，如图 11-4 所示。

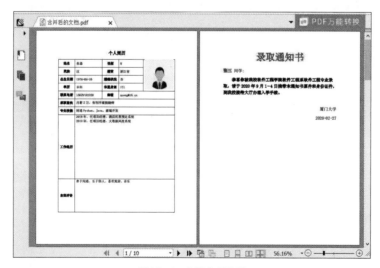

图11-4 文档合并结果

3. 文档旋转

有时候，拿到一份 PDF 文档，发现文档中的部分页面被旋转了 90°、270° 等。在这种情况下，可使用以下方法对其进行旋转。

```
rotateClockwise(90)# 顺时针旋转 90°
rotateCounterClockwise(90)# 逆时针旋转 90°
```

下列代码演示文档的旋转，源代码见 code\11\pdf_rotate.py。

```
1   from PyPDF2 import PdfFileReader, PdfFileWriter
2   import os
3   curpath = os.path.dirname(__file__)
4   file1 = os.path.join(curpath, '录取通知书 .pdf')
5   file2 = os.path.join(curpath, '旋转后的文档 .pdf')
6   # 旋转 PDF 文档
7   def rotate_pdf(file1,file2):
8       read_pdf = PdfFileReader(file1)
9       n = read_pdf.getNumPages()   # 计算此 PDF 文档的页数
10      writer_pdf = PdfFileWriter()
11      for i in range(n):
12          if i<5:
13              page=read_pdf.getPage(i).rotateClockwise(90)# 顺时针旋转
14          else:
15              # 逆时针旋转
16              page=read_pdf.getPage(i).rotateCounterClockwise(90)
17          writer_pdf.addPage(page)
18      with open(file2, "wb") as f:
19          writer_pdf.write(f)
20      print(f" 旋转完毕 ")
21  if __name__ == '__main__':
22      rotate_pdf(file1,file2)
```

其中，第 13 行代码对某页进行顺时针旋转，第 16 行代码对某页进行逆时针旋转。代码执行后，生成"旋转后的文档 .pdf"，如图 11-5 所示。

图 11-5　文档旋转结果

4. 批量加水印

为了保护知识产权，有必要给文档加水印。可使用下列代码进行设置。

```
page.mergePage(watermark_page)
```

下列代码演示给文档批量加水印，源代码见 code\11\pdf_watermark.py。

```
1   from PyPDF2 import PdfFileReader, PdfFileWriter
2   import os
3   curpath = os.path.dirname(__file__)
4   file1 = os.path.join(curpath, '录取通知书.pdf')
5   file2 = os.path.join(curpath, '水印.pdf')
6   file3 = os.path.join(curpath, '加水印后的文档.pdf')
7   #给 PDF 文档加水印
8   def watermark_pdf(file1,file2,file3):
9       read_pdf = PdfFileReader(file1)
10      n = read_pdf.getNumPages()   # 计算此 PDF 文档中的页数
11      watermark_pdf = PdfFileReader(file2)
12      watermark_page=watermark_pdf.getPage(0)
13      writer_pdf = PdfFileWriter()
14      # 通过迭代将水印添加到原始 PDF 文档的每一页
15      for i in range(n):
16          page=read_pdf.getPage(i)
17          # 添加合并后（即添加了水印）的 page 对象到
18          page.mergePage(watermark_page)
19          writer_pdf.addPage(page)
20      with open(file3, "wb") as f:
21          writer_pdf.write(f)
22      print(f"水印设置完毕")
23  if __name__ == '__main__':
24      watermark_pdf(file1,file2,file3)
```

其中，第15～19行代码通过循环语句将水印添加到原始PDF文档的每一页。代码执行后，生成"加水印后的文档.pdf"，如图 11-6 所示。

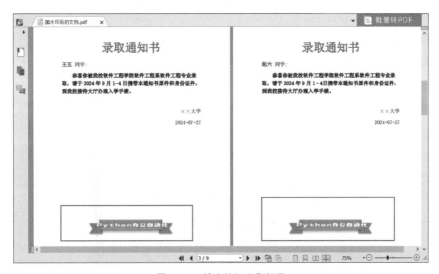

图11-6　给文档加水印结果

5. 加密与解密

为了保证信息的安全，有必要为文档设置访问密码。

（1）加密。

文档加密需要使用写对象的 encrypt() 方法，使用下列代码进行。

```
writer_pdf.encrypt(密码)
```

下列代码演示文档加密，源代码见 code\11\pdf_encrypt.py。

```
1   from PyPDF2 import PdfFileReader, PdfFileWriter
2   import os
3   curpath = os.path.dirname(__file__)
4   file1 = os.path.join(curpath, '录取通知书.pdf')
5   file2 = os.path.join(curpath, '加密后的文档.pdf')
6   # 加密 PDF 文档
7   def encrypt_pdf(file1,file2):
8       read_pdf = PdfFileReader(file1)
9       n = read_pdf.getNumPages()   # 计算此 PDF 文档的页数
10      writer_pdf = PdfFileWriter()
11      for i in range(n):
12          page=read_pdf.getPage(i)
13          writer_pdf.addPage(page)
14      # 添加密码
15      writer_pdf.encrypt("python")
16      with open(file2, "wb") as f:
17          writer_pdf.write(f)
18      print(f"文档加密设置完毕")
19  if __name__ == '__main__':
20      encrypt_pdf(file1,file2)
```

其中，第 7 ~ 18 行代码定义文档加密函数。代码执行后，生成"加密后的文档 .pdf"，打开此文档需要先输入正确的密码，如图 11-7 所示。

图11-7　打开加密的文档时需要输入密码

（2）解密。

文档解密需要使用读取对象的 decrypt() 方法，使用下列代码进行。

```
read_pdf.decrypt("python")
```

下列代码演示文档解密，源代码见 code\11\pdf_decrypt.py。

```
1   from PyPDF2 import PdfFileReader, PdfFileWriter
2   import os
3   curpath = os.path.dirname(__file__)
4   file1 = os.path.join(curpath, '加密后的文档 .pdf')
5   file2 = os.path.join(curpath, '解密后的文档 .pdf')
6   # 解密 PDF 文档
7   def decrypt_pdf(file1,file2):
8       read_pdf = PdfFileReader(file1)
9       read_pdf.decrypt("python")
10      n = read_pdf.getNumPages()   # 计算此 PDF 文档的页数
11      writer_pdf = PdfFileWriter()
12      for i in range(n):
13          page=read_pdf.getPage(i)
14          writer_pdf.addPage(page)
15      with open(file2, "wb") as f:
16          writer_pdf.write(f)
17      print(f" 文档解密设置完毕 ")
18  if __name__ == '__main__':
19      decrypt_pdf(file1,file2)
```

其中，第 7 ~ 17 行代码定义文档解密函数。代码执行后，生成"解密后的文档 .pdf"，此文档可以直接打开，请读者自行测试验证。

11.1.3　实战案例——利用Python将Word文档转为PDF文档

通过程序生成 PDF 文档比较困难，可以换一个思路。首先生成 Word 文档，然后使用 win32com 库将 Word 文档转为 PDF 文档，这样转换基本上能保留 Word 文档的样式。

win32com 库封装了 Windows 操作系统中关于 Office 组件编程的一些东西。使用 win32com 库可以进行一些底层功能的开发，比如将 doc 格式转为 docx 格式，将 doc 格式转为 PDF 格式等，这些功能使用其他库很难实现。

本例目标：把 docx 格式的 Word 文档转换为 PDF 文档。

最终效果：生成一个 PDF 文档。

知识点：win32com 库的使用、os 库的基本用法。

下列代码演示将 Word 文档转为 PDF 文档，源代码见 code\11\pdf\wordtopdf.py。

```
1   from win32com.client import gencache
2   from win32com.client import constants
3   import os
4   curpath = os.path.dirname(__file__)
```

```
5    wordfilename = os.path.join(curpath, '电子简历 .docx')
6    pdffilename = os.path.join(curpath, '电子简历 .pdf')
7    #Word 转 PDF
8    #wordPath: word 文件路径 ,pdfPath:  生成 PDF 文件路径
9    def word_to_pdf(wordPath, pdfPath):
10       if os.path.exists(pdfPath):
11           os.remove(pdfPath)
12       word = gencache.EnsureDispatch('Word.Application')
13       doc = word.Documents.Open(wordPath)
14       doc.ExportAsFixedFormat(pdfPath,constants.wdExportFormatPDF)
15       word.Quit()
16   if __name__ =='__main__':
17       word_to_pdf(wordfilename,pdffilename)
```

其中，第 14 行代码是将 docx 格式转为 pdf 格式的关键。代码执行后生成"电子简历 .pdf"，如图 11-8 所示。

图11-8　Word格式转为PDF文档的结果

11.1.4　实战案例——利用Python将PDF中的表格转为Excel

假如客户发过来一份 PDF 文档，需要对其中的表格信息进行整理并以 Excel 文档的方式发给客户。这就需要获取 PDF 文档中表格信息的文本，再将其做成 Excel 文档。如何实现呢？

本例目标：根据指定的学生成绩的 PDF 文档，解析其中的表格并转换为带格式的 Excel 文档。

最终效果：生成一份带有学习成绩表格的 Excel 文档。

知识点：pdfplumber 库的使用、openpyxl 库的使用、工作簿文件的读取、表格的循环、样式的处理、工作簿的保存等。

下列代码演示解析PDF格式的表格并将其转换为Excel文档，源代码见code\11\example_pdf_excel.py。

```
1   import pdfplumber
2   from openpyxl import Workbook
3   from openpyxl.styles import Font,colors,Alignment,PatternFill,Border,Side
4   import os
5   curpath = os.path.dirname(__file__)
6   pdffilename = os.path.join(curpath, '学生成绩 .pdf')
7   excelfilename = os.path.join(curpath, '学生成绩 .xlsx')
8   workbook = Workbook()
9   sheet = workbook.active
10  sheet["A1"].value='某年级学生考试成绩明细表'
11  def read_table():
12      pdf=pdfplumber.open(pdffilename)
13      pages=pdf.pages
14      for x in pages:
15          table=x.extract_tables()
16          for row in table:
17              for cell in row:
18                  print(cell)
19                  sheet.append(cell)
20  def set_style():
21      # 合并单元格
22      sheet.merge_cells('A1:E1')
23      sheet.merge_cells('A2:A3')
24      sheet.merge_cells('B2:E2')
25      # 设置所有的边框
26      thin = Side(border_style="thin",color=colors.BLACK)
27      border = Border(top=thin, left=thin, right=thin, bottom=thin)
28      for row in sheet.rows:
29          for cell in row:
30              cell.border=border
31      font_style=Font(name='微软雅黑',size=18,italic=False,bold=True,strike=False,vertAlign='baseline')
32      fill1 = PatternFill(fill_type='solid', fgColor=colors.RED)
33      fill2 = PatternFill(fill_type='solid', fgColor=colors.YELLOW)
34      fill3 = PatternFill(fill_type='solid', fgColor=colors.GREEN)
35      fill4 = PatternFill(fill_type='solid', fgColor=colors.BLUE)
36      alignment = Alignment(horizontal='center', vertical='center')
37      sheet['B3'].fill = fill1
```

253

```
38        sheet['C3'].fill = fill2
39        sheet['D3'].fill = fill3
40        sheet['E3'].fill = fill4
41        sheet['B3'].alignment = alignment
42        sheet['C3'].alignment = alignment
43        sheet['D3'].alignment = alignment
44        sheet['E3'].alignment = alignment
45        # 合并单元格的字体样式
46        sheet['A1'].font = font_style
47        sheet['A2'].font = font_style
48        sheet['B2'].font = font_style
49        # 合并的单元格对齐方式
50        sheet['A1'].alignment = alignment
51        sheet['A2'].alignment = alignment
52        sheet['B2'].alignment = alignment
53        # 设置行高
54        sheet.row_dimensions[1].height = 40
55        sheet.row_dimensions[2].height = 30
56        sheet.row_dimensions[3].height = 30
57        # 设置列宽
58        sheet.column_dimensions['A'].width = 20
59        sheet.column_dimensions['B'].width = 20
60        sheet.column_dimensions['C'].width = 20
61        sheet.column_dimensions['D'].width = 20
62        sheet.column_dimensions['E'].width = 20
63        workbook.save(excelfilename)
64 if __name__=='__main__':
65        read_table()
66        set_style()
```

其中，第 22 ~ 24 行代码构造表头。代码执行后，生成"学生成绩 .xlsx"，PDF 文档和 Excel 文档的对比如图 11-9 所示。

图11-9　PDF文档和Excel文档的对比

11.1.5　实战案例——利用Python把PPT文档转为PDF文档

　　若需把 PPT 文档批量转成 PDF 文档，怎么做呢？不用着急，用 Python 中的 win32com 库可以快速搞定。

　　本例目标：将指定文件夹下的 PPT 文档转为 PDF 文档。

　　最终效果：每个 PPT 文档都转成了 PDF 文档。

　　知识点：win32com 库的使用、os 库的基本用法。

　　下列代码演示把 PPT 文档转成 PDF 文档，源代码见 code\11\pdf\example_pptx_pdf.py。

```
1  import win32com
2  import win32com.client
3  from win32com.client import constants
4  import os
5  curpath = os.path.dirname(__file__)
6  pptpath = os.path.join(curpath, 'pptx')
7  # PPT 转为 PDF
8  # inputfilename 为需要打开的 PPT 文档，全路径
9  # filename 为 PPT 文档名
10 def ppt_to_pdf(powerpoint, inputfilename, filename):
11     pdfpath = os.path.join(curpath, 'pdf1', filename[0:-5])
12     pdfpath = pdfpath.replace('/', '\\')
13     pptobj = powerpoint.Presentations.Open(inputfilename)
14     pptobj.SaveAs(pdfpath, constants.ppSaveAsPDF)
15     pptobj.Close()
16 if __name__ == "__main__":
17     try:
18         ppt=win32com.client.gencache.EnsureDispatch('PowerPoint.Application')
19         ppt.Visible = 1
20         ppt.DisplayAlerts = False
21         for dirname, subdir, files in os.walk(pptpath):
22             for f in files:
23                 filename = os.path.join(dirname, f)
24                 filename = filename.replace('/', '\\')
25                 ppt_to_pdf(ppt, filename, f)
26     except Exception as e:
27         print(e)
28     finally:
29         ppt.Quit()
```

　　其中，第 14 行代码是将 PPT 文档转换为 PDF 文档的关键，第 18 行代码表示创建一个 ppt 对象。代码执行后生成 PDF 文档，如图 11-10 所示。

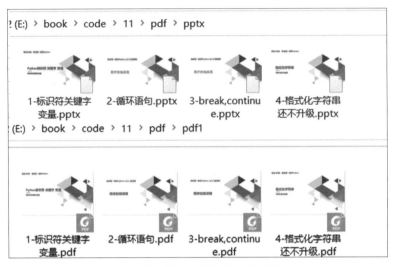

图11-10　将PPT文档转为PDF文档

11.1.6　实战案例——利用Python将PDF文档转为图片

如果想要将 PDF 文档转成一张张图片，如何实现呢？可以使用 fitz 库。

本例目标：将指定文件夹下的 PDF 文档转为图片。

最终效果：每个 PDF 文档都转成一张张图片。

知识点：fitz 库的使用、os 库的基本用法。

下列代码演示把 PDF 文档转为图片，源代码见 code\11\example_pdf_png.py。

```
1  import fitz
2  import glob
3  import os
4  curpath = os.path.dirname(__file__)
5  pdfpath = os.path.join(curpath, 'pdf','*.pdf')
6  savepath = os.path.join(curpath,'png')
7  def pdf2png():
8      pdfs = glob.glob(pdfpath) # 获取所有 PDF 文档的文件名
9      for f in pdfs: # 遍历所有 PDF 文档
10         pdffile = fitz.open(f) # 读取 PDF 文档
11         filename=os.path.split(f)[1]
12         filename=filename.split('.')[0]
13         filepath = os.path.join(savepath,filename)
14         for x in range(pdffile.pageCount):# 根据 PDF 的页数，按页提取图片
15             page = pdffile[x]
16             # 每个尺寸的缩放系数为 1.3
```

```
17              # 此处若不做设置，则图片大小默认为 596px×842px
18              x_1 = 1   #1097*774
19              y_1 = 1   #1097*774
20              mat = fitz.Matrix(x_1, y_1)
21              pix = page.getPixmap(matrix=mat, alpha=False)
22              # 根据每个 PDF 文档名建立文件夹
23              if not os.path.exists(filepath):
24                  os.makedirs(filepath)
25              # 按 PDF 中的页面顺序命名并保存图片
26              pix.writeImage(filepath +'\\'+ f"{x}.png")
27  if __name__=='__main__':
28      pdf2png()
```

代码执行后生成对应 PDF 文档每页的图片，如图 11-11 所示。

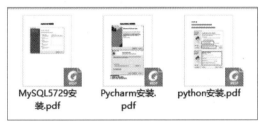

图11-11　将PDF文档转为图片

注意：使用 pip 命令安装 fitz 库，可能会出现好几个错误。如果提示缺失 Microsoft Visual C++ 14.0，请单独下载 traits-6.1.1-cp38-cp38-win_amd64.whl 文件并进行 pip 安装；如果安装成功，但在使用过程中出现提示 "ModuleNotFoundError: No module named 'frontend'"，请使用 pip 命令安装 PyMuPDF 库。

▶11.2　邮件发送

电子邮箱的主要作用是让人们可以在任何地方、任意时间收发邮件，以消除时空的限制。这样可大大提高工作效率，为办公自动化提供很大便利。

邮件一般包含收件人、抄送人、主题、正文、附件等信息。在 Python 中，发送邮件需要两个库：smtplib 库和 email 库。这两个库都是内置的标准库。其中，smtplib 库负责发送邮件，email 库负责构造邮件主体。邮件发送涉及的知识点如图 11-12 所示。

图11-12　邮件发送涉及的知识点

11.2.1　使用smtplib库发送邮件

Python 对 SMTP（Simple Mail Transfer Protocol，简单邮件传输协议）进行了简单的封装，通过 SMTP 类与邮件系统的交互，Python 可以发送纯文本邮件、HTML（HyperText Markup Language，超文本标记语言）邮件，以及带附件的邮件。

1. 基本操作

smtplib 库用法较为简单，分为连接、登录、发送和退出 4 步。

（1）连接。

导入 smtplib 库后，使用 SMTP() 构造函数（其语法格式如下）或使用 connect 函数可以连接 SMTP 目标服务器。

```
smtplib.SMTP(host, port)
```

其中，参数 host 指需要连接的 SMTP 服务器，参数 port 指 SMTP 服务器的端口号，默认为 25。由于现在大部分 SMTP 服务器支持 SSL（Secure Socket Layer，安全套接字层），因此推荐使用以下方式进行连接。

```
smtplib.SMTP_SSL(host,465)
```

（2）登录。

使用 SMTP 对象的 login() 方法登录 SMTP 服务器。

```
smtplib.login(username,password)
```

其中，参数 username 指用来发送邮件的邮箱地址，参数 password 指 SMTP 授权码。

（3）发送。

可使用 Python 中 SMTP 对象的 sendmail() 方法发送邮件，其语法格式如下。

```
smtplib.sendmail(from_addr, to_addrs, msg)
```

其中，参数 from_addr 指邮件发送者的地址；参数 to_addrs 指接收邮件的地址，可以有多个地址（是一个地址列表）；参数 msg 指发送的消息。

（4）退出。

使用 SMTP 对象的 quit() 方法退出。

2．设置授权码

实际开发过程中，login(username,password) 方法中的参数 password 不是指邮箱密码，而是指授权码。接下来介绍如何设置授权码。

以 QQ 邮箱为例，打开邮箱首页，单击"设置"，再单击"账户"选项，如图 11-13 所示。

图11-13　邮箱设置

在账户页面中，向下滚动，找到"POP3/SMTP 服务"并单击其右侧的"开启"超链接，开启后的界面如图 11-14 所示。

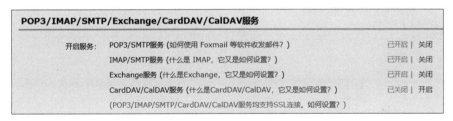

图11-14　开启相关服务

单击"开启"超链接后，进入验证密保的过程，按照页面说明，通过手机短信向指定号码发送相关内容，发送完毕后，单击页面上的"我已发送"按钮，会弹出一个对话框，其中包含 SMTP 授权码，如图 11-15 所示。将其复制下来，以便以后使用。

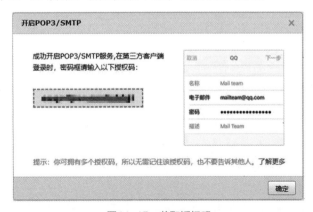

图11-15　获取授权码

3. 简单邮件的发送

下列代码演示简单邮件的发送，源代码见 code\11\mail_simple.py。

```
1   import smtplib
2   def sendmail(sender,receiver,msg):
3       host='smtp.qq.com'
4       port=465
5       username='      @qq.com'
6       password='eaqrl          '    # 这里是授权码
7       try:
8           obj=smtplib.SMTP_SSL(host,port)
9           obj.login(username,password)
10          obj.sendmail(sender,receiver,msg)
11          obj.quit()
12      except Exception as e:
13          print(e)
14  if __name__=="__main__":
15      sender="      @qq.com" # 这里换成自己需要的邮箱
16      receiver=["      @189.cn"]# 这里换成自己需要的邮箱
17      msg="hello world"
18      sendmail(sender,receiver,msg)
```

其中，第 2 ~ 13 行代码定义了邮件发送函数 sendmail()。代码执行后，邮箱应该会收到类似图 11-16 所示的邮件。

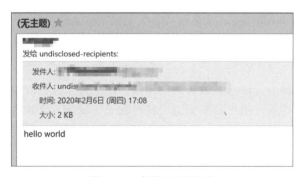

图11-16 简单邮件的发送

11.2.2 使用email库构造邮件

email 库用来构造邮件，负责构造邮件页面中显示的元素，如发件人、收件人、主题、正文、附件等。

在 Python 中如果使用 email 库，需要使用以下代码进行设置。

```
from email.message import EmailMessage
from email.header import Header
```

1. 创建邮件对象

使用 EmailMessage() 类创建邮件对象，然后对类中的邮件标题（subject）、邮件发送者（from）、邮件接收者（to）、抄送（cc）等进行设置。其中，邮件发送者的地址采用"昵称 +< 邮件地址 >"的方式；receiver 指接收者地址，支持多个地址；cc 指抄送地址，支持多个地址；subject 指邮件主题。示例代码如下。

```
title=Header(" 龙哥 ","utf-8")
from_name=f'{title}'
sender=111×××@qq.com
receiver=["111×××@189.cn"]
cc=["111×××@163.com"]
subject=' 需要你的协助 '
msg=EmailMessage()
msg['subject']=subject
msg['from']=f'{from_name}<{sender}>'
msg['to']=','.join(receiver)
msg['cc']=','.join(cc)
```

2. 普通文本邮件

使用邮件消息对象的 set_content(info) 方法可以发送普通文本邮件可使用以下代码进行设置。

```
info=' 这是一封普通文本邮件 '
msg.set_content(info)
```

3. HTML邮件

下列代码演示 HTML 邮件的发送，源代码见 code\11\mail_html.py。

```
1   import smtplib
2   from email.message import EmailMessage
3   from email.header import Header
4   def sendmail(sender,receiver,msg):
5       # ( 省略，具体见源代码 )
6   def htmlmail(info):
7       title=Header(" 龙哥 ","utf-8")
8       from_name=f'{title}'
9       sender="×××@qq.com"
10      receiver=["×××@189.cn"]
11      cc=["×××@163.com"]
12      subject=' 需要你的协助 '
13      # 创建邮件对象
14      msg=EmailMessage()
15      msg['subject']=subject
16      msg['from']=f'{from_name}<{sender}>'
17      msg['to']=','.join(receiver)
```

```
18      msg['cc']=','.join(cc)
19      msg.set_content(info,'html','utf-8')
20      sendmail(sender,receiver+cc,msg.as_string())
21 if __name__=="__main__":
22      info='''
         <html>
<head><title>这是一封测试邮件</title></head>
<body>
<div><h2>下午 4 点开会，在 2 号楼 2111 会议室</h2>
<p><a href='https://www.ptpress.com.cn/'>我是一个超链接，点击我，看看去了哪里</a></p>
</div>
23      '''
24 htmlmail(info)
```

其中，第 19 行代码使用 msg.set_content() 方法设置邮件内容为 HTML 代码。代码执行后发送邮件到相关邮箱，如图 11-17 所示。

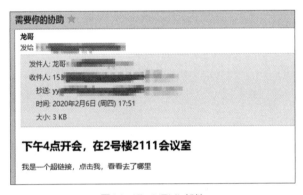

图11-17　HTML邮件

4. 添加附件

可采用邮件消息对象的 add_attachment() 方法进行附件添加，其语法格式如下。

```
msg.add_attachment(content,maintype='image',subtype='png',filename='first.png',
cid=img)
```

该方法支持很多参数，常见的参数如图 11-18 所示。

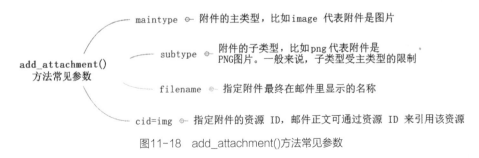

图11-18　add_attachment()方法常见参数

下列代码演示邮件附件的添加，源代码见 code\11\mail_file.py。

```
1  import smtplib
2  from email.message import EmailMessage
3  from email.header import Header
4  import os
5  curpath = os.path.dirname(__file__)
6  filename = os.path.join(curpath, 'mail.png')
7  def sendmail(sender,receiver,msg):
8  #（省略，具体见源代码）
9  def filemail():
10     title=Header(" 龙哥 ","utf-8")
11     from_name=f'{title}'
12     sender="111@qq.com"
13     receiver=["1117@189.cn"]
14     cc=["111@163.com"]
15     subject=' 这是一封附件邮件 '
16     # 创建邮件对象
17     msg=EmailMessage()
18     msg['subject']=subject
19     msg['from']=f'{from_name}<{sender}>'
20     msg['to']=','.join(receiver)
21     msg['cc']=','.join(cc)
22     info='''
   <html>
<head><title> 这是一封附件邮件 </title></head>
<body>
<div>
<p>
<a href='#'> 看看附件 </a></p>
</div>
23     '''
24     msg.set_content(info,'html','utf-8')
25     with open(filename,mode='rb') as f:
26         content=f.read()
27         msg.add_attachment(content,maintype='image',subtype='png',filename='first.png')
28     sendmail(sender,receiver+cc,msg.as_string())
29  if __name__=="__main__":
30     filemail()
```

其中，第 27 行代码使用 msg.add_attachment() 方法添加一张图片，后缀名为"png"。代码执行后发送邮件到相关邮箱，如图 11-19 所示。

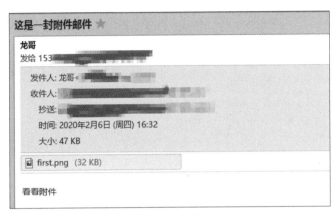

图11-19　带附件的邮件

5. 在邮件内容中显示图片

在邮件内容中显示图片需要3步。

首先，使用 email.utils.make_msgid() 方法生成一个 img_id 作为图片的标志，其语法格式如下。

```
img_id =email.utils.make_msgid()
```

img_id 的格式如 <159686706856.26328.383439672082385720@LAPTOP-PDHE14JK>。

其次，在 HTML 代码中使用图片的时候，使用 img1=img_id[1:-1] 将 img_id 两边的 "<>" 去掉，然后将 IMGL 插入 HTML 代码中，示例代码如下。

```
img1='<img src="cid:'+img_id[1:-1]+'">'
info=f'''
  <html>
<head><title>这是一封图片邮件 </title></head>
<body>
<div>
<p>{img1}
</div>
    '''
```

最后，指定附件的资源ID，也就是 cid=img_id，邮件正文可通过资源 ID 来引用该资源。示例代码如下。

```
msg.set_content(info,'html','utf-8')
with(open(filename,mode='rb')) as f:
    content=f.read()
    msg.add_attachment(content,maintype='image',subtype='png',filename='first.
png',cid=img_id)
```

最后一行代码中增加 cid 参数，关联了之前生成的 img_id，这样在邮件内容里就可以显示图片了。

下列代码演示在邮件内容中显示图片，源代码见 code\11\mail_img.py。

```
1   import smtplib
2   import email.utils
3   from email.message import EmailMessage
4   from email.header import Header
5   import os
6   curpath = os.path.dirname(__file__)
7   filename = os.path.join(curpath, 'mail.png')
8   def sendmail(sender,receiver,msg):
9       #（省略，具体见源代码）
10  def imgshowmail():
11      title=Header(" 龙哥 ","utf-8")
12      from_name=f'{title}'
13      sender="111@qq.com"
14      receiver=["111@189.cn"]
15      cc=["111@163.com"]
16      subject=' 这是一封图片邮件 '
17      # 创建邮件对象
18      msg=EmailMessage()
19      msg['subject']=subject
20      msg['from']=f'{from_name}<{sender}>'
21      msg['to']=','.join(receiver)
22      msg['cc']=','.join(cc)
23      img_id=email.utils.make_msgid()
24      print(img_id)
25      img1='<img src="cid:'+img_id[1:-1]+'">'
26      info=f'''
   <html>
<head><title> 这是一封图片邮件 </title></head>
<body>
<div>
<p>{img1}
</div>
27      '''
28      msg.set_content(info,'html','utf-8')
29      print(info)
30      with open(filename,mode='rb') as f:
31          content=f.read()
32          msg.add_attachment(content,maintype='image',subtype='png',filename='first.png',cid=img_id)
33      sendmail(sender,receiver+cc,msg.as_string())
34  if __name__=="__main__":
35      imgshowmail()
```

代码执行后，发送邮件到相关邮箱，如图 11-20 所示。

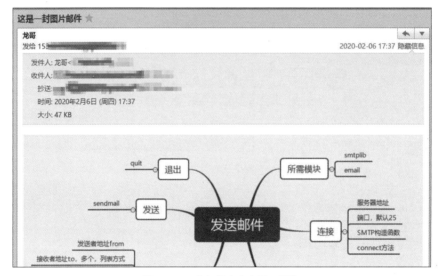

图11-20　在邮件内容中显示图片

11.2.3　实战案例——批量发送招标信息

不少商务人士需要定期获取招标网站上的信息，并第一时间发送邮件给相关人员。如何实现呢？通过邮件发送库可以轻松搞定。

本例目标：根据给定的招标信息，发送邮件给相关人员，邮件带招标内容正文和附件。

最终效果：相关人员收到含有招标信息的、带正文和附件的邮件。

知识点：Excel 文件的读取、xlwings 库的用法等。

（1）根据 Excel 文件信息生成 HTML 格式内容。

首先通过 xlwings 库读取 Excel 招标数据，通过循环语句获取每行数据；然后把数据拼接成一个边线宽度为 1、表头为绿色且内容居中的 HTML 表格。示例代码如下。如果要让界面更美观，可以采用一些专业的 HTML 库来生成。

```python
def build_html_content():
    app=xw.App(visible=False,add_book=False)
    wb=xw.Book(filename)
    wt = wb.sheets[0]
    values=wt.range("A2").expand("table").value  # 读取所有数据
    html='<table border=1><tr  bgcolor="green" align="center"><td>标题 </td><td> 区域 </td><td> 发布时间 </td>'
    for i in range(len(values)):
        html=html+f"<tr><td>{values[i][1]}</td>"
        html=html+f"<td>{values[i][3]}</td>"
        html=html+f"<td>{values[i][4]}</td></tr>"
    wb.close()
```

```
    app.quit()
    return html
```

（2）邮件附件的类型。

设置 add_attachment() 方法中的 maintype 为 "application"，subtype 可以是 "xlsx" "pdf" 等。示例代码如下。

```
·  msg.add_attachment(content,maintype='application',subtype='xlsx',filename=
'2020 年 6 月招标信息 .xlsx')
```

（3）代码编写。

下列代码演示批量发送招标信息，源代码见 code\11\example_mail_zhaobiao.py。

```
1   import smtplib
2   from email.message import EmailMessage
3   from email.header import Header
4   import os
5   import xlwings as xw
6   curpath = os.path.dirname(__file__)
7   filename = os.path.join(curpath, '招标信息 .xlsx')
8   def sendmail(sender, receiver, msg):
9       …
10  def build_html_content():
11      app=xw.App(visible=False,add_book=False)
12      wb=xw.Book(filename)
13      wt = wb.sheets[0]
14      values=wt.range("A2").expand("table").value   #读取所有数据
15      html='<table border=1><tr  bgcolor="green" align="center"><td> 标题 </
td><td> 区域 </td><td> 发布时间 </td>'
16      for i in range(len(values)):
17          html=html+f"<tr><td>{values[i][1]}</td>"
18          html=html+f"<td>{values[i][3]}</td>"
19          html=html+f"<td>{values[i][4]}</td></tr>"
20      wb.close()
21      app.quit()
22      return html
23  def filemail():
24      …
25      info=f'''
    <html>
<head><title>2020 年 6 月招标信息 </title></head>
<body>
<div>
<p>
{build_html_content()}
<p>
招标信息每日快讯 </p>
```

```
   </div>
26    '''
27    msg.set_content(info,'html','utf-8')
28    with open(filename,mode='rb') as f:
29        content=f.read()
30        msg.add_attachment(content,maintype='application',subtype='xlsx',
filename='2020 年 6 月招标信息 .xlsx')
31    sendmail(sender,receiver+cc,msg.as_string())
32 if __name__=="__main__":
33    filemail()
```

其中，第 14 行代码使用 xlwings 库读取 Excel 文档中的所有数据，代码高效简洁。代码执行后发送邮件到相关邮箱，邮件内容如图 11-21 所示。单击附件可以下载招标文件，请读者自行测试。

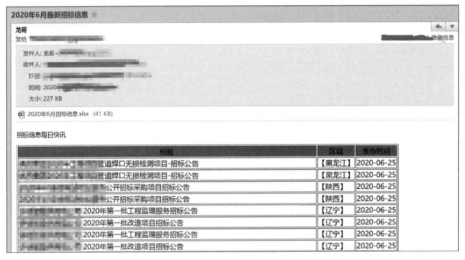

图11-21　邮件内容

11.2.4　实战案例——使用更简单的yamail库发送邮件

如果觉得使用 smtplib 库发送邮件比较烦琐，可以尝试使用 yamail 这个第三方库，这个库最大的特点就是使用简单。安装 yamail 库后，使用 yamail.SMTP() 方法设置好参数，再调用 mail.send() 方法就能完成邮件的发送，语法格式如下。

```
mail.send(to=receiver,cc=cc,subject=subject,contents=info,attachments=filename)
```

其中，参数 to 指邮件接收者，支持多个邮箱地址（构成一个列表）；cc 指抄送，支持多个邮箱地址；subject 指邮件主题；contents 指邮件正文；attachments 指附件，支持多个附件。

下列代码演示通过 yamail 库发送邮件，源代码见 code\11\mail_yamail.py。

```
1  import yamail
2  import os
```

```
3  curpath = os.path.dirname(__file__)
4  filename = os.path.join(curpath, 'mail.png')
5  user = '111@qq.com'
6  password = 'eaqrlpcrznrkbhji'  # 授权码
7  host = 'smtp.qq.com'
8  receiver = ["111@189.cn"]
9  cc = ["111@163.com"]
10 subject='yamail 使用测试 '
11 info=f'''<img src='{filename}' width=400px,height=200px>
<p><a href='#'> 支持文本、HTML、图文、附件 </a></p>    '''
12 mail = yamail.SMTP(host=host, user=user, password=password)
13 mail.send(to=receiver, cc=cc, subject=subject,
              contents=info,attachments=filename)
14 mail.close()
```

代码执行后，相关邮箱会收到邮件，请读者自行验证。

11.2.5　实战案例——通过计划任务定时发送邮件

招标信息不可能时时刻刻都在变化，获取相应数据后，可以在每天的某个时间点，比如早晨 8 点运行程序发送邮件，这就需要设置任务定时触发。常见的定时触发方式有两种，一种是利用 Windows 中的计划任务，另外一种是在 Python 程序中进行定时处理。

（1）使用 Windows 计划任务。

这里以 Windows 10 为例，找到并打开"任务计划程序"，界面如图 11-22 所示。

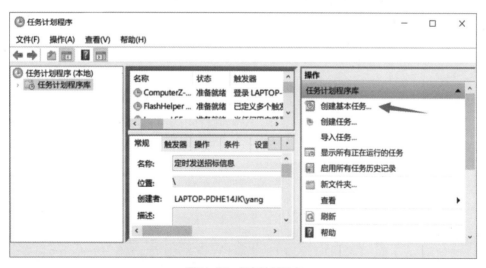

图11-22　任务计划程序

单击"创建基本任务"超链接，在接下来的界面中，设置"名称"为"定时发送招标信息"，设置任务为每天执行，并设置好开始执行的时间点，设置任务执行的操作为"启动程序"，最后打开的界面如图 11-23 所示。

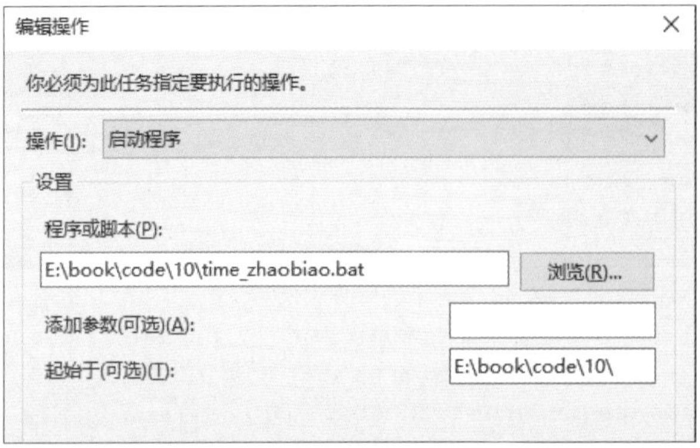

图11-23　通过"任务计划程序"执行"程序或脚本"

"程序或脚本"处要自己设置，一般设置为批处理文件（后缀为".bat"）。这样，设置完成后，每天会定时执行这个批处理文件。

批处理文件 time_zhaobiao.bat 的内容如下列代码所示。

```
@echo on/off
python e:\book\code\10\mail_yamail.py
exit
```

这样，每天就能定时发送最新邮件了。

（2）使用 schedule 库实现定时发送邮件。

schedule 库是一个轻量级的用于定时任务调度的第三方库，使用 pip install schedule 命令进行安装。

schedule 库需要和一个定义好的函数配合使用，其语法格式如下。

```
schedule.every().day.at("10:30").do(job) # 每天的 10 时 30 分执行函数 job
```

其中，at 后的括号里是执行的时间，do 后面的括号里是需要执行的函数。如果该函数带参数，可以这样执行。

```
schedule.every().day.at("10:30").do(job,参数1,参数2) # 每天的 10 时 30 分执行函数 job
```

除此之外，还可以设置各种各样的时间周期控制，代码如下。

```
schedule.every(10).seconds.do(job)# 每隔 10 秒钟执行函数 job
schedule.every(10).minutes.do(job)# 每隔 10 分钟执行函数 job
schedule.every().hour.do(job)# 每隔 1 小时执行函数 job
schedule.every().day.at("10:30").do(job) # 每天的 10 时 30 分执行函数 job
schedule.every().monday.at("12:30").do(job)# 每周一的 12 时 30 分执行函数 job
```

设定好时间周期后，编写以下代码执行。

```
while True:
    schedule.run_pending()
    time.sleep(1)
```

下列代码演示 schedule 库的用法，源代码见 code\11\mail_schedule.py。

```
1   import smtplib
2   import schedule
3   import time
4   def sendmail(sender,receiver,msg):
5       ...
6   if __name__=="__main__":
7       sender="111@qq.com"
8       receiver=["111@189.cn"]
9       msg="hello world"
10      schedule.every().day.at("8:30").do(sendmail,sender,receiver,msg)
11      while True:
12          schedule.run_pending()
13          print("waiting")
14          time.sleep(10)
```

其中，第 10 行代码设置每天早晨 8 时 30 分执行任务；第 11 ~ 14 行代码为循环语句，用来进行任务的监控。代码执行后，会在每天早晨 8 时 30 分发送邮件（当然，程序要一直保持运行）。

11.3 使用ChatGPT对PDF文档加水印

在实际工作中，加水印是一种常用的版权保护手段，尤其是在分享敏感或有价值的文档时。水印可以包含作者信息、公司标识或其他标识符，以确保文档的来源和所有权得到保护。对于包含敏感信息的文档，水印有助于提高其机密性和安全性。

公司等组织还可以通过添加水印来加强品牌标识，如将公司徽标、名称、网站链接等信息添加到文档中。通过在文件上添加水印，可以将文件分类为草稿、审批、正式等不同版本，这有助于更好地组织和管理文件库。

此外，水印还可以包含一些提示或提醒，例如文件的保密级别、禁止打印或分享的提醒等。这些信息可以用来提醒阅读者注意文档的特定要求和限制，以防止信息泄露或出现其他不当行为。

总的来说，合理使用水印，可以有效地保护文档的版权和机密性，同时提高文档的可管理性。在具体应用中，需要根据实际情况选择合适的水印类型和设计，以达到最佳的保护效果。

使用 ChatGPT 对 PDF 文档批量加水印的具体操作步骤如下。

（1）结合实际情况分析需求。

读取指定文件夹下的 PDF 文件，为相应 PDF 文档的所有页面增加水印，添加水印完成后将 PDF 文档保存在同一个文件夹。

（2）打开 ChatGPT，输入提示词，等待 ChatGPT 给出代码。

经过需求分析，我们可以用如下提示词提问。

需求：给 PDF 文件增加图片水印。

① 读取 E:\book\code\11\pdf\ 录取通知书 .pdf 文件。

② 为该 PDF 文件的所有页面增加水印，水印为 E:\book\code\10\pdf\ 水印 .pdf

③ 将添加水印的 PDF 文件保存在 E:\book\code\10\pdf\ 添加水印后的文档 .pdf。

将提示词输入 ChatGPT 中。如图 11-24 所示。

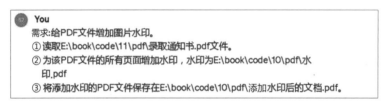

图11-24 输入提示词

ChatGPT 会很给出解决方案，部分代码如图 11-25 所示。

图11-25 ChatGPT给出方案

（3）复制代码，并且粘贴到 VS Code 中。

将 ChatGPT 生成的代码复制到本地的 VS Code 编辑器环境中，代码如下所示。源代码见 code\11\11.py。

```python
import PyPDF2

def add_watermark_to_pdf(input_pdf_path, watermark_image_path, output_pdf_path):
```

```
    # 步骤 1: 读取 PDF 文件
    with open(input_pdf_path, 'rb') as input_pdf:
        pdf_reader = PyPDF2.PdfReader(input_pdf)
        num_pages = pdf_reader.numPages

    # 步骤 2: 为 PDF 文件增加水印
    with open(watermark_image_path, 'rb') as watermark_pdf:
        watermark_reader = PyPDF2.PdfReader(watermark_pdf)
        watermark_page = watermark_reader.getPage(0)

        pdf_writer = PyPDF2.PdfWriter()

        for page_num in range(num_pages):
            pdf_page = pdf_reader.getPage(page_num)
            pdf_page.merge_page(watermark_page)
            pdf_writer.addPage(pdf_page)

    # 步骤 3: 保存添加水印后的 PDF 文件
    with open(output_pdf_path, 'wb') as output_pdf:
        pdf_writer.write(output_pdf)

# 使用示例:
input_pdf_path = r'E:\book\code\10\pdf\ 录取通知书 .pdf'
watermark_image_path = r'E:\book\code\10\pdf\ 水印 .pdf'
output_pdf_path = r'E:\book\code\10\pdf\ 添加水印后的文档 .pdf'
add_watermark_to_pdf(input_pdf_path, watermark_image_path, output_pdf_path)
```

（4）检查运行结果，如果出错则修改代码。

在 VS Code 环境中执行 ChatGPT 给出的这段代码会报错，如下所示。

```
   PyPDF2.errors.DeprecationError: reader.numPages is deprecated and was removed
in PyPDF2 3.0.0. Use len(reader.pages) instead.
   PyPDF2.errors.DeprecationError: addPage is deprecated and was removed in
PyPDF2 3.0.0. Use add_page instead.
```

经过检查，可以知道是因为 PyPDF2 升级后，部分方法、属性不能使用，根据提示更换为新版本的方法、属性即可。

更新后的代码如下所示。

```
import PyPDF2

def add_watermark_to_pdf(input_pdf_path, watermark_image_path, output_pdf_path):
    # 步骤 1: 读取 PDF 文件
    with open(input_pdf_path, 'rb') as input_pdf:
        pdf_reader = PyPDF2.PdfReader(input_pdf)
        num_pages = len(pdf_reader.pages)
```

```
    # 步骤 2: 为 PDF 文件增加水印
    with open(watermark_image_path, 'rb') as watermark_pdf:
        watermark_reader = PyPDF2.PdfReader(watermark_pdf)
        watermark_page = watermark_reader.pages[0]

        pdf_writer = PyPDF2.PdfWriter()

        for page_num in range(num_pages):
            pdf_page = pdf_reader.pages[page_num]
            pdf_page.merge_page(watermark_page)
            pdf_writer.add_page(pdf_page)

    # 步骤 3: 保存添加水印后的 PDF 文件
    with open(output_pdf_path, 'wb') as output_pdf:
        pdf_writer.write(output_pdf)

# 使用示例:
input_pdf_path = r'E:\book\code\10\pdf\ 录取通知书 .pdf'
watermark_image_path = r'E:\book\code\10\pdf\ 水印 .pdf'
output_pdf_path = r'E:\book\code\10\pdf\ 添加水印后的文档1.pdf'

add_watermark_to_pdf(input_pdf_path, watermark_image_path, output_pdf_path)
```

修改代码后再次运行，没有出现错误，说明已不需要修改。

（5）检查结果。

经检查，生成的文档符合需求，如图 11-26 所示。若不符合需求则需修改提示词。

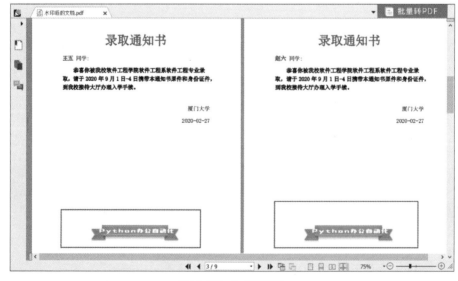

图11-26 生成的文档

第 **12** 章

数据分析与可视化

本章主要介绍使用 Python 对数据进行分析与可视化：通过 Pandas 库获取、清洗和处理数据，通过 Matplotlib 库对数据进行可视化。

对于数据获取部分，本章重点介绍了使用 Pandas 库读 / 写 Excel 文件的相关知识；对于数据处理部分，本章通过使用 Pandas 库和使用 Excel 对比的方式介绍数据排序、分组、合并等知识。

本章精心设计了几个案例，每个案例都能让读者在使用旧知识的同时学习新知识。

本章的目标知识点与学习要求如表 12-1 所示。

表 12-1 目标知识点与学习要求

时间	目标知识点	学习要求
第 1 天	• Pandas 库中 Series 和 DataFrame 的基本操作 • Pandas 库中数据的获取 • Pandas 库中的数据处理	• 熟知 Pandas 库中 Series 和 DataFrame 的异同 • 熟练使用 Pandas 库读 / 写 Excel 文件 • 熟练使用 Pandas 库进行数据的排序、筛选、合并等 • 能使用 Matplotlib 绘制图表 • 能使用 wordcloud 库生成词云
第 2 天	• Matplotlib 库的使用	
第 3 天	• Seaborn 库、jieba 库、wordcloud 库的使用	

12.1 Pandas库

Pandas 库是 Python 的一个数据分析库，是为了完成数据分析任务而开发的。Pandas 库提供了高效操作大型数据集所需的工具，提供了大量能便捷地处理数据的函数和方法。它是 Python 成为强大而高效的数据分析工具的重要因素之一。

用 Pandas 库进行数据分析，先使用 pip 命令安装 Pandas 库。

```
pip install pandas
```

Pandas 库主要有两种数据结构：Series（序列）和 DataFrame（数据框）。

12.1.1 Series 的基本操作

Series 是一个一维数据结构，与 Python 基本的数据结构列表（List）很相近。Series 有两个属性：index（索引）和 values（数据）。Series 能保存不同的数据类型，如字符串、数字等类型。

1. Series的创建

Series 可以通过列表创建，也可以通过字典创建。

（1）通过列表创建 Series 对象。

下列代码演示使用列表创建 Series 对象，源代码见 code\12\series_list.py。

```
1  import pandas as pd
2  s=pd.Series([1,2,3,'abc','456'])
3  print(s)
```

代码的执行结果如下。

```
0      1
1      2
2      3
3    abc
4    456
dtype: object
```

注意：索引的值是从 0 开始递增的整数。

此外，也可以使用预先设置好的索引。

下列代码演示索引的改变，源代码见 code\12\series_index.py。

```
1  import pandas as pd
2  a=pd.Series(data=[1,2,3,'abc','456'],index=[1,2,3,4,5])
3  print(a)
```

其中，第 2 行指第一列索引从 1 开始递增。代码的执行结果如下。

```
1      1
2      2
3      3
4      abc
5      456
dtype: object
```

（2）通过字典创建 Series 对象。

当使用字典创建 Series 对象时，字典的 key 就相当于 Series 的索引，字典的 value 就相当于 Series 的数据。

下列代码演示通过字典创建 Series 对象，源代码见 code\12\series_dict.py。

```
1  import pandas as pd
2  s=pd.Series({" 张三 ":99," 李四 ":100," 小杨 ":95})
3  print(s)
```

代码的执行结果如下。

```
张三      99
李四      100
小杨      95
dtype: int64
```

2. 获取和修改数据

除了使用索引或索引名称对 Series 对象中的数据进行获取和修改之外，还可以通过切片方式进行数据获取。

下列代码演示数据的获取和修改，源代码见 code\12\series_value.py。

```
1  import pandas as pd
2  ser=pd.Series(data=[1,2,3,'hello','python'],index=['a','b','c','d','e'])
3  print(ser[1])
4  print(ser['b'])
5  print(ser[0:2]) # 支持切片
6  print(' 赋值 ')
7  ser[3]=' 张三 '
8  ser['e']=' 李四 '
9  print(ser)
```

其中，第 3、4 行代码的执行结果为 2。第 5 行代码通过切片方式获取数据，执行结果如下。

```
a    1
b    2
dtype: object
```

第 7、8 行代码通过赋值修改数据，第 9 行代码的执行结果如下。

```
a      1
b      2
c      3
d      张三
e      李四
dtype: object
```

12.1.2　DataFrame的基本操作

DataFrame 对象是 Pandas 库中最核心的数据处理结构。DataFrame 是二维的表格型数据结构，可以把这种数据结构看作数据库中的表，或者 Excel 表格。DataFrame 的列称为 columns，行称为 index，DataFrame 的每一列可以是不同类型的值的集合，可以将 DataFrame 理解为 Series 的容器。

1.　DataFrame的创建

DataFrame 中的 index 的值相当于行索引，若不手动赋值，将默认从 0 开始分配。columns 的值相当于列索引，若不手动赋值，也将默认从 0 开始分配。

（1）通过列表创建 DataFrame 对象。

下列代码演示使用列表创建 DataFrame 对象，源代码见 code\12\dataframe_list.py。

```
1  import pandas as pd
2  data=[[1,2,3],[4,5,6],[7,8,9]]
3  s=pd.DataFrame(data)
4  print(s)
```

代码的执行结果如下。

```
   0  1  2
0  1  2  3
1  4  5  6
2  7  8  9
```

注意：默认行索引、列索引都从 0 开始。

（2）通过字典创建 DataFrame 对象。

当使用字典创建 DataFrame 对象时，字典的 key 就相当于 DataFrame 的列索引，字典的 value 就相当于 DataFrame 中的数据。

下列代码演示使用字典创建 DataFrame 对象，源代码见 code\12\dataframe_dict.py。

```
1  import pandas as pd
2  data={"姓名":["张三","李四","小杨"],
   "数学成绩":["100","99","98"],
   "语文成绩":["95","94","93"],
   "英语成绩":["98","89","88"]}
```

```
3   s=pd.DataFrame(data)
4   print(s)
```

代码的执行结果如下。

```
   姓名  数学成绩  语文成绩  英语成绩
0  张三    100     95      98
1  李四     99     94      89
2  小杨     98     93      88
```

2. 索引的处理

DataFrame 中的索引分为行索引和列索引，默认情况下均从 0 开始。也可以自定义索引，添加行索引使用 index，添加列索引使用 columns，此操作称为"重置行列索引值"。

下列代码演示重置行、列索引值，源代码见 code\12\dataframe_index.py。

```
1   import pandas as pd
2   data=[[1,2,3],[4,5,6],[7,8,9]]
3   a=pd.DataFrame(data,columns=["排名1","排名2","排名3"],index=['a','b','c'])
4   print(a)
```

其中，第 3 行代码使用了 columns、index 分别设置列索引、行索引。代码的执行结果如下。

```
   排名1  排名2  排名3
a    1     2     3
b    4     5     6
c    7     8     9
```

在使用字典创建 DataFrame 对象时，Pandas 默认会把字典的 key 作为列索引，也可以通过 columns 设置各列的顺序，代码如下所示。源代码见 code\12\dataframe_index_2.py。

```
1   a=pd.DataFrame(data,columns=["姓名","英语成绩","数学成绩","语文成绩"],index=
['10','11','12'])
2   print(a)
```

代码的执行结果如下。

```
    姓名  英语成绩  数学成绩  语文成绩
10  张三     98     100     95
11  李四     89      99     94
12  小杨     88      98     93
```

还可以使用 set_index() 方法将某列设置为列索引，使用 reset_index() 方法对设置好的索引进行重置。

下列代码演示设置索引和重置索引，源代码见 code\12\dataframe_index_3.py。

```
1   import pandas as pd
2   data={"姓名":["张三","李四","小杨"],
```

```
     "数学成绩":["100","99","98"],
     "语文成绩":["95","94","93"],
     "英语成绩":["98","89","88"]}
3    df=pd.DataFrame(data)
4    df2=df.set_index('姓名')  #设置姓名列为索引
5    print(df2)
6    df3=df2.reset_index()  #重置索引
7    print(df3)
```

其中，第4行代码设置姓名列为索引，代码的执行结果如下。

姓名	数学成绩	语文成绩	英语成绩
张三	100	95	98
李四	99	94	89
小杨	98	93	88

第6行代码重置索引，代码的执行结果如下。

	姓名	数学成绩	语文成绩	英语成绩
0	张三	100	95	98
1	李四	99	94	89
2	小杨	98	93	88

3. 查看数据

使用 head() 方法可以查看数据前几项，使用 tail() 方法可以查看数据后几项。使用 info() 方法可以查看数据类型，以及数据缺失情况。使用 describe() 方法可以查看数据描述统计性信息，以及数据分布的大概情况。

下列代码以数据集文件 pd_viewdata.csv 为例，演示使用 head() 和 tail() 查看数据的方法，源代码见 code\12\pd_viewdata.py。

```
1    import pandas as pd
2    import os
3    curpath = os.path.dirname(__file__)
4    filename = os.path.join(curpath, 'pd_viewdata.csv')
5    df=pd.read_csv(filename)
6    print(df.head(3))
7    print(df.tail(3))
```

其中，第6行代码使用 head() 方法查看数据集开头的数据，3表示要显示的行数，如果不指定参数则默认输出5行数据。第7行代码使用 tail() 方法查看数据集末尾的数据，3表示要显示的行数，如果不指定参数则默认输出5行数据。代码的执行结果如下所示。

	id	name	user_name	sex	salary	age	department
0	3719	杨桂芝	hejun	F	4923	72	技术部
1	3745	汤娟	yong25	M	4307	87	技术部
2	3754	徐丽华	yanzhong	M	7001	74	技术部

```
   id  name  user_name  sex   salary  age  department
48 4188  余畅     liuli    F    3528   67    技术部
49 4192  孙淑兰   bpeng    M    7025   19    技术部
50 4197  马洋     pinggao  F    9343   89    技术部
```

此外，还可以使用 info() 方法输出 DataFrame 对象的信息，代码如下所示。源代码见 code\12\pd_viewdata.py。

```
print(df.info())
```

代码执行后，生成的结果如图 12-1 所示。从图中可以看到当前数据集中总共有 7 列，还能看到每列的名称、非空值数量及数据类型。

另外，还可以使用 describe() 方法对数据中每一列的信息进行统计，其意义在于观察数据的范围、大小、波动趋势等，以便判断后续对数据采用哪类分析模型更合适。该方法默认只计算数值型数据的描述性统计指标，代码如下所示，源代码见 code\12\pd_viewdata.py。

```
1  print(df.describe())
```

代码执行后，生成的结果如图 12-2 所示。从图中可以看到数据集中有 3 个数值型数据列，还可以看到这些列的数值数量、平均值、方差、最小值和最大值等指标的计算结果。

```
<class 'pandas.core.frame.DataFrame'>
RangeIndex: 51 entries, 0 to 50
Data columns (total 7 columns):
 #   Column      Non-Null Count  Dtype
---  ------      --------------  -----
 0   id          51 non-null     int64
 1   name        51 non-null     object
 2   user_name   51 non-null     object
 3   sex         51 non-null     object
 4   salary      51 non-null     int64
 5   age         51 non-null     int64
 6   department  51 non-null     object
dtypes: int64(3), object(4)
memory usage: 2.9+ KB
None
```

图12-1　info()方法执行结果

```
               id       salary          age
count   51.000000    51.000000    51.000000
mean  3982.431373  4466.215686    53.607843
std    145.567889  2999.701074    21.435558
min   3719.000000    32.000000    18.000000
25%   3857.500000  1772.500000    36.000000
50%   3983.000000  4219.000000    55.000000
75%   4117.000000  6967.000000    69.500000
max   4197.000000  9892.000000    89.000000
```

图12-2　describe()方法执行结果

4. 行和列的选择

若要获取 DataFrame 中的行数据，可以使用 loc() 方法或 iloc() 方法。其中，loc() 方法按照索引名称选择数据，iloc() 方法按照索引选择数据。

可以通过下列代码使用 loc() 方法进行行和列的选择，源代码见 code\12\dataframe_loc.py。

```
1  import pandas as pd
2  data=[[1,'刘帅','M',5000],[2,'陈秀荣','F',7588],[3,'袁颖','M',2908]]
3  df=pd.DataFrame(data,columns=["编号","姓名","性别","薪水"],index=['a',
'b','c'])
4  print(df)
5  print(df.loc['a'])    #输出行索引名称为 a 的行，即第 1 行
```

```
6  print(df.loc['a':'c']) # 输出前 3 行
7  print(df.loc[['a','b']]) # 输出行名称为 a 和 b 的行，即第 1、2 行
8  print(' 列操作 ')
9  print(df.loc[:,' 姓名 '])   # 输出列名称为姓名的列，即第 2 列
10 print(df.loc[:,' 编号 ':' 性别 ']) # 输出列名称为编号到性别的列，即第 1 列到第 3 列
11 print(df.loc[:,[' 编号 ',' 性别 ']]) # 输出列名称为编号和性别的列，即第 1 列、第 3 列
12 print(' 单元操作 ')
13 # 输出行名称为 a 到 c 的行，即第 1 行到第 3 行，列名称为编号到性别的列，即第 1 列到第 3 列
14 print(df.loc['a':'c',' 编号 ':' 性别 '])
15 # 输出行名称为 a 和 c 的行，即第 1 行、第 3 行，列名称为编号和性别的列，即第 1 列、第 3 列
16 print(df.loc[['a','c'],[' 编号 ',' 性别 ']])
```

其中，第 5 行代码的执行结果如下。

```
编号         1
姓名        刘帅
性别         M
薪水      5000
Name: a, dtype: object
```

第 6 行代码的执行结果如下。

```
   编号    姓名    性别    薪水
a   1    刘帅     M     5000
b   2    陈秀荣    F     7588
c   3    袁颖     M     2908
```

第 7 行代码的执行结果如下。

```
   编号    姓名    性别    薪水
a   1    刘帅     M     5000
b   2    陈秀荣    F     7588
```

第 9 行代码的执行结果如下。

```
a     刘帅
b    陈秀荣
c     袁颖
Name: 姓名 , dtype: object
```

第 10 行代码的执行结果如下。

```
   编号    姓名    性别
a   1    刘帅     M
b   2    陈秀荣    F
c   3    袁颖     M
```

第 11 行代码的执行结果如下。

```
    编号  性别
a   1  M
```

```
b   2   F
c   3   M
```

第 14 行代码的执行结果如下。

```
    编号   姓名   性别
a   1     刘帅    M
b   2     陈秀荣   F
c   3     袁颖    M
```

第 16 行代码的执行结果如下。

```
    编号   性别
a   1     M
c   3     M
```

此外，使用 iloc() 方法选择行和列的数据可以达到同样的效果，源代码见 code\12\dataframe_iloc.py。

```
1  import pandas as pd
2  data=[[1,'刘帅','M',5000],[2,'陈秀荣','F',7588],[3,'袁颖','M',2908]]
3  df=pd.DataFrame(data,columns=["编号","姓名","性别","薪水"],index=['a',
'b','c'])
4  print(df)
5  print(df.iloc[1])  #输出第2行，索引从0开始，即行索引为b的记录
6  print(df.iloc[0:3]) #输出前3行
7  print(df.iloc[[0,1]]) #输出第1行、第2行
8  print('列操作')
9  print(df.iloc[:,1])  #输出第2列
10 print(df.iloc[:,0:3]) #输出前3列
11 print(df.iloc[:,[0,2]]) #输出第1列、第3列
12 print('单元操作')
13 #输出前3行、前3列
14 print(df.iloc[0:3,0:3])
15 #输出第1行和第3行、第1列和第3列
16 print(df.iloc[[0,2],[0,2]])
```

代码的执行结果与 dataframe_loc.py 的一致，这里不赘述，请读者对比学习。

5．行和列的增、改、删

DataFrame 对象常见的操作有行和列的增、改、删。

（1）增加。

对 DataFrame 对象可以增加行数据，也可以增加列数据。可以通过 append() 方法传入字典数据完成添加，也可以通过 df[自定义列名]=value 方式完成列的添加。如果列的数据不一致，可以传入列表或字典。

下列代码演示行和列的增加，源代码见 code\12\dataframe_add.py。

```
1  import pandas as pd
2  data=[[1,'刘帅','M',5000],[2,'陈秀荣','F',7588],[3,'袁颖','M',2908]]
3  new_data={'编号':4,'姓名':'刘凯','性别':'M','薪水':4000}
4  df=pd.DataFrame(data,columns=["编号","姓名","性别","薪水"])
5  df=df.append(new_data,ignore_index=True) # 添加行数据
6  df['部门']='开发部' # 添加列数据
7  df['身高']=[175,160,168,182]
8  print(df)
```

其中，第 5 行代码使用 append() 方法完成数据添加，如果参数 ignore_index 的值是 True，会忽略 DataFrame 对象原来的 index 而重新排列 index；如果是 False，会沿用 DataFrame 原来的 index。默认值为 False。

第 6 行代码增加名称为"部门"的列，第 7 行代码增加名称为"身高"的列。代码的执行结果如下。

```
   编号 姓名 性别  薪水   部门   身高
0   1  刘帅   M  5000  开发部  175
1   2  陈秀荣  F  7588  开发部  160
2   3  袁颖   M  2908  开发部  168
3   4  刘凯   M  4000  开发部  182
```

（2）修改。

这里的修改指的是使用 rename() 方法对行和列索引名称进行修改。需要注意，设置参数 inplace=True 才能对原有的 DataFrame 对象进行修改。

下列代码演示 rename() 方法的使用，源代码见 code\12\dataframe_rename.py。

```
1  import pandas as pd
2  data=[[1,'刘帅','M',5000],[2,'陈秀荣','F',7588],[3,'袁颖','M',2908]]
3  df=pd.DataFrame(data,columns=["编号","姓名","性别","薪水"],index=['a',
'b','c'])
4  df.rename(index={'a':'aaa'},columns={"编号":"ID"},inplace=True)
5  print(df)
```

代码的执行结果如下。

```
     ID  姓名 性别  薪水
aaa   1  刘帅   M  5000
b     2  陈秀荣  F  7588
c     3  袁颖   M  2908
```

此外，还可以使用 loc() 方法或 iloc() 方法对某个单元格的内容进行修改。DataFrame 对象的每一行数据相当于一个 Series，可以做到对某行进行一次性赋值。

下列代码演示单元格内容的修改，源代码见 code\12\dataframe_rename_1.py。

```
1  import pandas as pd
2  data=[[1,'刘帅','M',5000],[2,'陈秀荣','F',7588],[3,'袁颖','M',2908]]
3  df=pd.DataFrame(data,columns=["编号","姓名","性别","薪水"],index=['a',
'b','c'])
4  df.loc['a','姓名']='张三'    # 行索引名称为 a，列索引名称为姓名的值
5  df.iloc[1,1]='李四' # 第 2 行、第 2 列的值
6  new_data={'编号':4,'姓名':'刘凯','性别':'M','薪水':4000}
7  df.loc['c']=pd.Series(new_data) # 对第 3 行直接赋值
8  print(df)
```

代码的执行结果如下，请读者反复测试。

```
   编号   姓名   性别    薪水
a   1   张三   M   5000
b   2   李四   F   7588
c   4   刘凯   M   4000
```

（3）删除。

删除行或列可使用 drop() 方法，其语法格式如下。

```
df.drop(index,columns,axis=0)
```

其中，参数 index 为行索引名称，columns 为列索引名称，axis 默认为 0（按行处理）。
下列代码演示 drop() 方法的使用，源代码见 code\12\dataframe_drop.py。

```
1  import pandas as pd
2  data=[[1,'刘帅','M',5000],[2,'陈秀荣','F',7588],[3,'袁颖','M',2908],[4,
'刘凯','M',4000]]
3  df=pd.DataFrame(data,columns=["编号","姓名","性别","薪水"])
4  df['部门']='开发部'
5  df['身高']=[175,160,168,182]
6  print(df)
7  new_df=df.drop(3) #删除行
8  print(new_df)
9  print(new_df.drop('身高',axis=1)) #删除列
```

其中，第 7 行代码删除了 DataFrame 对象中的第 4 行数据，代码的执行结果如下。

```
   编号   姓名   性别    薪水    部门    身高
0   1   刘帅   M   5000   开发部   175
1   2   陈秀荣  F   7588   开发部   160
2   3   袁颖   M   2908   开发部   168
```

第 9 行代码删除"身高"列，代码的执行结果如下。

```
   编号   姓名   性别    薪水    部门
0   1   刘帅   M   5000   开发部
1   2   陈秀荣  F   7588   开发部
2   3   袁颖   M   2908   开发部
```

12.1.3 数据获取

Pandas 支持常见数据文件的读取与写入。一般情况下，读取文件的方法以 read_ 开头，而写入文件的方法以 to_ 开头，如图 12-3 所示。

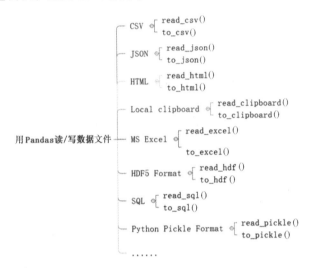

图12-3 用Pandas读/写数据文件

接下来，主要介绍用 Pandas 读 / 写 Excel 文件、CSV 文件的方法和技巧。

1. 读取Excel文件

可使用 read_excel() 方法读取 Excel 文件，其语法格式如下。

```
pd.read_excel(io,sheet_name,header,names,index_col,usecols,converters,skiprows,
nrows,na_values,keep_default_na, parse_dates,date_parser, skipfooter)
```

read_excel() 方法的常用参数介绍如表 12-2 所示。

表 12-2　　　　　　　　　　　read_excel() 方法的常用参数

参数名称	含义
io	Excel 文件的全路径
sheet_name	需要读取 Excel 文件的第几张工作表，既可以传递整数也可以传递具体的工作表名称。如果有多张工作表，返回 DataFrame 中的字典对象 (dict)；如果只有一张工作表，返回 DataFrame 对象；如果要返回全部工作表名称，直接使用 sheet_name=None
header	是否需要将数据集的第一行用作表头，默认为 0（需要）
names	可以通过该参数在读取数据时给数据框添加具体的表头，以列表方式传参
index_col	指定用作 DataFrame 对象的行索引（名称）的列
usecols	读取表格中的指定列

续表

参数名称	含义
converters	通过字典的形式，指定某些列需要转换的形式
skiprows	读取数据时，指定跳过的开始行数
na_values	指定原始数据中代表缺失值的特殊值
skipfooter	读取数据时，指定跳过的末尾行数

接下来重点介绍两个参数的用法。

（1）sheet_name 的用法。

参数 sheet_name 可以为整数、字符串列表或整数列表、None 等，默认为 0。整数用于工作表的索引，字符串用于工作表名称，字符串列表或整数列表用于请求多张工作表，None 用于获取所有工作表。如图 12-4 所示。

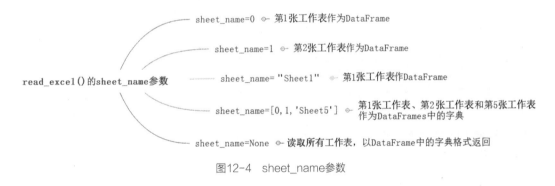

图12-4　sheet_name参数

下列代码演示 sheet_name、nrows 的用法，源代码见 code\12\read_excel_sheet.py。

```
1  import pandas as pd
2  import os
3  curpath = os.path.dirname(__file__)
4  filename = os.path.join(curpath, 'read_excel.xlsx')
5  df=pd.read_excel(filename,sheet_name=' 生产部 ',nrows=3)
6  print(type(df))
7  print(df)
```

其中第 5 行代码读取名称为"生产部"的工作表，并且读取 3 行数据。代码的执行结果如下。

```
<class 'pandas.core.frame.DataFrame'>
    id name user_name sex  salary   birthday  age department
0 3730  郑桂兰    jielai   F    1261 1955-12-11   64       生产部
```

| 1 | 3734 | 谢慧 | jieliang | F | 8948 | 2001-08-31 | 18 | 生产部 |
| 2 | 3751 | 尹莹 | uwu | F | 7237 | 1992-11-09 | 27 | 生产部 |

（2）usecols 的用法。

usecols 的值可以为 None、字符串、列表。值为 None 时，读取整张表；值为字符串时，只能按照 Excel 的格式指定读取的列，如 "A:C" 表示读取 A 列到 C 列的所有列；值为列表时，列表的元素只能是整数类型，如 [1, 4] 表示读取列表内指定的第 2 列和第 5 列。

下列代码演示 usecols 的用法，源代码见 code\12\read_excel_usecols.py。

```
1  import pandas as pd
2  import os
3  curpath = os.path.dirname(__file__)
4  filename = os.path.join(curpath, 'read_excel.xlsx')
5  df=pd.read_excel(filename,sheet_name=1,usecols="A:D", names=["人员编号",
"姓名","昵称","性别"],nrows=3)
6  print(df)
```

其中，第 5 行指读取第二张工作表中从 A 列到 D 列的内容。代码的执行结果如下。

	人员编号	姓名	昵称	性别
0	3700	朱春梅	tianli	F
1	3703	林秀华	agong	F
2	3706	吴红梅	maoxiulan	F

（3）读取多张工作表，以 DataFrame 中的字典格式返回。

下列代码演示读取多张工作表，源代码见 code\12\read_excel_sheets.py。

```
1  import pandas as pd
2  import os
3  curpath = os.path.dirname(__file__)
4  filename = os.path.join(curpath, 'read_excel.xlsx')
5  df=pd.read_excel(filename,sheet_name=None)
6  print(type(df))
7  for x, y in df.items():
8      print(type(y))
9      print(f'{x=},{y=}')
```

其中，第 5 行代码读取全部工作表，第 7 ~ 9 行代码以字典方式读取数据，df 的类型是字典（dict）。字典的 key 表示工作表名，value 表示工作表里的内容。请读者自行测试。

2. 保存Excel文件

可使用 DataFrame 对象的 to_excel() 方法保存 Excel 文件，其语法格式如下。

```
to_excel(self, excel_writer, sheet_name, na_rep, float_format,columns,header,
index, index_label,startrow, startcol, engine,merge_cells, encoding,inf_rep)
```

to_excel() 方法的常用参数含义如表 12-3 所示。

表 12-3　　to_excel() 方法的常用参数

参数名称	含义
excel_writer	指定要保存的 Excel 文件
sheet_name	指默认生成 Excel 文件的工作表名，默认为 Sheet1
na_rep	设置缺失值（NaN）的填充方式。可以设置为字符串，如果设置为布尔值，则值为 0 或 1
header	指定作为列名的行，默认为 0（取第 1 行）。如果数据不含列名，则设为 None
index_label	设置索引列的列名
engine	使用的引擎。可以通过选项 io.excel.xlsx.writer、io.excel.xls.writer 和 io.excel.xlsm.writer 进行设置

（1）基本用法。

下列代码演示 to_excel() 方法的用法，源代码见 code\12\to_excel.py。

```
import pandas as pd
import os
curpath = os.path.dirname(__file__)
filename = os.path.join(curpath, 'to_excel.xlsx')
savefilename = os.path.join(curpath, 'to_excel_1.xlsx')
df=pd.read_excel(filename,sheet_name=0,usecols="B:E", names=[" 人员编号 ",
" 姓名 "," 昵称 "," 性别 "])
print(type(df),df)
df.to_excel(savefilename)
```

代码执行后生成 to_excel_1.xlsx，文件内容如图 12-5 所示。

	A	B	C	D	E
1		人员编号	姓名	昵称	性别
2	0	3699	刘帅	lei20	M
3	1	3701	陈秀荣	yang40	F
4	2	3705	袁颖	laijun	F
5	3	3713	韦璐	taoxia	F
6	4	3719	杨桂芝	hejun	F
7	5	3745	汤娟	yong25	F
8	6	3754	徐丽华	yanzhong	F
9	7	3761	胡慧	jiangyang	F
10	8	3772	韦畅	gangduan	M

图12-5　生成的文件

（2）把多张工作表保存到一个 Excel 文件中。

如果要把开发部、生产部、销售部的数据分别提取到 DataFrame，然后将这 3 个 DataFrame 的数据分别存入同一个 Excel 文件的不同工作表中，如何实现呢？

先看看下列代码，源代码见 code\12\to_excel_sheet.py。

```
 1  import pandas as pd
 2  import os
 3  curpath = os.path.dirname(__file__)
 4  filename = os.path.join(curpath, 'to_excel.xlsx')
 5  savefilename = os.path.join(curpath, 'to_excel_sheet.xlsx')
 6  df1=pd.read_excel(filename,sheet_name=' 技术部 ',usecols="B:E", names=[" 人
员编号 "," 姓名 "," 昵称 "," 性别 "])
 7  df2=pd.read_excel(filename,sheet_name=' 生产部 ',usecols="B:E", names=[" 人
员编号 "," 姓名 "," 昵称 "," 性别 "])
 8  df3=pd.read_excel(filename,sheet_name=' 销售部 ',usecols="B:E", names=[" 人
员编号 "," 姓名 "," 昵称 "," 性别 "])
 9  df1.to_excel(savefilename,sheet_name=' 技术部 ')
10  df2.to_excel(savefilename,sheet_name=' 生产部 ')
11  df3.to_excel(savefilename,sheet_name=' 销售部 ')
```

代码执行后，生成 to_excel_sheet.xlsx 文件，打开后发现只有一张名为"销售部"的工作表，如图 12-6 所示。这是因为 to_excel() 方法会自动覆盖原文件。

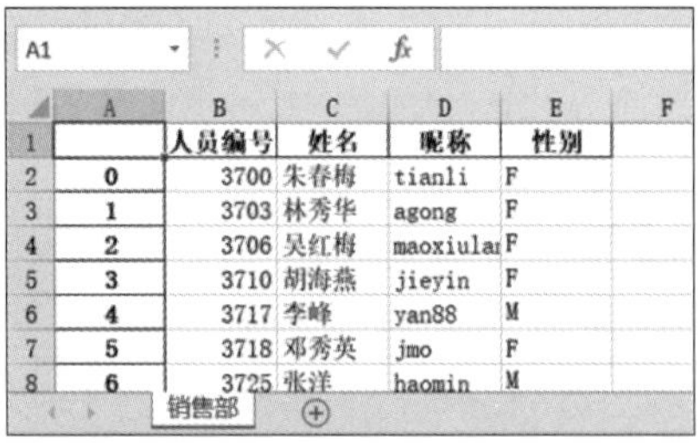

图12-6　只有一张工作表

可以使用 ExcelWriter() 方法来将多个 DataFrame 写入同一个 Excel 文件，其语法格式如下。

```
writer=pd.ExcelWriter(save filename, engine, mode)
```

其中，参数 engine 可以选择 xlsxwriter 库、xlwt 库或 openpyxl 库；参数 mode 可以设置为覆盖模式（w）或追加模式（a），默认是覆盖模式（w）。

下列代码演示把多个 DataFrame 保存到同一个 Excel 文件，源代码见 code\12\to_excel_sheets.py。

```
 1  import pandas as pd
 2  import os
 3  curpath = os.path.dirname(__file__)
 4  filename = os.path.join(curpath, 'to_excel.xlsx')
 5  savefilename = os.path.join(curpath, 'to_excel_sheets.xlsx')
 6  df1=pd.read_excel(filename,sheet_name=' 技术部 ',usecols="B:E", names=[" 人
员编号 "," 姓名 "," 昵称 "," 性别 "])
 7  df2=pd.read_excel(filename,sheet_name=' 生产部 ',usecols="B:E", names=[" 人
```

员编号 "," 姓名 "," 昵称 "," 性别 "])

```
 8  df3=pd.read_excel(filename,sheet_name=' 销售部 ',usecols="B:E", names=[" 人
员编号 "," 姓名 "," 昵称 "," 性别 "])
 9  writer = pd.ExcelWriter(savefilename)
10  df1.to_excel(writer,' 技术部 ')
11  df2.to_excel(writer,' 生产部 ')
12  df3.to_excel(writer,' 销售部 ')
13  writer.save()
```

代码执行后，生成 to_excel_sheets.xlsx，文件内容如图 12-7 所示。

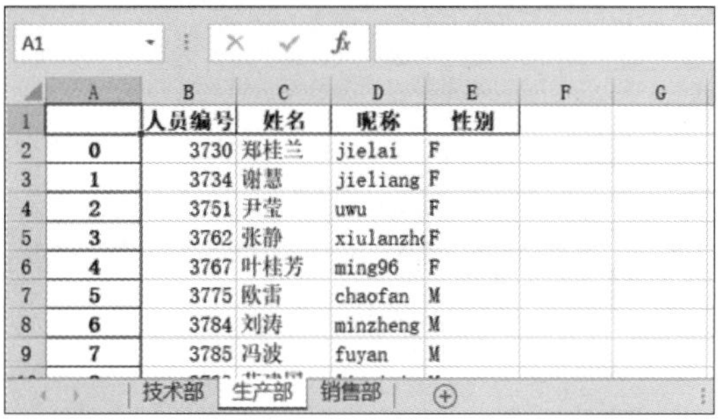

图12-7　将多个DataFrame保存到同一个Excel文件

（3）追加生成。

使用 writer=pd.ExcelWriter(filename) 代码时，如果打开和保存的是同一个文件，保存后会发现原始文件的工作表被新的工作表替代了。这时就需要进行追加生成的操作。

ExcelWriter 类中的参数 mode 用于控制模式是覆盖（w）还是追加（a），这里选择追加。

Pandas 读写 Excel 的引擎，格式如下。格式为 xls 的文件，使用 xlrt 或 xlwt 库；格式为 xlsx 的文件，使用 openpyxl 库、xlsxwriter 库；格式为 xlsm 的宏文件，使用 openpyxl 库。

当 mode='a'，即设置为追加模式时，提示 xlsxwriter 库不支持追加模式（ValueError: Append mode is not supported with xlsxwriter!）。因此，把引擎换成 openpyxl 库。

下列代码演示追加生成文件，源代码见 code\12\to_excel_sheets_append.py。

```
 1  import pandas as pd
 2  import os
 3  curpath = os.path.dirname(__file__)
 4  filename = os.path.join(curpath, 'to_excel_sheets_append.xlsx')
 5  df1=pd.read_excel(filename,sheet_name=' 技术部 ',usecols="B:E", names=[" 人
员编号 "," 姓名 "," 昵称 "," 性别 "])
 6  df2=pd.read_excel(filename,sheet_name=' 生产部 ',usecols="B:E", names=[" 人
员编号 "," 姓名 "," 昵称 "," 性别 "])
 7  df3=pd.read_excel(filename,sheet_name=' 销售部 ',usecols="B:E", names=[" 人
员编号 "," 姓名 "," 昵称 "," 性别 "])
 8  writer = pd.ExcelWriter(filename,engine='openpyxl', mode='a')
 9  df1.to_excel(writer,' 技术部 1')
```

```
10 df2.to_excel(writer,'生产部1')
11 df3.to_excel(writer,'销售部1')
12 writer.save()
```

其中，第 8 行代码使用 openpyxl 库来完成追加操作。代码执行后，打开 to_excel_sheets_append.xlsx 文件，会发现原有工作表的后面增加了新的工作表，如图 12-8 所示。

图12-8　追加生成的文件

（4）带格式生成。

ExcelWriter 类的默认引擎为 xlsxwriter 库，如果选择了 openpyxl 库，需要使用 openpyxl 库的代码。

首先，使用 Workbook.add_format() 方法生成样式，代码如下所示。

```
fmt = Workbook.add_format({
        'font_name':'微软雅黑', 'font_size':16, 'font_color':'red', 'border':
True, 'align':'center', })
```

然后可以使用下列代码进行设置。

```
worksheet1.set_row(0, cell_format=fmt) #设置行
worksheet1.set_column('A:D', 20, cell_format=fmt)  # 设置列
#条件格式,如果type不是空白则按照格式fmt来处理
worksheet1.conditional_format('A2:D10', {'type': 'no_blanks','format': fmt})
```

下列代码演示带格式生成，源代码见 code\12\to_excel_sheets_style.py。

```
1  import pandas as pd
2  import os
3  import pandas.io.formats.excel
4  curpath = os.path.dirname(__file__)
5  filename = os.path.join(curpath, 'to_excel_sheets_style.xlsx')
6  savefilename = os.path.join(curpath, 'to_excel_sheets_style_1.xlsx')
7  pandas.io.formats.excel.ExcelFormatter.header_style = None
8  df1=pd.read_excel(filename,sheet_name='技术部',usecols="A:D", names=["人员
编号","姓名","昵称","性别"])
```

```
 9  writer = pd.ExcelWriter(savefilename)
10  df1.to_excel(writer,'技术部1',index=False)
11  worksheet1 = writer.sheets['技术部1']
12  Workbook=writer.book
13  header_format = Workbook.add_format({
14      'bold' : True, #粗体
15      'font_name' : '微软雅黑',
16      'font_size' : 20,
17      'border' : True, #边框线
18      'align' : 'center', #水平居中对齐
19      'bg_color' : '#66CC22' #背景颜色
20      })
21  content_format = Workbook.add_format({
22      'font_name':'微软雅黑',
23      'font_size':16,
24      'font_color':'red',
25      'border':True,
26      'align':'center',
27      })
28  #设置表头样式
29  worksheet1.set_row(0, cell_format=header_format)
30  # 设置列宽
31  worksheet1.set_column('A:D', 20)
32  worksheet1.conditional_format('A2:D10', {'type': 'no_blanks','format':
content_format})
33  writer.save()
34  writer.close()
```

其中，第13～20行代码设置表头的样式，第21～27行代码设置内容的样式，第32行代码设置A2:D10区域，如果有内容则设置为红色，否则不处理。代码执行后，生成 to_excel_sheets_style_1.xlsx，文件内容如图12-9所示。

	人员编号	姓名	昵称	性别
1	人员编号	姓名	昵称	性别
2	3699	刘帅	lei20	M
3	3701	陈秀荣	yang40	F
4	3705	袁颖	laijun	F
5	3713	韦璐	taoxia	F
6	3719	杨桂芝	hejun	F
7	3745	汤娟	yong25	F
8	3754	徐丽华	yanzhong	F
9	3761	胡慧	jiangyang	F
10	3772	韦畅	gangduan	M
11	3780	颜璐	taoli	F
12	3781	王瑜	min89	F
13	3787	杨娟	chaohao	F

图12-9 带格式生成的文件

3. 读取CSV文件

可使用 read_csv() 方法读取 CSV 格式的文件，其语法格式如下。

```
pd.read_csv(filepath_or_buffer, sep, header, names, index_col, usecols, engine,
converters, skiprows, nrows, na_values, keep_default_na, parse_dates, date_parser,
encoding, skipfooter, skip_footer)
```

read_csv() 方法的常用参数介绍如表 12-4 所示。

表 12-4　　　　　　　　　　read_csv() 方法的常用参数

参数名称	含义
filepath_or_buffer	可以是文件路径，也可以是 URL（统一资源定位符）地址
sep	分隔符，默认是逗号
header	指定是否需要将数据集的第一行用作表头，默认为 0，表示需要
names	可以通过该参数在读取数据时给 DataFrame 对象添加具体的表头，以列表方式传参
index_col	指定用作 DataFrame 对象的行索引（名称）的列
usecols	读取表格中的指定项
converters	通过字典的形式，指定需要转换的列的形式
skiprows	读取数据时，指定跳过的开始行数
na_values	指定原始数据中代表缺失值的特殊值
skipfooter	读取数据时，指定跳过的末尾行数

（1）基本用法。

下列代码演示 read_csv 的基本用法，源代码见 code\12\read_csv.py。

```
1  import pandas as pd
2  import os
3  curpath = os.path.dirname(__file__)
4  filename = os.path.join(curpath, 'read_csv.csv')
5  df=pd.read_csv(filename,sep=',',nrows=3)
6  print(type(df))
7  print(df)
```

代码的执行结果如下所示。

```
<class 'pandas.core.frame.DataFrame'>
     id name user_name sex  salary  age department
0  3719  杨桂芝      hejun   F    4923   72        技术部
1  3745   汤娟    yong25   F    4307   87        技术部
2  3754  徐丽华  yanzhong   F    7001   74        技术部
```

（2）converters 的用法。

设置参数 converters 可以在读取文件的时候对列数据进行变换。

下列代码演示 converters 的用法，源代码见 code\12\read_csv_converters.py。

```
1  import pandas as pd
2  import os
3  curpath = os.path.dirname(__file__)
4  filename = os.path.join(curpath, 'read_csv.csv')
5  df=pd.read_csv(filename,sep=',', encoding="gb2312",
converters={"salary":lambda x:int(x)+1000 } ,nrows=5)
6  print(df)
```

其中，第 5 行代码将 salary 列的数值增加了 1000。这里使用了 lambda 函数，lambda 函数是指一类无须定义标识符（函数名）的函数。代码的执行结果如图 12-10 所示。

```
     id name  user_name sex  salary  age
0  3719  杨桂芝     hejun   F    5923
1  3745  汤娟      yong25   F    5307
2  3754  徐丽华   yanzhong  F    8001
3  3761  胡慧    jiangyang  F    3585
4  3772  韦畅     gangduan  M    7058
```

图12-10　converters用法的执行结果

4. 保存CSV文件

可使用 DataFrame 对象的 to_csv() 方法保存 CSV 文件，其语法格式如下。

```
DataFrame.to_csv(path_or_buf, sep, na_rep, float_format, columns, header, index,
index_label, mode, encoding, compression, chunksize, tupleize_cols,date_format)
```

to_csv() 方法的常用参数如表 12-5 所示。

表 12-5　　　　　　　　　　　to_csv() 方法的参数

参数名称	含义
path_or_buf	指定要保存的 CSV 文件
sep	输出文件的字段分隔符
na_rep	设置缺失值（NaN）的填充方式。可以设置为字符串，如果设置为布尔值，则改为 0 或 1
columns	选择要输出的列
header	指定作为列名的行，默认为 0（取第 1 行）。如果数据不含列名，则设定 header=None
index	指定是否显示行索引，默认为 True，表示显示行索引。若为 False 则不显示行索引
index_label	设置索引列的名称

下列代码演示 to_csv() 方法的用法，源代码见 code\12\to_csv.py。

```
1  import pandas as pd
2  import os
3  curpath = os.path.dirname(__file__)
4  filename = os.path.join(curpath, 'to_csv.csv')
5  savefilename = os.path.join(curpath, 'to_csv_1.csv')
6  df=pd.read_csv(filename,usecols=[0,1,2,3],names=["人员编号","姓名","昵称","性别"])
7  print(df)
8  df.to_csv(savefilename,index=False,columns=["人员编号","姓名"],encoding="utf_8_sig") # 防止出现中文乱码
```

其中，第 8 行代码使用了 utf_8_sig 编码，以防止出现中文乱码。代码执行后，生成 to_csv_1.csv，文件内容只有两列，没有索引列，如图 12-11 所示。

	A	B
1	人员编号	姓名
2	id	name
3	3699	刘帅
4	3701	陈秀荣
5	3705	袁颖
6	3713	韦璐
7	3719	杨桂芝
8	3745	汤娟
9	3754	徐丽华
10	3761	胡慧

图12-11　to_csv()方法的执行结果

12.1.4 数据清洗

虽然 Pandas 在数据分析方面的功能非常强大，但是数据分析结果的可靠性在很大程度上依赖于数据质量的好坏。这相当于做饭，厨艺再怎么高超，也需要好的食材。由于业务流程、技术等原因，数据或多或少存在着缺失、格式不统一、异常、重复等情况。这个时候，就需要对数据做清洗工作。接下来进行详细介绍。

1. 缺失值的处理

（1）检查数据。

打开数据集 Excel 文件 data_na_check.xlsx，按下“Ctrl+G”组合键，单击“定位条件”按钮，在“定位条件”对话框中选择“空值”，可以看到有 3 列存在缺失值，如图 12-12 所示。

在 Python 中，使用 info() 方法可以查看每一列的缺失值情况。

下列代码演示 info() 的用法，源代码见 code\12\data_na_check.py。

```
import pandas as pd
import os
curpath = os.path.dirname(__file__)
filename = os.path.join(curpath, 'data_na_check.xlsx')
```

```
df=pd.read_excel(filename,sheet_name='技术部',nrows=5)
print(df.info())
```

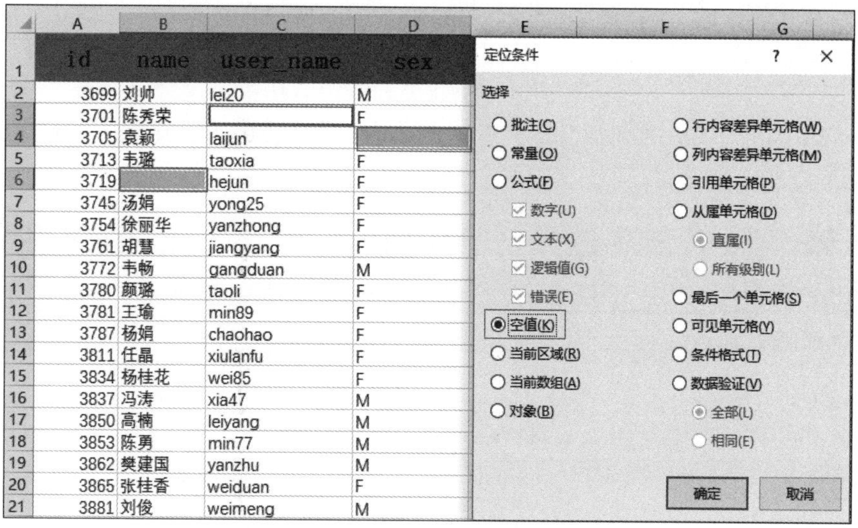

图12-12　查看Excel文件中的缺失值

代码的执行结果如图 12-13 所示。可以看到 name、user_name、sex 列各有 4 个非空值，其他列各有 5 个非空值，说明这 3 列均有一个空值。

```
<class 'pandas.core.frame.DataFrame'>
RangeIndex: 5 entries, 0 to 4
Data columns (total 9 columns):
 #   Column      Non-Null Count  Dtype
---  ------      --------------  -----
 0   id          5 non-null      int64
 1   name        4 non-null      object
 2   user_name   4 non-null      object
 3   sex         4 non-null      object
 4   salary      5 non-null      int64
 5   birthday    5 non-null      datetime64[ns]
 6   age         5 non-null      int64
 7   department  5 non-null      object
 8   date_time   5 non-null      datetime64[ns]
dtypes: datetime64[ns](2), int64(3), object(4)
memory usage: 488.0+ bytes
None
```

图12-13　info()方法的执行结果

此外，还可以使用 isnull() 方法查看空值，但是生成的结果是 True/False，这使得数据量大的时候很难一眼看出哪些数据缺失。isnull() 方法的代码如下所示，源代码见 code\12\data_na_check.py。

```
print(df.isnull())
```

代码的执行结果如图 12-14 所示。

	id	name	user_name	sex	salary	birthday	age	department	date_time
0	False	False	False	False	False	False	False	False	False
1	False	False	True	False	False	False	False	False	False
2	False	False	False	True	False	False	False	False	False
3	False	False	False	False	False	False	False	False	False
4	False	True	False	False	False	False	False	False	False

图12-14　isnull()方法的执行结果

使用 isnull().any() 方法也可以判断哪些列存在缺失值。代码如下所示，源代码见 code\12\data_na_check2.py。

```
print(df.isnull().any())
```

代码的执行结果如图 12-15 所示，这个结果非常清晰，可以直接看到 name、user_name、sex 这 3 列存在缺失值。

```
id            False
name          True
user_name     True
sex           True
salary        False
birthday      False
age           False
department    False
date_time     False
dtype: bool
```

图12-15　isnull().any()方法的执行结果

还可以使用 df[df.isnull().values==True] 只显示 df 中存在缺失值的行、列，清楚地确定缺失值的位置。代码如下所示，源代码见 code\12\data_na_check.py。

```
print(df[df.isnull().values==True])
```

代码的执行结果如图 12-16 所示，结果中直接显示有缺失值的数据。

	id	name	user_name	sex	salary	birthday	age	department
1	3701	陈秀荣	NaN	F	7588	1961-06-17	58	技术部
2	3705	袁颖	laijun	NaN	2908	1970-07-05	49	技术部
3	3713	NaN	taoxia	F	9765	1984-10-02	35	技术部

图12-16　df[df.isnull().values==True]的执行结果

如何处理缺失值呢？一般有两种方式，一种是删除数据，另外一种是填充数据。接下来分别进行介绍。

（2）缺失值的删除。

在 Python 中，可使用 dropna() 方法进行缺失值的删除操作，只要某行存在缺失值，该行就会被删除。

下列代码演示 dropna() 的用法，源代码见 code\12\data_na_dropna.py。

```
...
1  filename = os.path.join(curpath, 'data_na_dropna.xlsx')
2  df=pd.read_excel(filename,sheet_name=' 技术部 ',nrows=5)
```

```
3  print(df)
4  print(df.dropna())  # 该方法默认删除含有缺失值的行
```

代码的执行结果如图 12-17 所示，原始数据有 5 行，其中 3 行有缺失值，删除后剩下 2 行。

```
      id  name  user_name  sex  salary  birthday     age  department
0  3699.0  刘帅      lei20    M  5000.0  1991-01-15  30.0       技术部
1  3701.0  陈秀荣        NaN    F  7588.0  1961-06-17  58.0       技术部
2  3705.0  袁颖      laijun  NaN  2908.0  1972-07-05  49.0       技术部
3  3713.0  韦璐     taoxia    F  9765.0  1986-10-02  35.0       技术部
4     NaN  NaN        NaN  NaN     NaN         NaT   NaN        NaN
      id  name  user_name  sex  salary  birthday     age  department
0  3699.0  刘帅      lei20    M  5000.0  1991-01-15  30.0       技术部
3  3713.0  韦璐     taoxia    F  9765.0  1986-10-02  35.0       技术部
```

图12-17　dropna()方法的执行结果

另外，还可以使用 dropna(how='all') 方法删除那些全部为空值的行，不全为空值的行不会被删除。代码如下所示，源代码见 code\12\data_na_dropna.py。

```
print(df.dropna(how='all'))
```

代码的执行结果如图 12-18 所示，全部为空值的行被删除了。

```
      id  name  user_name  sex  salary  birthday     age  department
0  3699.0  刘帅      lei20    M  5000.0  1991-01-15  30.0       技术部
1  3701.0  陈秀荣        NaN    F  7588.0  1961-06-17  58.0       技术部
2  3705.0  袁颖      laijun  NaN  2908.0  1972-07-05  49.0       技术部
3  3713.0  韦璐     taoxia    F  9765.0  1986-10-02  35.0       技术部
4     NaN  NaN        NaN  NaN     NaN         NaT   NaN        NaN
      id  name  user_name  sex  salary  birthday     age  department
0  3699.0  刘帅      lei20    M  5000.0  1991-01-15  30.0       技术部
1  3701.0  陈秀荣        NaN    F  7588.0  1961-06-17  58.0       技术部
2  3705.0  袁颖      laijun  NaN  2908.0  1972-07-05  49.0       技术部
3  3713.0  韦璐     taoxia    F  9765.0  1986-10-02  35.0       技术部
```

图12-18　dropna(how='all')方法的执行结果

（3）缺失值的填充。

若不能直接删除缺失值，则需要对缺失值进行填充。可使用 fillna() 方法进行填充，该方法的语法格式如下。

```
fillna(value,method,axis,inplace,limit,downcast)
```

其中，参数 value 指用于填充空值的值；参数 method 可以选择 backfill、bfill、pad、ffill 或 None，默认值为 None（pad 和 ffill 表示用前面行 / 列的值填充当前行 / 列的空值；backfill 和 bfill 表示用后面行 / 列的值填充当前行 / 列的空值；None 表示不用 method 而改用参数 value 指定填充值）。

参数 axis 指轴。值为 0 或 index 时，表示按行填充；值为 1 或 columns 时，表示按列填充。

参数 inplace 指是否原地替换。它是布尔类型，默认为 False。如果为 True，则在原 DataFrame 上进行操作，返回值为 None。

下列代码演示 fillna() 方法的使用，源代码见 code\12\data_fillna.py。

```
...
1  filename = os.path.join(curpath, 'data_na_dropna.xlsx')
```

```
2  df=pd.read_excel(filename,sheet_name=' 销售部 ',nrows=5)
3  print(df)
4  print(df.fillna(0)) # 对全部缺失值进行填充
5  print(df.fillna({'sex':'M'})) # 单列进行填充
6  print(df.fillna({'user_name':'test','salary':2000})) # 对多列进行填充
7  mean_val = df['salary'].mean()
8  df['salary'].fillna(mean_val, inplace=True) # 采用均值填充
9  print(df)
```

其中，第 4 行代码对全部缺失值用 0 填充，代码的执行结果如图 12-19 所示。

	id	name	user_name	sex	salary	age	department	date_time
0	3700	朱春梅	NaN	F	5491.0	39	销售部	2000-01-01
1	3703	林秀华	agong	F	5248.0	28	销售部	2003-01-01
2	3706	吴红梅	maoxiulan	NaN	NaN	51	销售部	2013-05-23
3	3710	胡海燕	jieyin	F	1019.0	33	销售部	2003-01-01
4	3717	李峰	yan88	F	7561.0	27	销售部	2013-11-06

	id	name	user_name	sex	salary	age	department	date_time
0	3700	朱春梅	0	F	5491.0	39	销售部	2000-01-01
1	3703	林秀华	agong	F	5248.0	28	销售部	2003-01-01
2	3706	吴红梅	maoxiulan	0	0.0	51	销售部	2013-05-23
3	3710	胡海燕	jieyin	F	1019.0	33	销售部	2003-01-01
4	3717	李峰	yan88	F	7561.0	27	销售部	2013-11-06

图12-19　将全部NaN填充为0

第 5 行代码对 sex 列的缺失值用值 M 进行，代码的执行结果如图 12-20 所示。

	id	name	user_name	sex	salary	age	department	date_time
0	3700	朱春梅	NaN	F	5491.0	39	销售部	2000-01-01
1	3703	林秀华	agong	F	5248.0	28	销售部	2003-01-01
2	3706	吴红梅	maoxiulan	M	NaN	51	销售部	2013-05-23
3	3710	胡海燕	jieyin	F	1019.0	33	销售部	2003-01-01
4	3717	李峰	yan88	F	7561.0	27	销售部	2013-11-06

图12-20　进行单列填充

第 6 行代码对多列的缺失值用指定的值填充，代码的执行结果如图 12-21 所示。

	id	name	user_name	sex	salary	age	department	date_time
0	3700	朱春梅	test	F	5491.0	39	销售部	2000-01-01
1	3703	林秀华	agong	F	5248.0	28	销售部	2003-01-01
2	3706	吴红梅	maoxiulan	NaN	2000.0	51	销售部	2013-05-23
3	3710	胡海燕	jieyin	F	1019.0	33	销售部	2003-01-01
4	3717	李峰	yan88	F	7561.0	27	销售部	2013-11-06

图12-21　进行多列填充

第 8 行代码采用均值对 salary 列的缺失值进行填充，代码的执行结果如图 12-22 所示。

	id	name	user_name	sex	salary	age	department	date_time
0	3700	朱春梅	NaN	F	5491.00	39	销售部	2000-01-01
1	3703	林秀华	agong	F	5248.00	28	销售部	2003-01-01
2	3706	吴红梅	maoxiulan	NaN	4829.75	51	销售部	2013-05-23
3	3710	胡海燕	jieyin	F	1019.00	33	销售部	2003-01-01
4	3717	李峰	yan88	F	7561.00	27	销售部	2013-11-06

图12-22　采用均值填充

2. 异常值的处理

异常值指在数据集的同一项指标中与其他观测值存在很大差异的数据点，也称为离群点。它的存在会对数据分析产生干扰，因此检测异常值并进行适当的处理是十分必要的。

异常值保留还是删除，需要根据具体情况而定。异常值可能也包含着重要的信息。删除异

常值简单，但是可能会导致分析结果不准确。可以把异常值视为缺失值进行填充。

　　箱形图（Box-plot）是一种用来显示一组数据分布情况的统计图，可以用于异常值的检测。箱形图的介绍如图 12-23 所示。

　　箱体中间的一条线表示数据的中位数；箱体的上下线，分别表示数据的上四分位数和下四分位数。这意味着箱体包含了 50% 的数据。因此，箱体的长度在一定程度上反映了数据的波动程度。上、下边缘线，代表非异常范围的最大、最小值，超出了这个边缘的数，可以认为是异常值。

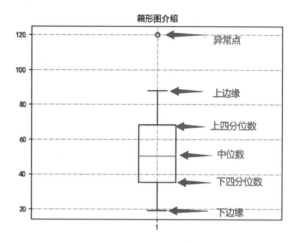

图12-23　箱形图的介绍

　　下列代码演示用箱形图展示测试数据集中人员年龄的分布情况，源代码见 code\12\data_outlier.py。

```
1  import pandas as pd
2  import matplotlib
3  import matplotlib.pyplot as plt
4  import os
5  curpath = os.path.dirname(__file__)
6  filename = os.path.join(curpath, 'data_na_dropna.xlsx')
7  df=pd.read_excel(filename,sheet_name=' 销售部 ')
8  print(df)
9  matplotlib.rcParams['font.sans-serif'] = ['SimHei']   # 用黑体显示中文
10 plt.boxplot(df['age'],vert=True)    #vert=True 表示箱形图为竖向的
11 plt.grid(linestyle='-.')
12 plt.title(" 人员年龄箱形图 ")
13 plt.show()
```

　　其中，第 9 ～ 13 行代码代表 Matplotlib 库的图表绘制。

　　代码执行后生成的箱形图如图 12-24 所示。

3. 重复值的处理

　　重复值就是数据集中存在的多条相同的数据。重复值一般保留一条，其他的删除。在 Python 中，可使用 duplicated() 方法判断是否存在重复值；可使用 drop_duplicates() 方法删除重复值，默认保留第一次出现的重复值。drop_duplicates() 方法语法格式如下。

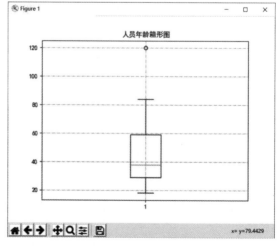

图12-24　箱形图

```
data.drop_duplicates(subset,keep,inplace)
```

其中，参数 subset 指要去重的列名，默认值为 None，表示考虑所有列。

keep='first' 表示保留第一次出现的重复行，是默认值。

keep='last' 表示删除重复项，保留最后一次出现的重复行。

keep=False 表示删除所有重复项。

inplace=True 表示直接在原来的 DataFrame 上删除重复项，默认值为 False，表示生成副本。

下列代码演示重复值的判断操作，源代码见 code\12\data_repeat.py。

```
1  import pandas as pd
2  import os
3  curpath = os.path.dirname(__file__)
4  filename = os.path.join(curpath, 'data_na_dropna.xlsx')
5  df=pd.read_excel(filename,sheet_name=' 采购部 ',nrows=5)
6  print(df)
7  print(df['name'].duplicated())
8  print(df.duplicated())
```

其中，第 7 行代码输出 name 列重复的数据，执行的结果如图 12-25 所示，值为 True 的表示该行的 name 列中的值为重复值。

```
     id name user_name sex  salary  age department date_time
0  3768 张金凤    ndeng  F    3541   20       销售部 2004-01-01
1  3783 张金凤     nxia  F    7793   39       销售部 2003-01-26
2  3783  张帆      nxia  F    7793   39       销售部 2003-01-26
3  3783  张帆      nxia  F    7793   39       销售部 2003-01-26
4  3806  侯雷   jingpan  M    7008   19       销售部 2002-01-01
0     False
1     True
2     False
3     True
4     False
Name: name, dtype: bool
```

图12-25　重复值的判断结果

第 8 行代码输出完全重复的数据，代码的执行结果如下所示，值为 True 表示该行所有列的数据均为重复值。

```
0     False
1     False
2     False
3     True
4     False
dtype: bool
```

可通过 drop_duplicates() 方法进行去重，该方法默认判断所有列的值，如果都相同，则认为该行是重复值。另外，也可以根据某列进行去重，代码如下，源代码见 code\12\data_repeat2.py。

```
1  print(df.drop_duplicates())# 所有列相同，则认为该行为重复值
2  print(df.drop_duplicates('name'))  # 根据某一列判断
```

代码的执行结果如图 12-26 所示。

```
     id  name  user_name  sex  salary  age  department  date_time
0  3768  张金凤     ndeng    F    3541   20       销售部   2004-01-01
1  3783  张金凤     nxia     F    7793   39       销售部   2003-01-26
2  3783  张帆      nxia     F    7793   39       销售部   2003-01-26
4  3806  侯雷    jingpan    M    7008   19       销售部   2002-01-01
     id  name  user_name  sex  salary  age  department  date_time
0  3768  张金凤     ndeng    F    3541   20       销售部   2004-01-01
2  3783  张帆      nxia     F    7793   39       销售部   2003-01-26
4  3806  侯雷    jingpan    M    7008   19       销售部   2002-01-01
```

图12-26　去重操作结果

12.1.5　数据处理

可以利用 Pandas 对数据进行快速读取、转换、过滤、分析等一系列操作，Pandas 可谓数据处理利器。

1. 数据排序

数据排序是指按一定规则对数据进行整理、排列，为数据的进一步处理做准备。接下来介绍通过 Excel 和 Python 两种方式实现数据排序。

（1）用 Excel 实现。

在 Excel 中排序，打开 Excel 文件 t_person_info.xlsx，选择列（比如 salary 列），然后单击"排序和筛选"按钮，选择升序、降序，或者自定义排序，就可以完成排序。如图 12-27 所示。

图12-27　Excel中的排序

（2）用 Python 实现。

在 Pandas 中，可以使用 sort_values() 方法进行排序，其语法格式如下。

```
df.sort_values(by,axis,ascending, inplace, na_position)
```

其中，参数 by 指列的名称或索引值；参数 axis 为 0（默认）或 index，则按照指定列中的

数据大小排序，若 axis 为 1 或 columns 则按照指定索引中的数据大小排序；参数 ascending 指排序规则，默认为 True（升序）；参数 inplace 指是否用排序后的数据集替换原来的数据，默认为 False，即不替换。

使用 sort_values() 方法可以根据某个字段或多个字段对数据进行排序。

可以通过下列代码对数据按照薪水、部门进行排序，源代码见 code\12\pd_sort.py。

```
1  import pandas as pd
2  import os
3  cur_path=os.path.dirname(__file__)
4  df=pd.read_excel(os.path.join(cur_path,"t_person_info.xlsx"),nrows=50)
5  print(df.sort_values("salary",ascending=False, inplace=False))
6  df.sort_values(["department","salary"],ascending=[True,False],inplace=True)
7  print(df)
```

其中，第 5 行代码对 salary 列数据进行降序排列，代码的执行结果如图 12-28 所示。

	id	name	user_name	sex	salary	合并列	age	department	date_time	year_time
0	3766	牛秀兰	chao55	F	9972	NaN	24	总经办	2003-01-01	2003
2	4042	邓秀芳	xiaoguiying	F	9958	NaN	34	技术部	2004-01-01	2004
7	3817	张彬	bren	M	9838	NaN	34	生产部	2004-01-01	2004
8	3963	韩桂芝	ming45	F	9833	NaN	50	行政部	2004-01-01	2004
9	3909	张秀芳	jing16	F	9793	NaN	45	技术部	2002-03-23	2002
10	3835	雷瑜	yong04	F	9790	NaN	30	采购部	2015-12-19	2015

图12-28　降序排列操作

第 6 行代码对数据按照 department 列升序、salary 列降序的方式排列，代码的执行结果如图 12-29 所示。

	id	name	user_name	sex	salary	合并列	age	department	date_time	year_time
15	3818	陆璐	jiangming	F	9765	NaN	61	人事部	2007-01-01	2007
38	3890	李颖	lei88	F	9281	NaN	35	人事部	2002-01-01	2002
40	4093	凌桂珍	weidu	F	9273	NaN	44	人事部	2019-05-20	2019
0	3766	牛秀兰	chao55	F	9972	NaN	24	总经办	2003-01-01	2003
11	3924	祖琴	yan39	F	9783	NaN	48	总经办	2013-07-14	2013
12	3777	黄霞	yong01	F	9778	NaN	47	总经办	2003-02-14	2003
26	4180	陈瑞	na44	M	9477	NaN	36	总经办	2008-01-01	2008
43	3803	王平	junxiong	M	9180	NaN	36	总经办	2002-01-01	2002

图12-29　对两列数据进行排序操作

2. 数据筛选

数据筛选指让数据只显示满足条件的。数据筛选在整个数据处理流程中处于重要的地位。

（1）用 Excel 实现。

打开 Excel 文件 t_person_info.xlsx，同时选择多列，比如 sex 列和 salary 列，然后单击"排序和筛选"按钮，选择"筛选"，这时在选择的列上会出现筛选按钮，单击 sex 列的筛选按钮，选择"F"，如图 12-30 所示。单击 salary 列的筛选按钮，选择"数字筛选"，在弹出的对话框中，选择 salary 大于 9900 元，如图 12-31 所示。

最终筛选后的结果如图 12-32 所示。

图12-30 筛选sex列

图12-31 筛选salary列

A	B	C	D		E	F	G	H	I	J
id	name	user_name	sex		salary	合并列	age	department	date_time	year_time
3766	牛秀兰	chao55	F		9972		24	总经办	2003/1/1	2003
4042	邓秀芳	xiaoguiying	F		9958		34	技术部	2004/1/1	2004

图12-32 筛选的结果

（2）用 Python 实现。

筛选条件有多个时需使用 & 符号连接，各条件需要使用括号分别括起来。部分列名的选择需要用两对方括号。

下列代码演示数据筛选，源代码见 code\12\pd_where.py。

```
1  import pandas as pd
2  import os
3  cur_path=os.path.dirname(__file__)
4  df=pd.read_excel(os.path.join(cur_path,"t_person_info.xlsx"))
5  print(df[df["salary"]>9900])
6  print(df[(df["salary"]>9900)&(df["sex"]=='F')])
7  result=df[(df["salary"]>9900)&(df["sex"]=='F')][["name","sex","salary"]]
8  print(result)
```

其中，第 5 行代码筛选 salary 大于 9900 的数据，代码的执行结果如下。

```
     id name   user_name sex salary 合并列 age department date_time
0  3766 牛秀兰     chao55   F   9972 NaN  24       总经办 2003-01-01
1  3789 郝建        lima   M   9970 NaN  86       采购部 2005-01-01
2  4042 邓秀芳 xiaoguiying   F   9958 NaN  84       技术部 2004-01-01
```

第 6 行代码筛选 salary 大于 9900 并且 sex 为 F 的数据，代码的执行结果如下。

```
     id name   user_name sex salary 合并列 age department date_time
0  3766 牛秀兰     chao55   F   9972 NaN  24       总经办 2003-01-01
2  4042 邓秀芳 xiaoguiying   F   9958 NaN  84       技术部 2004-01-01
```

第 7 行代码筛选 salary 大于 9900 并且 sex 为 F，列名为 name、sex、salary 的数据，代码的执行结果如下。

```
   name  sex  salary
0  牛秀兰   F    9972
2  邓秀芳   F    9958
```

3. 数据列合并

数据列合并指将两列或多列数据合并为一列，并插入至指定位置。数据列合并在数据处理中很常见。

（1）用 Excel 实现。

打开 Excel 文件 code\12\t_person_info_hebing.xlsx，在 D 列右侧插入一列，名称为“合并列”，在 E2 处输入公式“=B2&C2&D2”，列之间使用 & 进行连接，然后按 Ctrl+Shift+Enter 组合键使公式生效。如图 12-33 所示。

SUM　　=B2&C2&D2

	A	B	C	D	E
1	id	name	sex	salary	合并列
2	3707	冯彬	M	9477	=B2&C2&D2
3	3720	董兵	M	1537	董兵F1537
4	3744	张雪梅	F	9635	张雪梅F9635
5	3763	王秀梅	F	9026	王秀梅F9026
6	3769	辛伟	M	7206	辛伟F7206
7	3796	郑玉珍	F	5154	郑玉珍F5154
8	3798	叶丹丹	F	4749	叶丹丹F4749
9	3820	白建军	M	5985	白建军F5985
10	3825	秦瑜	F	6364	秦瑜F6364

图12-33　用Excel实现数据列合并

（2）用 Python 实现。

在 Python 中，使用 df[" 合并列名称 "]=df[" 列 1"]+df[" 列 2"]+df[" 列 n"] 进行数据列合并。默认合并列会插在最后一列。如果要插入指定位置，可以使用 df.columns() 方法调整列索引。

下列代码演示数据列合并和指定插入位置，源代码见 code\12\pd_hebing.py。

```
1  import pandas as pd
2  import os
3  cur_path=os.path.dirname(__file__)
4  df=pd.read_excel(os.path.join(cur_path,"t_person_info_hebing.xlsx"))
5  # 合并列，会插在最后一列
6  df[" 合并列测试 "]=df["name"]+df["department"]+df["salary"].map(str)
7  print(df)
8  # 指定插入位置，将第 10 列调整到第 4 列
9  cols=df.columns[[0,1,2,9,3,4,5,6,7,8]]
10 print(df[cols])
```

由于不同类型的数据不能直接使用 + 号相连接，故第 6 行代码使用 df[" 列 "].map (str) 方式进行类型转换后再连接。代码的执行结果如图 12-34 所示，生成的列“合并列测试”插到了第 4 列。

```
     id name sex        合并列测试  salary         合并列    birthday  age department   date_time
0  3707   冯彬   M    冯彬财务部9477    9477    冯彬M9477  1976-10-04   43        财务部  2018-05-21
1  3720   董兵   M    董兵财务部1537    1537    董兵M1537  1986-10-19   35        财务部  2001-03-23
2  3744  张雪梅   F  张雪梅财务部9635    9635  张雪梅M9635  1982-03-11   39        财务部  2003-01-01
3  3763  王秀梅   F  王秀梅财务部9026    9026  王秀梅M9026  1987-04-07   34        财务部  2000-01-01
4  3769   辛伟   M    辛伟财务部7206    7206    辛伟M7206  1983-07-07   38        财务部  2005-01-01
```

图12-34　用Python实现数据列合并

4．数据分组

数据分组是指根据一列或多列数据将数据分成若干组，然后对分组的数据进行汇总计算，并将汇总计算后的结果进行合并。其中，汇总计算所用到的函数称为聚合函数。

（1）用 Excel 实现。

打开 Excel 文件 t_person_info_groupby.xlsx，选中"department"列进行排序，然后单击菜单"数据"，再单击"分类汇总"按钮，在弹出的对话框中进行选择，这里选择的汇总方式是"计数"，如图 12-35 所示。单击"确定"按钮后，汇总结果如图 12-36 所示。

图12-35　用Excel实现数据分组

图12-36　用Excel实现数据分组的结果

Excel 中常用的聚合函数如图 12-37 所示。

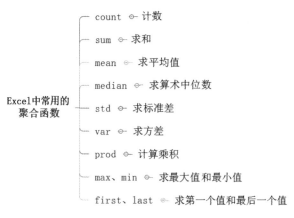

图12-37　Excel中常用的聚合函数

（2）用 Python 实现。

在 Python 中，可使用 groupby() 方法进行数据分组。groupby() 方法就是将原有的 DataFrame 按照分组的字段，划分为若干个分组 DataFrame，被分为多少个组就有多少个分组 DataFrame。

下列代码演示 groupby() 方法的使用，源代码见 code\12\pd_groupby.py。

```
1  import pandas as pd
2  import os
3  cur_path=os.path.dirname(__file__)
4  df=pd.read_excel(os.path.join(cur_path,"t_person_info_groupby_1.xlsx"))
5  print(df.groupby("department").count())
6  print(df.groupby("department")['salary'].sum())
7  print(df.groupby("department")['salary'].mean())
```

其中，第 6 行代码指分组后对 salary 列求和，第 7 行指分组后对 salary 列求平均值。代码的执行结果如图 12-38 所示。

5. 数据透视

数据透视表（Pivot Table）是一种交互式表，可以进行某些计算，如求和与计数等。使用数据透视表时可以按照不同方式分析数据，也可以重新排列行号、列标和值字段等。每一次改变配置，数据透视表会立即按照新的配置重新计算数据。如果原始数据发生更改，可以更新数据透视表。

（1）用 Excel 实现。

用 Excel 打开 t_person_info.xls 文件，

	id	name	sex	salary	合并列	birthday	age	date_time
department								
人事部	71	71	71	71	71	71	71	71
总经办	63	63	63	63	63	63	63	63
技术部	57	57	57	57	57	57	57	57
生产部	50	50	50	50	50	50	50	50
行政部	62	62	62	62	62	62	62	62
财务部	68	68	68	68	68	68	68	68
采购部	50	50	50	50	50	50	50	50
销售部	81	81	81	81	81	81	81	81

department			department		
人事部	337786		人事部	4757.549296	
总经办	317705		总经办	5042.936508	
技术部	263038		技术部	4614.701754	
生产部	271230	求和	生产部	5424.600000	平均值
行政部	263088		行政部	4243.354839	
财务部	359994		财务部	5294.029412	
采购部	240869		采购部	4817.380000	
销售部	416626		销售部	5143.530864	
Name: salary, dtype: int64			Name: salary, dtype: float64		

图12-38　用Python实现数据分组

在 Excel 中单击菜单"插入",选择"数据透视表",在打开的界面中,"选择一个表或区域"处默认会选中当前数据区域中的全部数据,位置默认为"新工作表",单击"确定"按钮即可,如图 12-39 所示。

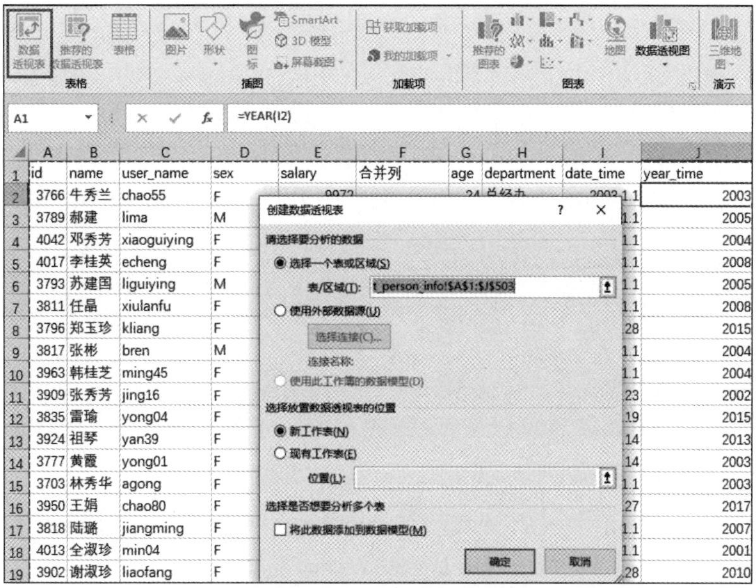

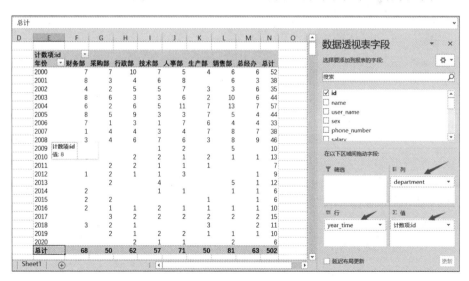

图12-39 用Excel创建数据透视表

此时,Excel 会新建一张工作表,在这张工作表界面中,将 year_time 拖到"行"区域,将 department 拖到"列"区域,将 id 拖至"值"区域并选择计数,最终结果如图 12-40 所示。

图12-40 用Excel生成的数据透视表

（2）用 Python 实现。

在 Python 中，可使用 pivot_table() 方法实现数据透视表，其语法格式如下。

```
pivot_table(data, values, index, columns, aggfunc, fill_value, margins, dropna, margins_name)
```

其中，参数 data 指 DataFrame 对象；参数 values、index、columns 分别指图 12-40 中所示的值、行和列；参数 aggfunc 指所用的聚合函数；参数 fill_value 指默认值替换；参数 margins 指是否开启合计，默认为 False，即不开启。

下列代码演示 pivot_table() 方法的使用，源代码见 code\12\pd_pivot_table.py。

```
1  import pandas as pd
2  import os
3  cur_path=os.path.dirname(__file__)
4  df=pd.read_excel(os.path.join(cur_path,"t_pivot_table.xlsx"))
5  print(df.pivot_table(index='year_time',columns='department',values='id',
aggfunc='count',margins=True,margins_name=' 总计 '))
```

代码的执行结果如图 12-41 所示。

department year_time	人事部	总经办	技术部	生产部	行政部	财务部	采购部	销售部	总计
2000	5.0	6.0	7.0	4.0	10.0	7.0	7.0	6.0	52
2001	8.0	3.0	6.0	NaN	4.0	8.0	3.0	6.0	38
2002	7.0	6.0	5.0	5.0	4.0	2.0	3.0		35
2003	6.0	6.0	3.0	2.0	3.0	8.0	6.0	10.0	44
2004	11.0	7.0	5.0	7.0	6.0	6.0	2.0	13.0	57
2005	3.0	4.0	3.0	7.0	9.0	8.0	5.0	4.0	44
2006	7.0	4.0	1.0	6.0	3.0	7.0	1.0	4.0	33
2007	4.0	7.0	3.0	7.0	4.0	1.0	4.0	8.0	38
2008	6.0	9.0	7.0	3.0	6.0	3.0	4.0	8.0	46
2009	2.0	NaN	1.0	NaN	NaN	NaN	NaN	5.0	10
2010	1.0	1.0	2.0	2.0	2.0	4.0	NaN	1.0	13
2011	1.0	NaN	1.0	1.0	2.0	NaN	2.0	NaN	7
2012	3.0	1.0	1.0	NaN	1.0	1.0	2.0	NaN	9
2013	NaN	1.0	4.0	NaN	NaN	NaN	2.0	5.0	12
2014	1.0	1.0	1.0	NaN	NaN	2.0	NaN	1.0	6
2015	NaN	1.0	NaN	1.0	NaN	2.0	2.0	NaN	6
2016	1.0	1.0	2.0	1.0	1.0	NaN	1.0	1.0	10
2017	2.0	2.0	2.0	2.0	2.0	NaN	3.0	2.0	15
2018	NaN	2.0	NaN	3.0	1.0	3.0	2.0	NaN	11
2019	2.0	1.0	2.0	1.0	1.0	NaN	2.0	1.0	10
2020	1.0	NaN	1.0	NaN	2.0	NaN	NaN	2.0	6
总计	71.0	63.0	57.0	50.0	62.0	68.0	50.0	81.0	502

图12-41 用Python生成的数据透视表

6. 数据合并

数据合并指将数据通过一定的规则关联组成新的数据集。数据合并在数据处理中很常见。

（1）用 Excel 实现。

在 Excel 中进行数据合并，一般使用 vlookup() 函数，详情可以参考 10.2.7 小节。这里不赘述。

（2）用 Python 实现。

在 Python 中可通过 pd.merge() 方法把两张表通过主键关联进行合并，其语法格式如下。

```
pd.merge(left, right, how, on, left_on, right_on, left_index, right_index,
         sort)
```

其中，参数 left 指拼接的第一个 DataFrame 对象。

right 指拼接的第二个 DataFrame 对象。

on 指在两个 DataFrame 对象中能找到的关键列或主键。

how 可以设置为 left、right、outer 或 inner，默认为 inner（inner 指交集，outer 表示并集；left 表示以左边数据为主，right 表示以右边数据为主）。

merge() 方法通过一个或多个键将数据集的行连接起来，连接后两张表的行数不会增加，两张表都存在的列只会显示一次。

打开数据集 Excel 文件 pd_merge.xlsx，第一张工作表为人员基本信息，第二张工作表为人员扩展信息，其中两张表中各删除了一些数据，读者可以打开查阅验证。

下列代码演示 merge() 方法的使用，源代码见 code\12\pd_merge.py。

```
1  import pandas as pd
2  import os
3  curpath = os.path.dirname(__file__)
4  filename = os.path.join(curpath, 'pd_merge.xlsx')
5  df1=pd.read_excel(filename,sheet_name=' 基本信息 ',nrows=5)
6  df2=pd.read_excel(filename,sheet_name=' 扩展信息 ',nrows=5)
7  df=pd.merge(df1,df2,on='id',how='inner')
8  print(df)
```

由于基本信息表中的两个人员在扩展信息表中没有，因此两者取交集后，数据剩下 3 条。代码的执行结果如图 12-42 所示。

```
   id name_x user_name sex   birthday   age name_y department date_time year_time
0 3700   朱春梅    tianli  F 1982-09-14 39.0    朱春梅      销售部 2000-01-01    2003.0
1 3703   林秀华     agong  F 1983-09-18 38.0    林秀华      销售部 2003-01-01    2013.0
2 3706   吴红梅 maoxiulan  F 1990-11-16 31.0    吴红梅      销售部 2013-05-23    2000.0
```

图12-42　inner连接结果

还可以使用 pd.merge(df1,df2,on='id',how='outer') 方法进行两张表的并集操作，代码如下所示，源代码见 code\12\pd_merge.py。

```
df=pd.merge(df1,df2,on='id',how='outer')
```

代码的执行结果如图 12-43 所示，由于 how='outer' 是并集操作，会把两个 DataFrame 数据都列出，缺失的信息以 "NaN" 显示。

```
   id name_x user_name sex   birthday   age name_y department date_time year_time
0 3700   朱春梅    tianli  F 1982-09-14 39.0    朱春梅      销售部 2000-01-01    2003.0
1 3703   林秀华     agong  F 1983-09-18 38.0    林秀华      销售部 2003-01-01    2013.0
2 3706   吴红梅 maoxiulan  F 1990-11-16 31.0    吴红梅      销售部 2013-05-23    2000.0
3 3710   胡海燕    jieyin  F 1966-11-01 53.0    NaN      NaN      NaT       NaN
4 3717    李峰     yan88  M 1984-08-11 37.0    NaN      NaN      NaT       NaN
5 3718    NaN       NaN NaN        NaT  NaN    邓秀英      销售部 2001-01-01    2019.0
6 3725    NaN       NaN NaN        NaT  NaN     张洋      销售部 2004-05-07    2009.0
```

图12-43　outer连接结果

7. 数据连接

在实际使用中，常常会将两组或多组数据直接合并，并不需要进行匹配，这时候就需要用到 concat() 函数。数据连接在数据处理中很常见。接下来通过 Excel 和 Python 两种方式实现。

（1）用 Excel 实现。

在 Excel 中实现数据连接，可以使用 VLOOKUP 等相关函数，详情可以参考 10.2.7 节。这里不赘述。

（2）用 Python 实现。

在 Python 中，通过 concat() 方法实现数据连接，可以将数据根据不同的行或列进行连接，其语法格式如下。

```
pd.concat(object,axis,join,join_axes,ignore_index,keys,levels,names,verify_
integrity)
```

其中，参数 object 指 Series、DataFrame 对象；参数 axis 指需要合并连接的轴，默认为 0，代表行，1 代表列；参数 join 指连接的方式是交集（inner）或者并集（outer）。

下列代码演示 concat() 方法的使用，源代码见 code\12\pd_concat.py。

```
1  import pandas as pd
2  import os
3  curpath = os.path.dirname(__file__)
4  filename = os.path.join(curpath, 'pd_concat.xlsx')
5  df1=pd.read_excel(filename,sheet_name=' 财务部 ',nrows=3)
6  df2=pd.read_excel(filename,sheet_name=' 技术部 ',nrows=3)
7  df=pd.concat([df1,df2],axis=0,ignore_index=True)
8  print(df)
9  df=pd.concat([df1,df2],axis=1)
10 print(df)
```

其中，第 7 行代码指对两个 DataFrame 按行连接，代码的执行结果如图 12-44 所示。

	id	name	user_name	sex	salary	age	department
0	3707	冯彬	longjun	M	9477	43	财务部
1	3709	林波	tyan	M	4776	37	财务部
2	3714	管兰英	taosu	F	6829	38	财务部
3	3699	刘帅	lei20	M	5000	30	技术部
4	3701	陈秀荣	yang40	F	7588	58	技术部
5	3705	袁颖	laijun	F	2908	49	技术部

图12-44　对两个DataFrame按行连接

其中，第 9 行代码指对两个 DataFrame 按列连接，代码的执行结果如图 12-45 所示。

	id	name	user_name	sex	salary	age	department	id	name	user_name	sex	salary	age	department
0	3707	冯彬	longjun	M	9477	43	财务部	3699	刘帅	lei20	M	5000	30	技术部
1	3709	林波	tyan	M	4776	37	财务部	3701	陈秀荣	yang40	F	7588	58	技术部
2	3714	管兰英	taosu	F	6829	38	财务部	3705	袁颖	laijun	M	2908	49	技术部

图12-45　对两个DataFram按列连接

注意: concat() 方法和 merge() 方法容易混淆。concat() 方法主要是根据索引进行行或列的简单拼接, 只能取行或列的交集或并集, 多用于纵向合并, 也就是按行合并。merge() 方法主要是根据共同列或索引进行合并, 可以取内连接、左连接、右连接、外连接等, 多用于横向合并, 也就是按列合并。

12.1.6 实战案例——拆分与合并工作表

前文介绍过使用 openpyxl 库和 xlwings 库分别实现工作簿和工作表的合并与拆分, 代码看起来还是比较多, 有没有更简单的写法? 答案是肯定的, 可以使用 Pandas 库。

本例目标: 将指定的 Excel 文件按照部门拆分成多张工作表, 然后将多张工作表合并成一张工作表。

最终效果: 按照部门生成工作表, 并将多张工作表合并成一张工作表。

知识点: groupby() 方法的使用、ExcelWriter 的追加模式等。

(1) 按照部门进行分组。

这里直接使用 groupby() 方法对部门列做分组, 分组后的数据包含部门名称和分部门的 DataFrame, 避免循环获取数据。

groupby() 方法的使用如下所示。

```
# 数据按部门划分为 DataFrame
grouped = df.groupby('department')
print(grouped.get_group('技术部'))
for name,group in df.groupby('department'):
    print(name,group)
```

代码执行后, name 值为"人事部""技术部"等, group 为人事部、技术部对应的 DataFrame, 请读者自行测试验证。

(2) 工作表的拆分。

下列代码演示工作表的拆分, 源代码见 code\12\example_split.py。

```
1  import pandas as pd
2  import os
3  curpath = os.path.dirname(__file__)
4  filename = os.path.join(curpath, 'example_merge.xlsx')
5  df=pd.read_excel(filename)
6  writer = pd.ExcelWriter(filename,engine='openpyxl', mode='a')
7  for name,group in df.groupby('department'):
8      group.to_excel(writer,name)
9  writer.save()
```

其中, 第 7、8 行代码通过对 department 分组, 然后对每个 DataFrame 调用 to_excel() 方法完成文件生成操作。代码执行后, 打开生成的文件, 文件内容如图 12-46 所示。

24	3877	任梅	wei57	F	4262	1991-11-27 0:00:00	30	人事部
25	3884	李宁	liwan	M	6372	1971-12-02 0:00:00	48	人事部
26	3888	陈玲	fang55	F	3752	1980-03-17 0:00:00	40	人事部
27	3890	李颖	lei88	F	5707	1986-04-29 0:00:00	35	人事部

汇总表 | 人事部 | 总经办 | 技术部 | 生产部 | 行政部 | 财务部 | 采购部 | 销售部 ⊕

图12-46　汇总表的拆分

（3）工作表的合并。

工作表的合并中，首先获取所有的工作表，使用列表推导式将之转为列表，然后调用 concat()
方法进行工作表的合并。

下列代码演示工作表的合并，源代码见 code\12\example_merge.py。

```
1  import pandas as pd
2  import os
3  curpath = os.path.dirname(__file__)
4  filename = os.path.join(curpath, 'example_split.xlsx')
5  df=pd.read_excel(filename,sheet_name=None)
6  print(type(df))
7  dfs=[y for x,y in df.items()] #获取所有的工作表，变成列表
8  writer = pd.ExcelWriter(filename,engine='openpyxl', mode='a')
9  df2=pd.concat(dfs)
10 print(df2)
11 df2.to_excel(writer,'汇总表',index=False)
12 writer.save()
```

其中，第 7 行使用列表推导式构造一个所有工作表的列表。代码执行后，打开的文件内容
如图 12-47 所示。

25	3884	李宁	liwan	M	6372	1971-12-02 00:00:00	48	人事部	2003-01-01 00:00:00
26	3888	陈玲	fang55	F	3752	1980-03-17 00:00:00	40	人事部	2017-05-29 00:00:00
27	3890	李颖	lei88	F	5707	1986-04-29 00:00:00	35	人事部	2002-01-01 00:00:00
28	3899	张秀芳	vdeng	F	1652	1989-08-01 00:00:00	32	人事部	2004-01-01 00:00:00
29	3903	岳莉	yaoguiyir	F	7136	1989-02-08 00:00:00	31	人事部	2004-01-01 00:00:00

人事部 | 总经办 | 技术部 | 生产部 | 行政部 | 财务部 | 采购部 | 销售部 | 汇总表 ⊕

图12-47　工作表合并

12.1.7　实战案例——工作簿的拆分与合并

使用 Pandas 库对工作簿进行拆分与合并，代码会更简单。

案例目标：将指定的 Excel 工作簿按照部门拆分成多个工作簿，然后将多个工作簿合并成
一个工作簿。

最终效果：按照部门生成文件，并将每个部门的文件分别合并成一个文件。

知识点：列表推导式、concat() 方法等的使用。

（1）工作簿的拆分。

下列代码演示工作簿的拆分，源代码见 code\12\example_file_split.py。

```python
1  import pandas as pd
2  import os
3  import pandas.io.formats.excel
4  curpath = os.path.dirname(__file__)
5  filename = os.path.join(curpath, 'example_merge.xlsx')
6  pandas.io.formats.excel.ExcelFormatter.header_style = None
7  def set_style(writer, name):
8      worksheet1 = writer.sheets[name]
9      Workbook = writer.book
10     header_format = Workbook.add_format({
           'bold': True,  # 粗体
           'font_name': ' 宋体 ',
           'font_size': 16,
           'border': True,  # 有边框线
           'align': 'center',  # 水平居中对齐
           'valign': 'vcenter', # 垂直居中对齐
           'bg_color': '#66CC22'  # 背景颜色为亮绿色
       })
11     # 设置表头样式
12     worksheet1.set_row(0,40, cell_format=header_format)
13     # 设置列宽
14     worksheet1.set_column('A:P', 15)
15     worksheet1.set_column('H:H', 20)
16     worksheet1.set_column('O:O', 20)
17 def build():
18     df = pd.read_excel(filename)
19     for name, group in df.groupby('department'):
20         savefilename =os.path.join(curpath, 'example_1', name+'.xlsx')
21         writer = pd.ExcelWriter(savefilename)
22         group.to_excel(writer, name, index=False)
23         set_style(writer,name)
24         writer.save()
25     writer.close()
26 if __name__ == '__main__':
27     build()
```

其中，第 6 行代码必须保留，否则无法对 Excel 表头进行样式设定；第 7 ~ 16 代码行用于设置样式。代码执行后，在 example_1 文件夹下按照部门生成部门文件，文件带格式，请读者自行测试验证。

（2）工作簿的合并。

下列代码演示工作簿的合并，源代码见 code\12\example_file_merge.py。

```
1  import pandas as pd
2  import os
3  curpath = os.path.dirname(__file__)
4  splitpath=os.path.join(curpath,'example_1')
5  savefilename = os.path.join(curpath, 'example_file_merge_1.xlsx')
6  splitfile=[]
7  for file in os.listdir(splitpath):
8      splitfile.append(os.path.join(splitpath,file))
9  dfs=[pd.read_excel(x) for x in splitfile]# 获取所有的工作表，并转成列表
10 writer = pd.ExcelWriter(savefilename)
11 df2=pd.concat(dfs)
12 print(df2)
13 df2.to_excel(writer,' 汇总表 ',index=False)
14 writer.save()
```

其中，第 9 行代码通过列表推导式获取所有的工作表并转成列表，第 11 行代码通过 concat() 方法对多个 DataFrame 进行连接。代码执行后，生成汇总文件 example_file_merge_1.xlsx，读者可以自行测试验证。

12.2 Matplotlib库

Matplotlib 库是 Python 的一个第三方绘图库，是 Python 中最常用的可视化工具之一，可以用来很方便地绘制二维图表和一些基本的三维的图表。通过 Matplotlib 库，使用很少的代码就能生成直方图、饼图、散点图、折线图等美观的图表。

12.2.1 Matplotlib库的基本使用

Matplotlib 库可直接使用 pip 命令进行安装，代码如下。

```
pip install matplotlib
```

12.2.2 图表的基本元素

图 12-48 展示了图表的基本元素，包括画布（Figure）、坐标系（Axes）、坐标轴（Axis）、图表标题（Title）、坐标轴标题（x label、y label）、图例、网格线等元素。

画布就是指当前绘图的界面，可以在这个界面上绘制图表。绘图之前必须先进行画布创建。坐标系指画布上的一块区域。一张画布可以建立多个坐标系。每个坐标系里都有自己的坐标轴，坐标轴主要包括 x 轴和 y 轴。坐标轴标题指 x 轴和 y 轴的标题，图表标题指整个图表的标题。如图 12-48 所示的例子中，x 轴标题就是日期（月），y 轴标题就是销售业绩，图表标题就是某人员销售情况。

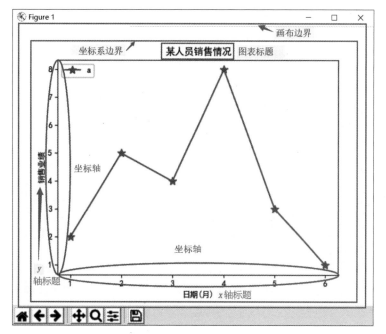

图12-48　图表的基本元素

12.2.3　坐标系和坐标轴

画布上有坐标系，坐标系里有坐标轴，坐标轴主要包括 x 轴和 y 轴。如何理解这几者的关系呢？

先创建一个简单的图表，源代码见 code\12\plt_simple.py。

```
1  import matplotlib.pyplot as plt
2  x = [1, 2, 3, 4, 5, 6]
3  y = [2, 5, 4, 8, 3, 1]
4  plt.plot(x, y)
5  plt.show()
```

代码的执行结果如图 12-49 所示。

如果现在要求在一张画布中绘制多个图表，该如何处理呢？ Matplotlib 库提供了 subplot() 方法来解决这一问题。subplot() 方法的语法格式如下。

```
subplot(numRows, numCols, plotNum)
```

其中，参数说明图表的整个绘图区域被分为 NumRows × numCols 个区域。参数 plotNum 指定创建的图表对象所在的区域。

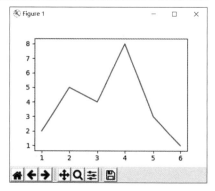

图12-49　简单的图表

317

比如 numRows=2，numCols=2，则整个绘图区域被分为 2×2，即 4 个区域，当 plotNum=1 时，子图就在第 1 个区域，当 plotNum=4 时，子图就在第 4 个区域。左上角为第 1 个区域，右上角为第 2 个区域，左下角为第 3 个区域，右下角为第 4 个区域。

下列代码演示 subplot() 方法的使用，源代码见 code\12\plt_subplot_1.py。

```
1   import matplotlib.pyplot as plt
2   import numpy as np
3   plt.figure() # 创建画布
4   plt.subplot(2, 2, 1) # 绘制第一张图
5   plt.plot([0, 1], [0, 1])
6   plt.subplot(2, 2, 2) # 绘制第二张图
7   plt.plot(np.random.randn(1000).cumsum(),'k',label='one')
8   plt.subplot(2, 2, 3) # 绘制第三张图
9   x = np.linspace(-np.pi,np.pi,100)
10  plt.plot(x,np.sin(x))
11  plt.subplot(2, 2, 4) # 绘制第四张图
12  x = np.arange(0,10,1)
13  plt.plot(x,x,x,x*2,x,x/2)
14  plt.show()
```

代码的执行结果如图 12-50 所示。

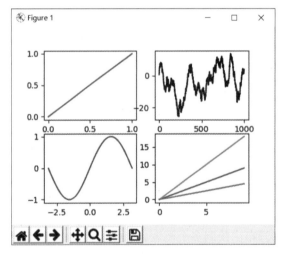

图12-50　subplot()方法的执行结果

12.2.4　图表的基本设置

图表的基本设置分为图表标题的设置、x 轴和 y 轴的标题及刻度设置、图例设置、中文显示处理、文本标注、边界的设置等。接下来介绍一些重要的基本设置，帮读者初步了解 Matplotlib 库。

1. 设置图表标题和图例

图表标题的设置方法如下所示。

```
plt.title(" 某人员销售情况 ")
```

好的图例能够让图表更加清晰易懂。可以通过 plt.bar() 方法或 plt.plot() 方法对 label 参数赋值，然后使用 plt.legend() 方法显示图例，使用方法如下。

```
plt.bar(x, y,label=" 业绩 ")
plt.plot(x, y,label=" 业绩 ")
plt.legend(loc = 'best')
```

其中，plt.legend() 方法中的参数 loc 表示图例显示的位置，有 11 种位置可以选择，如图 12-51 所示。

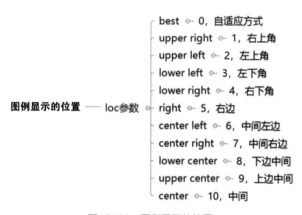

图12-51　图例显示的位置

2. 设置 *x* 轴和 *y* 轴的标题

x 轴和 *y* 轴标题的设置方法如下。

```
plt.xlabel(" 日期（月）")
plt.ylabel(" 销售业绩 ")
```

Matplotlib 库默认不能正常显示中文，产生中文乱码的原因是字体默认没有中文字体，因此需要手动添加中文字体的名称。

解决中文乱码的方法如下所示。

```
matplotlib.rcParams['font.sans-serif'] = ['SimHei']   # 用黑体显示中文
```

此外，坐标刻度中如果有负号出现，负号前面会产生一个方块，可以使用下列代码解决。

```
matplotlib.rcParams['axes.unicode_minus'] = False # 解决负号前面出现方块的问题
```

下列代码演示图表标题、坐标轴标题的设置，源代码见 code\12\plt_bar.py。

```
1   import matplotlib
2   import matplotlib.pyplot as plt
3   matplotlib.rcParams['font.sans-serif'] = ['SimHei']   # 用黑体显示中文
4   matplotlib.rcParams['axes.unicode_minus'] = False # 解决负号前面出现方块的问题
5   x = [1, 2, 3, 4, 5, 6]
6   y = [2, 5, 4, 8, 3, 1]
7   plt.bar(x, y,label=" 业绩 ")
8   plt.xlabel(" 日期（月）")
9   plt.ylabel(" 销售业绩 ")
10  plt.title(" 某人员销售情况 ")
11  # 图例自适应显示
12  plt.legend(loc="best")
13  plt.show()
```

代码的执行结果如图 12-52 所示。

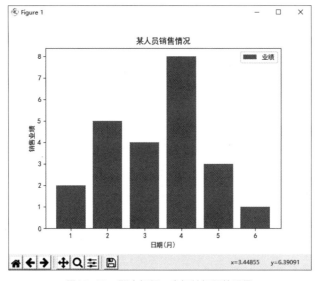

图12-52　图表标题、坐标轴标题的设置

3. 设置x轴和y轴的刻度

使用 plt.xlim() 方法和 plt.ylim() 方法控制 x 轴和 y 轴的刻度数值显示范围，其语法格式如下所示。

```
plt.xlim(min,max)
plt.ylim(min,max)
```

其中，参数 min、max 代表刻度的最小值和最大值。

下列代码演示 x 轴和 y 轴的刻度设置，源代码见 code\12\plt_bar_xylim.py。

```
 1  import matplotlib
 2  import matplotlib.pyplot as plt
 3  matplotlib.rcParams['font.sans-serif'] = ['SimHei']   # 用黑体显示中文
 4  matplotlib.rcParams['axes.unicode_minus'] = False # 解决负号前面出现方块的问题
 5  x = [1, 2, 3, 4, 5, 6]
 6  y = [2, 5, 4, 8, 3, 1]
 7  plt.bar(x, y,label="业绩")
 8  plt.xlabel("日期（月）")
 9  plt.ylabel("销售业绩")
10  plt.title("某人员销售情况")
11  # 自适应显示最佳
12  plt.legend(loc="best")
13  plt.xlim(-2,8)
14  plt.ylim(-2,10)
15  plt.grid(linestyle=":",color='r')# 绘制刻度线的网格线
16  plt.show()
```

代码的执行结果如图 12-53 所示。

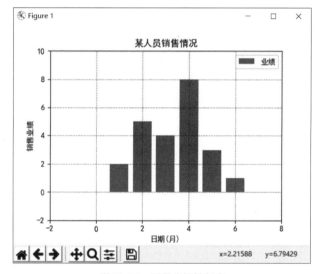

图12-53 设置坐标轴刻度

12.2.5 图表的样式参数

以折线图为例，图表的样式参数可以分为 3 类：线的形状（linestyle）、线的颜色（color）和点的形状（marker）。通过对几种样式的组合，可以生成千变万化的图表。

（1）线的形状。

线的形状可以分为实线（solid line）、虚线（dashed line）和点画线（dash-dot line）3 种，如图 12-54 所示。

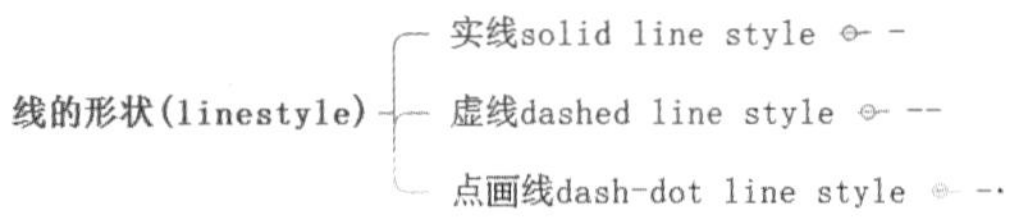

线的形状（linestyle）— 实线solid line style ⊶ -

虚线dashed line style ⊶ --

点画线dash-dot line style ⊶ -·

图12-54　线的形状

下列代码演示线的形状设置，源代码见 code\12\plt_line_style.py。

```
1  import matplotlib.pyplot as plt
2  plt.figure() #创建画布
3  x = [1, 2, 3, 4, 5, 6]
4  y = [2, 5, 4, 8, 3, 1]
5  plt.subplot(3, 1, 1) # 绘制第一张图
6  plt.plot(x,y,'-')
7  plt.subplot(3, 1, 2) # 绘制第二张图
8  plt.plot(x,y,'--')
9  plt.subplot(3, 1, 3) # 绘制第三张图
10 plt.plot(x,y,'-.')
11 plt.show()
```

代码的执行结果如图 12-55 所示。

（2）颜色。

常用颜色及参数值有图 12-56 所示的 8 种，参数值使用颜色英文的缩写方式。对 color 参数赋值时，可使用标准的颜色名称或颜色的十六进制值，如 color='r' 或 color='#FF0000'。

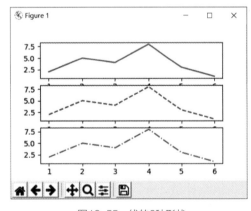

图12-55　线的3种形状

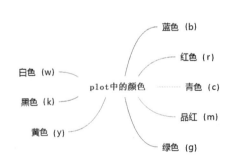

图12-56　颜色的参数值

下列代码演示颜色的设置，源代码见 code\12\plt_line_style_color.py。

```
1  import matplotlib.pyplot as plt
2  plt.figure() #创建画布
3  x = [1, 2, 3, 4, 5, 6]
```

```
4   y = [2, 5, 4, 8, 3, 1]
5   plt.subplot(2, 2, 1) # 绘制第一张图
6   plt.plot(x,y,'-',color='r')
7   plt.subplot(2, 2, 2) # 绘制第二张图
8   plt.plot(x,y,'--',color='y')
9   plt.subplot(2, 2, 3) # 绘制第三张图
10  plt.plot(x,y,'m-.')
11  plt.subplot(2, 2, 4) # 绘制第四张图
12  plt.plot(x,y,'b-.')
13  plt.show()
```

代码的执行结果如图 12-57 所示。

（3）点的形状。

通过 marker 参数设置点的形状。点的形状除了默认的圆点外，还有很多种，比如菱形、正方形、三角等，具体参数如图 12-58 所示。

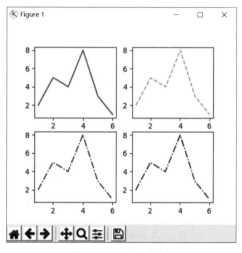

图12-57　颜色的设置

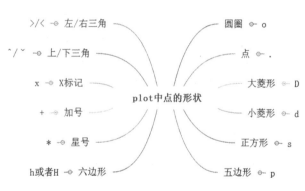

图12-58　点的形状参数

下列代码演示点的形状设置，源代码见 code\12\plt_line_style_marker.py。

```
1   import matplotlib.pyplot as plt
2   plt.figure() # 创建画布
3   x = [1, 2, 3, 4, 5, 6]
4   y = [2, 5, 4, 8, 3, 1]
5   plt.subplot(4, 1, 1) # 绘制第一张图
6   plt.plot(x,y,'-',color='r',marker='o')
7   plt.subplot(4, 1, 2) # 绘制第二张图
8   plt.plot(x,y,'--',color='y',marker='p')
9   plt.subplot(4, 1, 3) # 绘制第三张图
10  plt.plot(x,y,'m-.',marker='D')
```

```
11 plt.subplot(4, 1, 4) # 绘制第四张图
12 plt.plot(x,y,'b-.',marker='*')
13 plt.show()
```

代码的执行结果如图 12-59 所示。

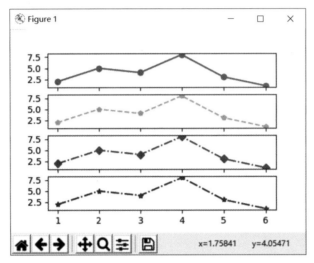

图12-59　点的形状示意

12.2.6　常用图表的绘制

人们往往更喜欢通过图表发现信息。不同的图表通常有不同的使用场景，比如散点图用来分析两个变量之间的相关性，饼图用来表示一个整体的不同组成部分所占的比重等。只有对图表的使用场景了如指掌，才能做出更符合实际的图表。

切记，任何数据可视化效果的最终目的都是传达图表制作者要表达的信息，一切为了追求效果绚丽而降低图表可读性的做法都是不可取的。

1. 柱形图

柱形图是一种以长方形表示数据大小的图表，一般用来比较两个或两个以上的数据。

Matplotlib 库中的 bar() 方法用来绘制柱形图，barh() 方法用来绘制条形图。

下列代码演示 bar() 方法和 barh() 方法的用法，源代码见 code\12\plt_bar_1.py。

```
1  import matplotlib
2  import matplotlib.pyplot as plt
3  matplotlib.rcParams['font.sans-serif'] = ['SimHei']  # 用黑体显示中文
4  matplotlib.rcParams['axes.unicode_minus'] = False # 解决负号前面出现方块的问题
5  plt.figure() # 创建画布
6  x = [1, 2, 3, 4, 5, 6]
7  y = [2, 5, 4, 8, 3, 1]
```

```
8   plt.subplot(1, 2, 1) # 绘制第一张图
9   plt.bar(x, y,label="业绩",color='g')
10  plt.xlabel("日期（月）")
11  plt.ylabel("销售业绩")
12  plt.title("某人员销售情况")
13  #自适应显示最佳
14  plt.legend(loc="best")
15  plt.subplot(1, 2, 2) # 绘制第二张图
16  plt.barh(x, y,label="业绩",color='r',tick_label=['1月','2月','3月','4月',
'5月','6月'])
17  plt.xlabel("销售业绩")
18  plt.ylabel("日期（月）")
19  plt.title("某人员销售情况")
20  #自适应显示最佳
21  plt.legend(loc="best")
22  plt.show()
```

代码的执行结果如图 12-60 所示。

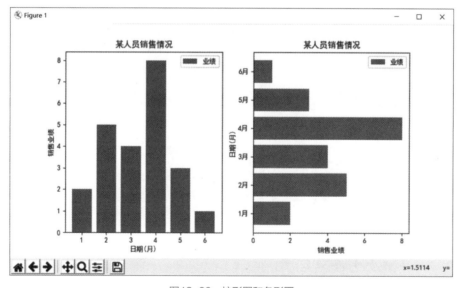

图12-60　柱形图和条形图

此外，通过控制 bottom 参数可以绘制堆叠柱形图。

下列代码演示堆叠柱形图的绘制，源代码见 code\12\plt_bar_2.py。

```
1   #堆叠柱形图
2   import matplotlib
3   import matplotlib.pyplot as plt
4   matplotlib.rcParams['font.sans-serif'] = ['SimHei']  # 用黑体显示中文
```

```
5  matplotlib.rcParams['axes.unicode_minus'] = False # 解决负号前面出现方块的问题
6  x = [1, 2, 3, 4, 5, 6]
7  y = [2, 5, 4, 8, 3, 1] # 张三销售数据
8  y1 = [3, 4, 2, 6, 5, 3] # 李四销售数据
9  plt.bar(x, y,label=" 张三业绩 ",color='g',hatch='/')
10 plt.bar(x, y1,bottom=y,label=" 李四业绩 ",color='r',hatch='-')
11 plt.xlabel(" 日期（月）")
12 plt.ylabel(" 销售业绩 ")
13 plt.title(" 人员销售情况 ")
14 # 自适应显示最佳
15 plt.legend(loc="best")
16 plt.show()
```

其中，第 10 行表示绘制堆叠图，需要设置参数 bottom=y，此处的 y 指第 9 行绘制的柱形图 y 坐标；参数 hatch 用来设置柱体的填充样式，可以选择 "/" "\\" "-" "//" "." "|" 等。代码的执行结果如图 12-61 所示。

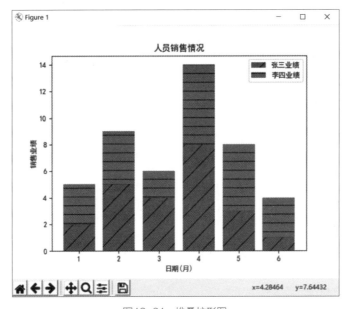

图12-61　堆叠柱形图

此外，还可以绘制并列柱形图，只需要控制好每组柱体的位置和大小即可。

下列代码演示并列柱形图的绘制，源代码见 code\12\plt_bar_3.py。

```
1  # 并列柱形图
2  import matplotlib
3  import matplotlib.pyplot as plt
4  matplotlib.rcParams['font.sans-serif'] = ['SimHei']   # 用黑体显示中文
5  matplotlib.rcParams['axes.unicode_minus'] = False # 解决负号前面出现方块的问题
```

```
6   x = [1, 2, 3, 4, 5, 6]
7   y = [2, 5, 4, 8, 3, 1] # 张三销售数据
8   y1 = [3, 4, 2, 6, 5, 3] # 李四销售数据
9   bar_width=0.4
10  x1=[a+bar_width for a in x]
11  plt.bar(x, y,bar_width,label=" 张三业绩 ",color='g',alpha=0.5)
12  plt.bar(x1, y1,bar_width,label=" 李四业绩 ",color='r',alpha=0.5)
13  x2=[(a+bar_width/2) for a in x]   # 两个柱体的中间位置
14  tick_label=['1 月 ','2 月 ','3 月 ','4 月 ','5 月 ','6 月 ']
15  plt.xticks(x2,tick_label)
16  plt.xlabel(" 日期（月）")
17  plt.ylabel(" 销售业绩 ")
18  plt.title(" 人员销售情况 ")
19  plt.legend()
20  plt.show()
```

其中，第 13 行指通过列表推导式获取两个柱体中间位置的 x 坐标。代码的执行结果如图 12-62 所示。

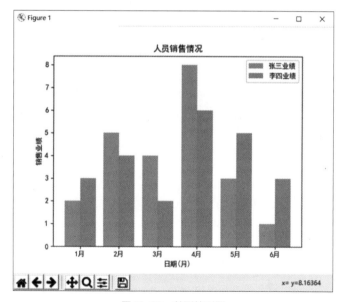

图12-62　并列柱形图

2．散点图

散点图显示两组数据的值，每个点的坐标位置由变量的值决定。散点图由一组不连接的点组成，通常用来观察两个变量的相关性，如年龄与身高等。

使用 Matplotlib 库中的 scatter() 方法绘制散点图，该方法的语法格式如下。

```
plt.scatter(x, y, s, c, marker, alpha, linewidths)
```

327

其中，参数 x、y 指数组，s 指散点图中点的大小，可选；参数 c 指散点图中点的颜色，可选；参数 marker 指散点图中点的形状，可选；参数 alpha 指透明度，在 0 ~ 1 中取值，可选；参数 linewidths 指线条粗细，可选。其他参数较少使用，这里不再赘述。

下列代码演示 scatter() 方法的用法，源代码见 code\12\plt_scatter_1.py。

```
1  import matplotlib
2  import matplotlib.pyplot as plt
3  matplotlib.rcParams['font.sans-serif'] = ['SimHei']  # 用黑体显示中文
4  age=[1,2,3,4,5,6,7,8,9,10,11,12,13,14,15,16,17,18]
5  height=[75,87.2,95.6,103.1,110.2,116.6,122.5,128.5,134.1,140.1,146.6,
152.4,156.3,158.6,159.8,160.1,160.3,160.6]
6  plt.scatter(age,height,color='red',marker='D',linewidths=5,alpha=
0.5,label=' 身高 ')
7  plt.xlabel(" 年龄（岁）")
8  plt.ylabel(" 身高（cm）")
9  plt.title(" 女生年龄和身高对照表 ")
10 plt.legend(loc="upper left")
11 plt.show()
```

其中，第 6 行指绘制散点图，线条宽度为 5，透明度为 0.5。代码的执行结果如图 12-63 所示。

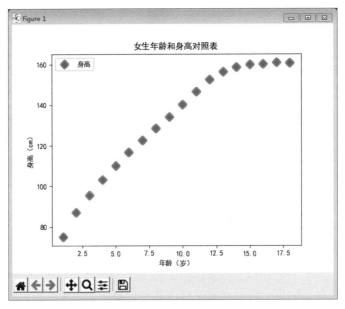

图12-63　散点图

3. 折线图

在折线图中，分类数据沿着水平轴均匀分布，值数据沿着垂直轴均匀分布。折线图可以用于反映随时间变化而变化的关系，尤其是在分析趋势比分析单个数据点更重要的场景。因此其适用于显示间隔（如月、季度或财年）相等的时间内数据的变化趋势。

使用 Matplotlib 库中的 plot() 方法绘制折线图。

下列代码演示折线图的绘制，源代码见 code\12\plt_line.py。

```
1  import matplotlib
2  import matplotlib.pyplot as plt
3  # 处理乱码
4  matplotlib.rcParams['font.sans-serif'] = ['SimHei']  # 显示中文
5  x = [1, 2, 3, 4, 5, 6]
6  y = [2, 5, 4, 8, 3, 1]
7  # "r" 表示红色, ms 用来设置 * 的大小
8  plt.plot(x, y, '--',color='y',marker='*', ms=10, label="张三业绩")
9  plt.xlabel("日期（月）")
10 plt.ylabel("销售业绩")
11 plt.title("人员销售情况")
12 # upper left 将图例 a 显示到左上角
13 plt.legend(loc="upper left")
14 plt.show()
```

其中，第 8 行指绘制的折线为虚线、黄色，点的形状为星号。代码执行结果如图 12-64 所示。

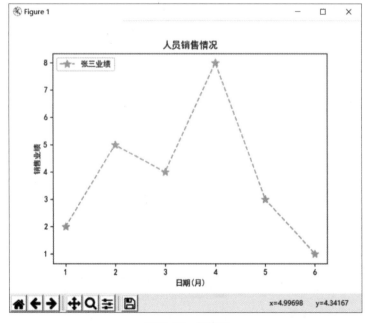

图12-64 折线图

4. 饼图

饼图既可以表现出各个组成部分的比例关系，也能表现一个组成部分占总体的比重，比如某件商品在各个平台的销售情况、某个人的年收入构成情况等，都比较适合用饼图表现。

在 Matplotlib 库中，使用 plt.pie() 方法来显示饼图，该方法的语法格式如下。

```
plt.pie(x, explode, labels, colors, autopct, pctdistance, shadow, labeldistance,
startangle, radius, counterclock, center, frame)
```

其中，参数 x 代表数据，explode 指每部分的偏移量，labels 代表标签，colors 指颜色，autopct 指饼图上数据标签显示百分比的格式，pctdistance 指百分比标签和圆心的距离，shadow 指阴影，labeldistance 指标签和圆心的距离，startangle 指初始角度，radius 指饼图半径，counterclock 指顺时针或逆时针方向，center 指饼图圆心，frame 指边框。

下列代码演示饼图的各个参数的设置，源代码见 code\12\plt_pie.py。

```
1  import matplotlib.pyplot as plt
2  plt.rcParams['font.sans-serif'] = ['KaiTi'] # 显示中文
3  data=[0.1719,0.1610,0.0836,0.0595,0.0473,0.0469,0.0227,0.4071]
4  labels=['C','Java','Python','C++','C#','Visual Basic','JavaScript',
'其他']
5  plt.axis('equal')  #标准化处理，确保饼图是一个正圆，否则为椭圆
6  plt.pie(data, # 数据
7       explode = [0,0,0.3,0,0,0,0,0], #每部分的偏移量
8       labels = labels, # 标签
9       colors=['r', 'g', 'b', 'c','m','y','pink','orange'], # 颜色
10      autopct='%.2f%%', #设置百分比的格式，保留2位小数
11      pctdistance=0.6, # 设置百分比标签和圆心的距离
12      labeldistance = 1.2,#设置标签和圆心的距离
13      shadow = True,# 阴影
14      startangle=0,# 设置初始角度
15      radius=1,# 半径
16      frame=False) # 边框
17 plt.title('2020 年 6 月编程语言 TIOBE 指数排行榜 ')
18 plt.show()
```

其中，第 6 ~ 16 行为饼图的参数设置代码，请读者自行测试。代码的执行结果如图 12-65 所示。

5. 雷达图

雷达图分析法是综合评价中常用的一种方法，雷达图可以在同一坐标系内展示多指标的分析比较情况，尤其适用于用多维度体系对分析对象作出全局性、整体性评价。

在实际工作中，雷达图可以用来表示已取得的工作业绩与目标业绩之间的差距。雷达图可以清楚地展示业绩的评价标准，通过使用特定标准对工作各方面表现进行评价，可以知道项目小组成员工作业绩与评价标准的比较结果。

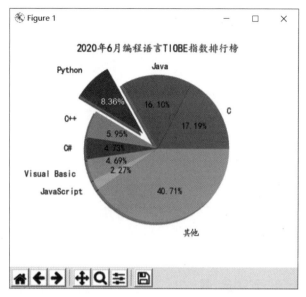

图12-65 饼图

在 Matplotlib 库中，使用 plt.polar() 方法来显示雷达图，该方法的语法格式如下。

```
plt.polar (theta,r,color,marker,linewidth)
```

其中，参数 theta 代表极坐标中每个点的角度、r 指极坐标中每个点的半径、color 指颜色、marker 指点的形状、linewidth 指线的宽度。

下列代码演示雷达图中各个参数的设置，源代码见 code\12\plt_polar_1.py。

```
1  import numpy as np
2  import matplotlib
3  import matplotlib.pyplot as plt
4  matplotlib.rcParams['font.sans-serif'] = ['SimHei']   # 用黑体显示中文
5  labels = [' 听讲 ',' 阅读 ',' 视听 ',' 演示 ',' 讨论 ',' 实践 ',' 教授给他人 ']# 标签
6  dataLenth = 7 # 数据维度
7  data = [5, 10, 20, 30, 50, 75, 90] # 数据
8  #设置雷达图的角度，平分一个圆面，dataLenth 是一个数据维度，指将圆分成多少块
9  angles=np.linspace(0, 2*np.pi, dataLenth, endpoint=False) # 分割圆周长
10 data2 = np.concatenate((data, [data[0]])) # 闭合，半径
11 angles = np.concatenate((angles, [angles[0]])) # 闭合
12 plt.polar(angles, data2, 'ro-', linewidth=1) # 设置雷达图
13 plt.xticks(angles,labels) #设置标签
14 plt.fill(angles, data2, facecolor='g', alpha=0.75)# 填充雷达区域
15 plt.ylim(0, 100) #设置 y 轴区间
16 plt.title(' 费曼学习法技巧 ',fontsize=20)
17 plt.show()
```

代码的执行结果如图 12-66 所示。

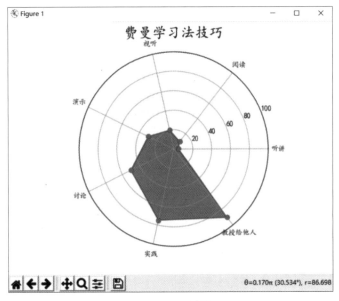

图12-66　雷达图

12.3 Seaborn库

Seaborn 库是一种基于 Matplotlib 库的图形可视化第三方库。它提供了一种高度交互式界面，便于用户绘制各种有吸引力的统计图表。使用 Seaborn 库的目的就是让困难的事情变得简单。使用 Matplotlib 库最大的困难是其默认的各种参数较多，而 Seaborn 库则完全避免了这一问题。

本例使用以下两个数据集。

（1）tips（小费）数据集。

小费数据集是一个餐厅侍者收集的关于小费的数据，其中包含 7 个变量，即总费用、小费金额、付款者性别、是否吸烟、日期、用餐类型、顾客人数。通过数据分析和建模，可帮助餐厅侍者预测就餐的顾客是否会支付小费。源文件见 code\11\data\tips.csv。

（2）iris（鸢尾花）数据集。

iris 数据集包含 150 条数据，分为 3 类，每类 50 条数据，每条数据包含 4 个属性。可通过花萼长度、花萼宽度、花瓣长度、花瓣宽度 4 个属性预测鸢尾花属于 3 个种类（setosa，versicolour，virginica）中的哪一类。源文件见 code\11\data\iris.csv。

其中，属性 sepal_length 指花萼长度；属性 sepal_width 指花萼宽度；属性 petal_length 指花瓣长度；属性 petal_width 指花瓣宽度。它们的单位都是厘米（cm）。

种类分为 setosa（山鸢尾）、versicolor（杂色鸢尾）、virginica（弗吉尼亚鸢尾）。

这里通过下列代码讲解各种图形的展示方法。

用 countplot() 方法生成一张柱形图，该方法可以获取每个种类下有多少个值，代码如下所示，源代码见 code\12\sns_count.py。

```
1   import seaborn as sns
2   import pandas as pd
3   import matplotlib.pyplot as plt
4   import os
5   curpath = os.path.dirname(__file__)
6   filename = os.path.join(curpath, 'data','iris.csv')
7   plt.rcParams['font.sans-serif'] = ['SimHei'] # 显示中文
8   df=pd.read_csv(filename)
9   sns.countplot(x='species', data=df)
10  plt.xlabel(' 种类 ')
11  plt.ylabel(' 数量 ')
12  plt.show()
```

其中，第9行生成一张柱形图，x 参数设为 species 列，用来显示种类，数据从 DataFrame 中获取。代码的执行结果如图 12-67 所示。

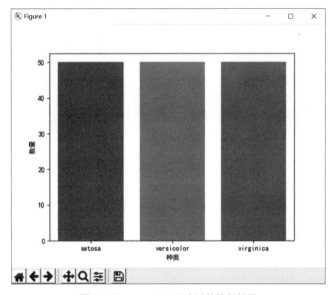

图12-67　countplot()方法的执行结果

用 scatterplot() 方法生成一张散点图，代码如下所示，源代码见 code\12\sns_scatter.py。

```
1   ......
2   sns.scatterplot(x='sepal_length',y='sepal_width',data=df,hue='species')
3   plt.xlabel(' 花萼长度 ')
4   plt.ylabel(' 花萼宽度 ')
```

其中，第2行指散点图中的 x 参数为花萼长度、y 参数为花萼宽度，hue 参数根据种类进行分组显示。代码的执行结果如图 12-68 所示。

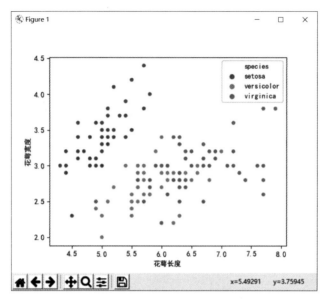

图12-68　scatterplot()方法的执行结果

用 swarmplot() 方法生成一张分簇散点图，该方法在展示数据时，会将值重叠的数据向两边展开。代码如下所示，源代码见 code\12\sns_swarmpy。

```
sns.swarmplot(x='species', y='petal_width', data=df, hue='species', size=4)
plt.xlabel(' 种类 ')
plt.ylabel(' 花瓣宽度 ')
```

代码的执行结果如图 12-69 所示。

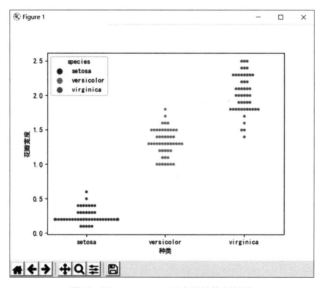

图12-69　swarmplot()方法的执行结果

pairplot() 方法可以展示特征的二元关系，将两个变量之间的关系以散点图形式展示出来。代码如下所示，源代码见 code\12\sns_pair.py。

```
1  ......
2  filename = os.path.join(curpath, 'data','tips.csv')
3  plt.rcParams['font.sans-serif'] = ['SimHei'] # 显示中文
4  df=pd.read_csv(filename)
5  sns.pairplot(df,hue="sex")
6  plt.show()
```

其中，第 5 行指 total_bill、tip、size 数值列两两之间的关系，并对 sex 列进行分组。代码的执行结果如图 12-70 所示。

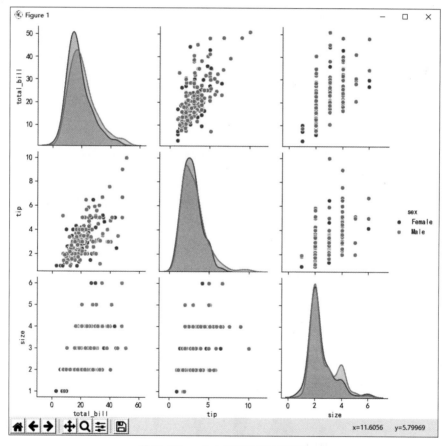

图12-70　pairplot()方法的执行结果

用 boxplot() 方法生成一张箱形图。代码如下所示，源代码见 code\12\sns_box.py。

```
sns.boxplot(x = "size", y = "total_bill", data = df)
```

代码的执行结果如图 12-71 所示。

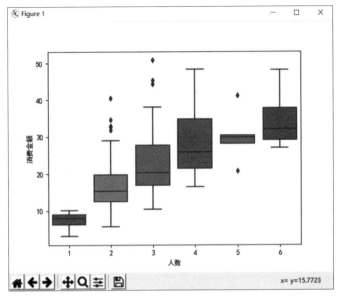

图12-71　boxplot()方法的执行结果

用 violinplot() 方法生成一张小提琴图。代码如下所示，源代码见 code\12\sns_violin.py。

```
1   sns.violinplot(x = "size", y = "total_bill", data = df)
2   plt.xlabel(' 人数 ')
3   plt.ylabel(' 消费金额 ')
```

代码的执行结果如图 12-72 所示。

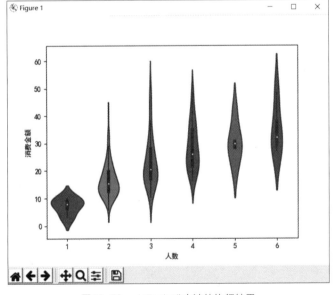

图12-72　violinplot()方法的执行结果

12.4 实战案例——词云

在海量数据中提取有价值的信息，使用词云是一种有效的方法，它可以突出显示关键词。用 Python 制作词云很简单，一般写几行代码就可以搞定，主要使用的库有 jieba（一种分割中文文本的分词库）库和 wordcloud 库。

12.4.1 jieba库

jieba 是目前最好的 Python 中文分词库之一，它支持 3 种分词模式：精确模式、全模式、搜索引擎模式。

jieba.cut() 方法接受两个输入参数，第一个参数为需要分词的字符串，第二个参数 cut_all 用来控制是否采用全模式。返回一个列表。

jieba.lcut() 方法接受两个输入参数，第一个参数为需要分词的字符串，第二个参数 cut_all 用来控制是否采用全模式。返回一个生成器。该方法与 jieba.cut() 方法返回切割的词是一致的。

jieba.cut_for_search() 方法接受一个参数，参数为需要分词的字符串，该方法适用于搜索引擎构建倒排索引的分词，粒度比较细。

从结果上看，全模式将所有词语分割出来，但会分割出不需要的词语。制作词云常使用精确模式。搜索引擎常使用搜索引擎模式，将句子切割成若干个关键词。

下列代码演示这 3 种模式的区别，源代码见 code\12\jieba_1.py。

```
1  import jieba
2  #全模式，cut()方法返回列表
3  seg_list = jieba.cut("南京市长江大桥欢迎你。", cut_all=True)
4  print(type(seg_list),seg_list)
5  #精确模式,lcut()方法返回生成器
6  seg_list1 = jieba.lcut("南京市长江大桥欢迎你。", cut_all=False)
7  print(type(seg_list1),seg_list1)
8  #搜索引擎模式
9  seg_list2 = jieba.cut_for_search("南京市长江大桥欢迎你。")
10 print(type(seg_list2),seg_list2)
11 print("全模式:" + "/ ".join(seg_list))
12 print("精确模式:" + "/ ".join(seg_list1))
13 print("搜索引擎模式:" + "/ ".join(seg_list2))
```

代码的执行结果如下所示。

```
<class 'list'> ['南京市', '长江大桥', '欢迎', '你', '。']
<class 'generator'> <generator object Tokenizer.cut_for_search at 0x000002E04D1C43C0>
全模式：南京 / 南京市 / 京市 / 市长 / 长江 / 长江大桥 / 大桥 / 欢迎 / 你 / 。
精确模式：南京市 / 长江大桥 / 欢迎 / 你 / 。
搜索引擎模式：南京 / 京市 / 南京市 / 长江 / 大桥 / 长江大桥 / 欢迎 / 你 / 。
```

12.4.2 wordcloud库

wordcloud 库是优秀的词云展示第三方库，主要功能是将文本词汇和视频以图片展示。直

观形象地反映词汇在所有文章中的比重，如人物标签、评论区情绪等，通过图形可视化的方式，更加直观和艺术地展示文本。

词云生成主要使用了 wordcloud 库中的 WordCloud 类，可以根据文本中词语出现的频率等参数绘制词云，词云的形状、尺寸和颜色均可设定。

以 WordCloud 类为基础，配置参数、加载文本、输出文件的语法格式如下。

```
class wordcloud.WordCloud(font_path=None, width=400, height=200, margin=2,
mask=None, scale=1, color_func=None, max_words=200, min_font_size=4, stopwords=
None, random_state=None,background_color='black', max_font_size=None, font_step=1,
mode='RGB')
```

WordCloud 类常用的参数如表 12-6 所示。

表 12-6   WordCloud 类常用参数表

参数名称	含义
font_path	字体路径或字体名称
width	输出的画布宽度，默认为 400 像素。height 指输出的画布高度，默认为 200 像素
mask	如果为空，以默认的宽和高绘制。如果非空，设置的宽高值将被忽略，遮罩形状被具体的 mask 取代。除全白（#FFFFFF）的部分将不会绘制，其余部分会用于绘制词云。比如用 Pillow 读取某张图片，转换成 Numpy 的 array 格式，并将其设置为 mask（遮罩）。除图片全白的部分将不会被绘制，其余部分会用于绘制词云
scale	按照比例放大画布，默认为 1。如设置为 1.5，则长和宽都是原来画布的 1.5 倍
min_font_size	显示的最小的字体，默认为 4
max_font_size	显示的最大的字体
max_words	要显示词的最大数，默认为 200
stopwords	需要停用的词，如果为空，则使用内置的 STOPWORDS 停用库
background_color	背景颜色，默认为黑色（black）。如 background_color='white'，背景颜色为白色
mode	默认为 RGB，当参数为 RGBA 并且 background_color 不为空时，背景为透明
color_func	生成新颜色的函数

wordcloud 库如何将文本转化为词云呢？

（1）分隔，以空格分隔单词，如果是中文，使用 jieba 分词库切割。

（2）统计，计算单词出现的次数并过滤。

（3）字体，根据统计配置字号。

（4）布局，设置颜色环境尺寸。

接下来，一起进行代码编写，通过 3 步来演示词云效果。

（1）准备分词文件和背景图片。

在网上复制一些关于美好爱情的语句，粘贴到文本文件，命名为 7xi.txt。然后找一个好的背景，比如心形图案，要求背景图片为白色或透明，格式为 png。

（2）词云效果。

可以通过下列代码实现一个词云效果，源代码见 code\12\wordcloud_1.py。

```
1  from wordcloud import WordCloud, STOPWORDS,ImageColorGenerator
2  import jieba
3  import numpy as np
4  from PIL import  Image
5  import matplotlib.pyplot as plt
6  import os
7  curpath = os.path.dirname(__file__)
8  filename = os.path.join(curpath, '7xi.txt')
9  backimg = os.path.join(curpath, 'back3.png')
10 savefilename = os.path.join(curpath, 'wordcloud.png')
11 #设置模板
12 backgroud_Image=np.array(Image.open(backimg))
13 #创建对象
14 wcd=WordCloud(background_color='white',width=400,height=200,font_path=
'simhei.ttf',mask=backgroud_Image,max_font_size=100,min_font_size=10,scale=1.5)
15 text=open(filename,'r',encoding='utf-8').read()
16 #对读取的文件进行分词
17 text=" ".join(jieba.lcut(text))
18 #生成词云
19 wcd.generate(text)
20 #保存图片
21 wcd.to_file(savefilename)
```

其中，第 12 行读取背景文件并转化为 np.array 格式，第 14 行创建一个 WordCloud 对象，并设置一系列参数，第 17 行对文本文件进行分词。代码执行后，生成默认词云 wordcloud.png 文件，如图 12-73 所示。

（3）美化词云效果。

默认词云采用的颜色以蓝绿冷色调偏多，这里更换为用暖色调颜色来显示。源代码见 code\12\wordcloud_1.py。

```
1  image_colors = ImageColorGenerator(backgroud_Image)
2  wcd.recolor(color_func=image_colors)
3  #保存图片
4  wcd.to_file(savefilename)
```

其中，第 1、2 行指基于彩色图像的颜色生成器，根据背景图片生成颜色对象，并对 wordcloud 对象进行颜色的重置。代码执行后，生成美化后的词云，文件内容如图 12-74 所示。

除此之外，词云还可以显示在 Matplotlib 的窗口中，只需要增加以下代码即可。

```
plt.imshow(wcd)
plt.axis('off') #关闭坐标轴
plt.show()
```

请读者自行测试验证。

图12-73　默认词云

图12-74　美化词云

12.5　实战案例——二手房信息的可视化分析实战

成都有令人垂涎欲滴的美食，有风格清新的充满文艺气息的小巷，在这里拥有一套房子，是一件惬意的事。今天和大家一起，通过某家网站上的二手房信息来分析成都房价，看能不能找到满意的房子。

本例目标：分析某家网站上成都的二手房信息，通过具体的项目来提高使用 Python 进行数据分析及数据可视化的能力。

最终效果：通过各种图表分析成都二手房价格。

技术点：Pandas 库、Matplotlib 库、Seaborn 库的用法。

12.5.1　数据了解

二手房数据见 code\12\lianjia\lianjia_all.csv，文件内容如图 12-75 所示。本数据仅供学习之用。

小区	经纬度	所在区域	总价	单价	关注	建立时间	房屋户型	所在楼层	建筑面积	户型结构	套内面积	建筑类型	房屋朝向	建筑结构	装修情况	梯户比例	配备电梯
长顺上街98号	青羊		118	21016元/平	10	中楼层/共	2室1厅1厨1卫	中楼层 (共7层)	56.15㎡	平层	暂无数据	板楼	东南	砖混结构	简装	一梯三户	无
欣茂大峰景	新都		91	12209元/平	75	中楼层/共	2室1厅1厨1卫	中楼层 (共27层)	74.54㎡	平层	暂无数据	板塔结合	北	钢混结构	简装		有
汇景樱桃季	武侯		66	12742元/平	70	中楼层/共	1室1厅1厨1卫	中楼层 (共9层)	51.8㎡	平层	暂无数据	板塔结合	南	钢混结构	精装	三梯二十户	有
世豪嘉柏	武侯		170	19006元/平	16	高楼层/共	3室1厅1厨2卫	高楼层 (共20层)	89.45㎡	平层	暂无数据	板塔结合	西北	框架结构	精装	两梯六户	有
蓝光幸福满庭	郫都		112	15115元/平	140	低楼层/共	2室1厅1厨1卫	低楼层 (共26层)	74.1㎡	平层	暂无数据	板塔结合	西北	框架结构	精装	两梯四户	有
和信孔雀天成	温江		101.5	12728元/平	48	低楼层/共	2室1厅1厨1卫	低楼层 (共31层)	79.75㎡	平层	64.77㎡	暂无数据	东	钢混结构	精装	三梯六户	有
恒大名都	天府新区		92.5	18213元/平	60	高楼层/共	2室1厅1厨1卫	高楼层 (共31层)	50.79㎡	平层	暂无数据	塔楼	东	钢混结构	精装	两梯六户	有
蓝光SOFA社区	青羊		129.6	18198元/平	107	高楼层/共	2室1厅1厨1卫	高楼层 (共20层)	71.22㎡	平层	56.88㎡	塔楼	西	钢混结构	精装	两梯八户	有
沙湾东二路4号	金牛		92	10851元/平	51	中楼层/共	3室1厅1厨1卫	中楼层 (共7层)	84.79㎡	平层	暂无数据	板楼	西南	砖混结构	简装	一梯两户	无
江南房子	温江		217	13742元/平	80	中楼层/共	4室2厅1厨3卫	中楼层 (共4层)	157.92㎡	跃层	暂无数据	板楼	东南	钢混结构	精装	一梯两户	有
蓝光富丽城	金牛		116	14092元/平	86	高楼层/共	2室1厅1厨1卫	高楼层 (共18层)	82.32㎡	平层	70.25㎡	塔楼	东	钢混结构	精装	两梯八户	有
保利心语花园二期	高新		306	30271元/平	76	中楼层/共	3室2厅1厨1卫	中楼层 (共32层)	101.09㎡	平层	暂无数据	板塔结合	东	钢混结构	简装	两梯四户	有
龙湖源著东区	金牛		228	19827元/平	3	低楼层/共	3室1厅1厨2卫	低楼层 (共16层)	115㎡	平层	暂无数据	板塔结合	东南	钢混结构	毛坯	一梯两户	有
八二一小区	新都		50	7364元/平	14	中楼层/共	2室1厅1厨1卫	中楼层 (共7层)	67.9㎡	平层	暂无数据	板楼	东南	未知结构	毛坯	一梯两户	无
华宇西城雅郡	金牛		111.8	15958元/平	41	中楼层/共	3室1厅1厨1卫	中楼层 (共18层)	70.06㎡	平层	暂无数据	板塔结合	东南	钢混结构	简装	两梯四户	有
世纪光华	温江		82	9227元/平	5	低楼层/共	2室2厅1厨1卫	低楼层 (共18层)	88.87㎡	平层	暂无数据	塔楼	东南	砖混结构	简装	两梯四户	有
华邑阳光里	郫都		113	15984元/平	7	中楼层/共	2室1厅1厨1卫	中楼层 (共30层)	70.7㎡	平层	暂无数据	塔楼	东北	钢混结构	精装	两梯六户	有

图12-75　二手房数据

下列代码演示对数据的描述，源代码见 code\12\lianjia\lianjie_info.py。

```
 1  import os
 2  import pandas as pd
 3  curpath = os.path.dirname(__file__)
 4  filename = os.path.join(curpath,'lianjia_all.csv')
 5  df=pd.read_csv(filename)
 6  # 显示所有列
 7  pd.set_option('display.max_columns', None)
 8  print(df.head())
 9  print(df.info())
10  print(df.describe())
```

代码的执行结果如图 12-76 所示。

图12-76　数据描述（1）

通过图 12-76 ~ 图 12-78 可以看到数据有 2459 行、38 个特征，其中 7 个为数值型特征，31 个为 object 特征。单价、建筑面积、楼层作为重要变量，需要转换为数值型特征。虽然该数据文件的一些数据项缺失值比较多，但这些缺失值大多是次要的，不影响分析。

图12-77　数据描述（2）

	经纬度	总价	单价	关注	所在楼层	建筑面积 \
count	0.0	2459.000000	2459.000000	2459.000000	2459.000000	2459.000000
mean	NaN	140.495701	16232.725092	60.237088	23.152908	86.468577
std	NaN	65.753973	5493.306270	67.355332	9.988409	25.113304
min	NaN	14.000000	3590.000000	0.000000	1.000000	25.630000
25%	NaN	97.000000	12491.500000	21.000000	17.000000	71.500000
50%	NaN	129.000000	15385.000000	40.000000	24.000000	84.950000
75%	NaN	165.000000	18997.500000	74.000000	32.000000	95.480000
max	NaN	760.000000	54017.000000	913.000000	55.000000	479.020000

图12-78　数据描述（3）

12.5.2　数据预处理

由于各种原因，样本数据或多或少存在着数据缺失、格式不统一等问题，比如单价和建筑面积都带有计量单位，需要去除。另外，少量配备电梯数据有缺失值，可使用以下规则进行处理：大于 6 层为有电梯，小于 6 层为无电梯。

可以通过下列代码进行数据预处理，源代码见 code\12\lianjie\lianjie_check.py。

```
1  import os
2  import pandas as pd
3  curpath = os.path.dirname(__file__)
4  filename = os.path.join(curpath,'lianjia_all.csv')
5  savefilename = os.path.join(curpath,'lianjia_all_check.csv')
6  df=pd.read_csv(filename)
7  def elevator(x):
8      if x.配备电梯=='暂无数据':
9          if x.所在楼层>6:
10             return '有'
11         else:
12             return '无'
13     return x.配备电梯              # 正常的，不处理
14 df.drop('url',axis=1,inplace=True) # 删除 url 列
15 df['单价']=df['单价'].apply(lambda x :x.replace('元 / 平方米','')) # 去除单位
16 df['建筑面积']=df['建筑面积'].apply(lambda x:x.replace('㎡',''))# 去除单位
17 df['所在楼层']=df['所在楼层'].str.extract('(\d+)') #
18 df['所在楼层']=pd.to_numeric(df['所在楼层'])
19 df['配备电梯']=df.apply(elevator,axis=1)
20 df.to_csv(savefilename,index=False,encoding='utf_8_sig')
```

其中，第 14 行删除了 url 列，第 15 行去除单价数据中的"元 / 平方米"，第 16 行去除建筑面积数据中的"平方米"，第 17、18 行取出所在楼层中的数值并进行类型转化，第 19 行调用 elevator() 函数，该函数在第 7 ~ 13 行进行定义。代码的执行结果如图 12-79 所示。

	A	B	C	D	E	F	G	H	I	J	K	L
1	小区	经纬度	所在区域	总价	单价	关注	建立时	房屋户型	所在楼层	建筑面积	户型结构	套内面积
2	长顺上街98号		青羊	118	21016	10		中楼层/2室1厅1厨1卫	7	56.15	平层	暂无数据
3	欣茂大峰景		新都	91	12209	75		中楼层/2室2厅1厨1卫	27	74.54	平层	暂无数据
4	汇景樱桃季		武侯	66	12742	70		中楼层/1室1厅1厨1卫	0	51.8	平层	暂无数据
5	世豪嘉柏		武侯	170	19006	16		高楼层/3室1厅1厨1卫	20	89.45	平层	暂无数据
6	蓝光幸福满庭		郫都	112	15115	140		低楼层/3室1厅1厨1卫	26	74.1	平层	暂无数据
7	和信孔雀天成		温江	101.5	12728	48		低楼层/2室1厅1厨1卫	33	79.75	平层	64.77㎡
8	恒大名都		天府新区	92.5	18213	60		低楼层/1室1厅1厨1卫	31	50.79	平层	暂无数据
9	蓝光SOFA社区		青羊	129.6	18198	107		高楼层/2室1厅1厨1卫	20	71.22	平层	56.88㎡
10	沙湾东二路4号		金牛	92	10851	51		中楼层/2室1厅1厨1卫	7	84.79	平层	暂无数据
11	江南房子		温江	217	13742	80		中楼层/4室2厅1厨3卫	4	157.92	跃层	暂无数据
12	蓝光富丽城		金牛	116	14092	86		高楼层/2室2厅1厨1卫	18	82.32	平层	70.25㎡
13	保利心语花园二期		高新	306	30271	76		中楼层/3室2厅1厨2卫	32	101.09	平层	暂无数据
14	龙湖源著东区		金牛	228	19827	3		低楼层/3室2厅1厨2卫	16	115	平层	暂无数据
15	八二一小区		新都	50	7364			低楼层/2室1厅1厨1卫	7	67.9	平层	67.9㎡

图12-79 数据预处理后的结果示意

12.5.3 数据可视化

对数据预处理后，就从所在区域、房价、户型、房屋朝向、装修情况、建筑面积等维度进行二手房数据的可视化。

（1）区域与房价的关系。

对成都各个区域进行分组，对比各区域二手房的均价和数量。

下列代码演示房价信息中均价与数量的分析，源代码见 code\12\lianjia\data_analysis_price.py。

```
1  …
2  fig = plt.figure(figsize=(8,6))
3  ax1 = fig.add_subplot(2,1,1)
4  df_mean=df['单价'].groupby(df['所在区']).mean().sort_values(ascending=False)
5  df_mean.plot(kind='bar',ax=ax1,color=['r','g','b','y','c','m'],alpha=0.5)
6  # 修改 x 轴的字体大小
7  ax1.set_title('成都各地区二手房均价',fontsize=15)
8  ax1.set_xlabel('所在区域',fontsize=10,rotation='horizontal')
9  # 修改 y 轴的字体大小
10 ax1.set_ylabel('均价 / 元·m⁻²)',fontsize=10)
11 ax2 = fig.add_subplot(2,1,2)
12 sns.countplot(x='所在区域',data=df,order=df['所在区域'].value_counts()
[:15].index,ax=ax2)
13 ax2.set_title('成都各地区二手房数量',fontsize=15)
14 ax2.set_xlabel('地区',fontsize=10)
15 ax2.set_ylabel('数量',fontsize=10)
16 plt.tight_layout()
17 plt.show()
```

其中，第 4 行指数据按照所在区域分组后，对单价求均值并降序排列，第 5 行使用 DataFrame 的 plot() 方法绘制一张柱形图，第 12 行统计各区域的二手房数量。代码的执行结果如图 12-80 所示。

从图 12-80 中可以看出高新、锦江、青羊的二手房均价最高，均超过 2 万元 /m²，其他区域均价则均低于 2 万 /m²。

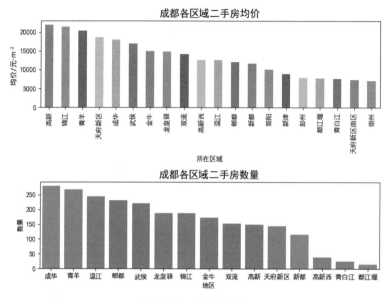

图12-80　均价和数量

可以通过箱形图查看成都各区域二手房的总价分布情况，源代码见 code\12\lianjia\data_analysis_price_box.py。

```
1  fig = plt.figure(figsize=(8,6))
2  ax1 = fig.add_subplot(1,1,1)
3  sns.boxplot(x=' 所在区域 ', y=' 总价 ', data=df, ax=ax1)
4  ax1.set_title(' 成都各区二手房总价分布 ',fontsize=20)
5  ax1.set_xlabel(' 区域 ')
6  ax1.set_ylabel(' 总价 ')
7  plt.tight_layout()
8  plt.show()
```

其中，第 3 行绘制一张所在区域和总价的箱形图。代码的执行结果如图 12-81 所示。

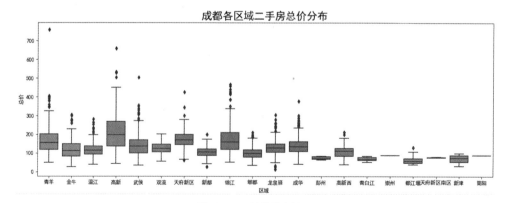

图12-81　总价分布情况

从箱形图中可以看到，各区二手房总价的中位数大致在 200 万以内，其中青羊、高新、锦江的总价离散程度较高。

（2）单价最高的 Top20。

下列代码演示如何展示单价 Top20 的房源，源代码见 code\12\lianjia\data_analysis_top20.py。

```
1  ......
2  fig = plt.figure()
3  ax1 = fig.add_subplot(1,1,1)
4  df_top=df.sort_values(by='单价',ascending=False)
5  df_top=df_top[0:20]
6  sns.barplot(x='单价',y='小区',data=df_top,ax=ax1)
7  ax1.set_title('成都二手房单价Top20',fontsize=15)
8  ax1.set_xlabel('单价',fontsize=10)
9  ax1.set_ylabel('小区',fontsize=10)
10 plt.show()
```

其中，第 4 ~ 6 行指根据单价对二手房进行降序排列，取出 Top20，绘制条形图。代码的执行结果如图 12-82 所示。

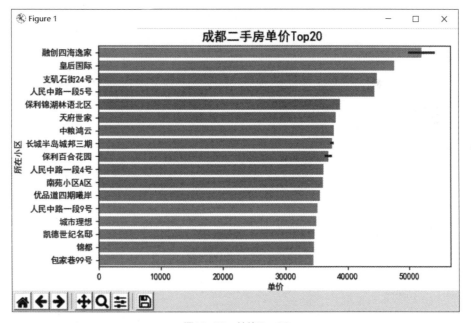

图12-82　单价Top20

从图 12-82 中可以看出，单价 Top20 的房源，单价都超过 3 万。

（3）户型分析。

下列代码演示对户型的分析，源代码见 code\12\lianjia\data_analysis_top20.py。

```
1   ...
2   plt.figure(figsize=(15,15))
3   sns.countplot(y='房屋户型',data=df,order=df['房屋户型'].value_counts().index)
4   plt.title('房屋户型',fontsize=15)
5   plt.xlabel('数量')
6   plt.ylabel('户型')
7   plt.show()
```

其中，第3行统计各个房屋户型的二手房数量，并按照数量降序排列。代码的执行结果如图12-83所示。

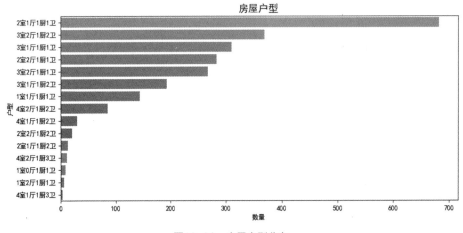

图12-83　房屋户型分布

从图中可以看出，房屋户型中最多的是2室1厅1厨1卫，紧接着就是3室2厅1厨2卫和3室1厅1厨1卫。

还可以通过是否配备电梯来分析房源数量，源代码见 code\12\lianjia\data_analysis_elevator.py。

```
1   ...
2   fig = plt.figure()
3   ax1 = fig.add_subplot(1,2,1)
4   sns.countplot(x='配备电梯',data=df,ax=ax1)
5   ax2 = fig.add_subplot(1,2,2)
6   sns.barplot(x='配备电梯',y='单价',data=df,ax=ax2)
7   plt.show()
```

代码的执行结果如图12-84所示。

从图中可以看出，越来越多的房屋配备了电梯，说明有电梯的房屋更受欢迎，配备电梯的房屋价格远远高于没有电梯的房屋价格。

（4）建筑面积特征分析。

每个人都想买大面积、低价格的房屋，因此面积特征是一个比较重要的分析维度。

下列代码演示建筑面积特征的分布，源代码见 code\12\lianjia\data_analysis_area.py。

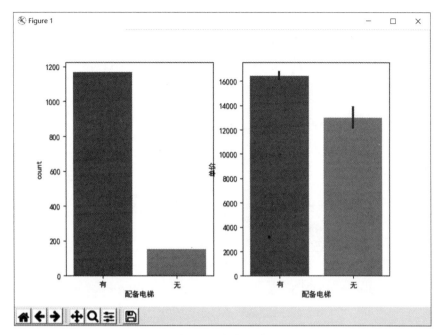

图12-84　电梯配备情况

```
1  ...
2  #房型
3  fig = plt.figure()
4  ax1 = fig.add_subplot(2,1,1)
5  sns.distplot(df['建筑面积'],bins=15,ax=ax1)
6  ax1.set_title('不同面积大小的二手房分布密度',fontsize=15)
7  ax1.set_xlabel('建筑面积',fontsize=10)
8  ax1.set_ylabel('',fontsize=10)
9  ax2 = fig.add_subplot(2,1,2)
10 sns.regplot(x='建筑面积',y='总价',data=df,ax=ax2)
11 ax2.set_title('不同面积大小的二手房散点图',fontsize=15)
12 ax2.set_xlabel('建筑面积',fontsize=10)
13 ax2.set_ylabel('总价',fontsize=10)
14 plt.tight_layout()
15 plt.show()
```

其中，第 5 行指绘制建筑面积的正态分布图，第 10 行指绘制建筑面积和总价的散点图。代码的执行结果如图 12-85 所示。

从图中可以看出，建筑面积大部分在 $110m^2$ 左右，面积和总价呈现线性关系，即面积越大总价越高，符合实际情况。

（5）装修情况特征分析。

装修的好坏直接影响价格，装修特征是一个比较重要的分析维度。

下列代码生成装修情况的特征分布，源代码见 code\12\lianjia\data_analysis_zhuangxiu.py。

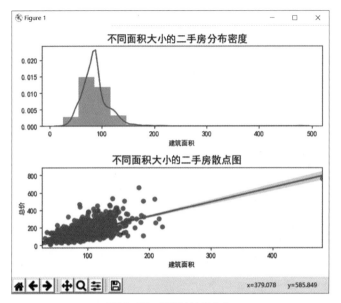

图12-85　面积的特征分布

```
1  fig = plt.figure()
2  ax1 = fig.add_subplot(1,2,1)
3  sns.countplot(x='装修情况',data=df,ax=ax1)
4  ax2 = fig.add_subplot(1,2,2)
5  sns.barplot(x='装修情况',y='单价',data=df,ax=ax2)
6  plt.show()
```

代码的执行结果如图 12-86 所示。

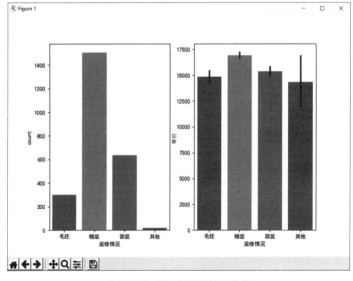

图12-86　装修情况的特征分布

从图 12-86 中可以看出，二手房绝大多数都是精装或简装。从单价来看，毛坯房价格只稍低于简装价格，也许是因为很多人喜欢按照自己的风格重新装修。

（6）朝向特征分析。

购买房屋时朝向的选择通常以朝南最佳，朝东西次之，朝北最次。

下列代码生成朝向的特征分布，源代码见 code\12\lianjia\data_analysis_direction.py。

```
1  fig = plt.figure()
2  ax1 = fig.add_subplot(1,2,1)
3  sns.countplot(y='房屋朝向',data=df,ax=ax1,order=df['房屋朝向'].value_counts()
[:15].index)
4  ax2 = fig.add_subplot(1,2,2)
5  df=df.groupby(['房屋朝向'],as_index=False).mean()
6  df=df.sort_values(by='单价',ascending=False)
7  df=df[:20]
8  sns.barplot(y='房屋朝向',x='均价',data=df,ax=ax2)
9  plt.show()
```

其中，第 3 行生成一张柱形图，获取每个房屋朝向类别的二手房有多少套，第 5 行获取各房屋朝向二手房的均价，as_index=False 参数用来重置索引，否则在后续代码中无法使用"房屋朝向"列，第 6 行对这些均价进行降序排列。代码的执行结果如图 12-87 所示。

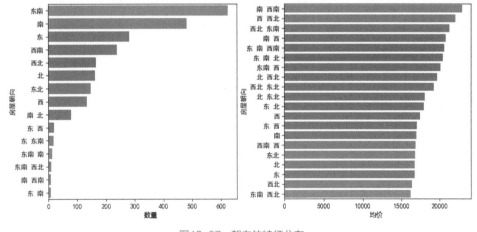

图12-87 朝向的特征分布

从图 12-87 中可以看到，朝向为西南、东南、南的房源，无论是数量还是单价，都要比其他朝向的高一些。

二手房信息的数据可视化分析还有很多的不足，比如房屋特征的关联分析做得还不够。读者可以在这个基础上，继续展开分析。

12.6 使用ChatGPT做数据分析

可使用 ChatGPT 技术对二手房市场进行深入的数据分析。通过综合考虑房价、户型、房屋朝向、装修状况、建筑面积、是否配备电梯以及关注程度等要素，可得出关于市场趋势和潜在规律的结论。这些要素之间存在着复杂的关系，它们综合影响着房价。通过做数据分析，不仅可以帮助购房者更全面地了解市场信息，也可以帮助房地产从业者更好地理解市场动态，从而做出更明智的决策。

接下来从房价、户型、房屋朝向、装修情况、建筑面积、是否配备电梯、关注程度等维度，通过 ChatGPT 进行二手房的数据可视化分析。

具体的操作步骤如下。

（1）结合实际情况分析需求。

以 E:\book\code\12\12.6\lianjia_all_check.csv 文件为例，文件内容如图 12-88 所示。

小区	经纬度	所在区域	总价	单价	关注	建立时间	房屋户型	所在楼层	建筑面积	户型结构	套内面积	建筑类型	房屋朝向	建筑结构	装修情况	梯户比例	配备电梯
金阳伦教西区		青羊	760	15866	356	联排/共1层5室3厅1厨		1	479.02		467.56㎡		东南	钢混结构	毛坯		
菁华园		金牛	209	9478	100	高楼层/共5室3厅1厨		6	220.53	跃层	203.83㎡	板塔结合	东南	砖混结构	精装	一梯两户	有
菁华园		金牛	300	13919	37	低楼层/共5室3厅1厨		6	215.54	跃层	暂无数据	板楼	东南	砖混结构	精装	一梯两户	有
边城香格里		温江	255	12143	97	低楼层/共5室3厅1厨		8	210	平层	187㎡	板塔结合	南	钢混结构	精装	一梯两户	有
龙湖世纪峰景		高新	530	25492	282	高楼层/共5室2厅1厨		45	207.91	平层	暂无数据	板楼	东南	钢混结构	精装	两梯三户	有
tt尚品		青羊	325	17004	120	高楼层/共15室2厅1厨		18	191.14	跃层	暂无数据	塔楼	北	钢混结构	精装	两梯四户	有
西派城D区		武侯	505.1	26585	80	中楼层/共14室2厅1厨		14	暂无数据	跃层	暂无数据	板塔结合	南	钢混结构	精装	两梯四户	有
新街34号		双流	106	5581	31	高楼层/共14室2厅1厨		11	189.94	跃层	暂无数据	板塔结合	东	框架结构	毛坯	两梯八户	有
恒大天府半岛二期		天府新区	343	18343	149	中楼层/共14室2厅1厨		18	187	平层	暂无数据	板塔结合	东北	钢混结构	毛坯	三梯六户	有
南苑国际社区		高新	259	13925	179	低楼层/共4室2厅1厨		34	186	平层	暂无数据	板塔结合	东	钢混结构	毛坯	三梯六户	有
南湖国际社区A区		高新	660	36066	128	高楼层/共4室2厅1厨		16	210	平层	暂无数据	板塔结合	南	钢混结构	简装	三梯六户	有
南湖国际社区		天府新区	300	16755	83	高楼层/共4室2厅1厨		33	179.06	平层	暂无数据	板塔结合	南	钢混结构	简装	三梯六户	有
保利公园198玫瑰郡		新都	200.25	11312	56	中楼层/共4室1厅1厨		24	177.04	平层	145.91㎡	塔楼	南	钢混结构	毛坯	两梯三户	有
戎盛苑		武侯	306	17736	93	低楼层/共4室2厅1厨		8	176	低楼层	暂无数据	板楼	东南	框架结构	毛坯	两梯三户	有
麓山印象		天府新区	267	15959	35	低楼层/共4室2厅1厨		9	167.31	平层	暂无数据	板楼	南	框架结构	简装		
中华园华苑		武侯	286	17118	425	中楼层/共4室2厅1厨		11	166.78	平层	暂无数据	板塔结合	南 北	钢混结构	精装	一梯五户	有
康河郡里三期		武侯	354	21436	57	中楼层/共13室2厅1厨		11	165.15	错层	144.22㎡	板塔结合	南	框架结构	精装	一梯两户	有
棠湖南路三段28号		双流	108	6549	10	中楼层/共4室2厅1厨		6	164.92	平层	暂无数据	板楼	南 北	砖混结构	简装	一梯一户	无
中德英伦联邦A区		高新	360	22069	59	高楼层/共4室2厅1厨		33	163.13	平层	暂无数据	板塔结合	西南	钢混结构	毛坯	一梯两户	有
珠江御景湾		温江	282	17299	44	中楼层/共4室2厅1厨		31	163.02	平层	暂无数据	板塔结合	南	钢混结构	精装	两梯四户	有
双楠府邸		武侯	241	14847	86	中楼层/共14室2厅1厨		11	162.33	平层	暂无数据	板楼	南	钢混结构	精装	一梯四户	有
蓝山美树		天府新区	280	17283	85	高楼层/共4室2厅1厨		5	162.01	平层	暂无数据	板塔结合	东	钢混结构	精装	一梯两户	无

图12-88　文件内容

对成都各个区域进行分组，根据"所在区域"的"单价"的平均值进行分组，并将分组结果进行降序排序。然后对比各地区二手房的均价。

（2）打开 ChatGPT，输入提示词，等待 ChatGPT 给出代码。

经过需求分析，我们可以用如下所示的提示词提问。

① 读取 E:\book\code\12\12.6\lianjia_all_check.csv 文件，列名为小区、经纬度、所在区域、总价、单价、关注、建立时间、房屋户型、所在楼层、建筑面积、户型结构、套内面积、建筑类型、房屋朝向、建筑结构、装修情况、梯户比例、配备电梯、产权年限、挂牌时间、交易权属、上次交易、房屋用途、房屋年限、产权所属、抵押信息、房本备件、交通出行、周边配套、税费解析、小区介绍、核心卖点、装修描述、售房详情、事宜人群、权属抵押、户型介绍、别墅类型。

② 根据"所在区域"的"单价"的平均值进行分组，并将分组结果进行降序排序。

③ 使用 pandas 库生成柱形图，其中"所在区域"作为柱形图的 x 轴。"平均单价"作为柱形图的 y 轴。标题为"成都各地区二手房均价"。中文问题使用 matplotlib.rcParams 方式统一解决。

将提示词输入 ChatGPT 中，如图 12-89 所示。

You

①读取E:\book\code\12\12.6\lianjia_all_check.csv文件，列名为小区、经纬度、所在区域、总价、单价、关注、建立时间、房屋户型、所在楼层、建筑面积、户型结构、套内面积、建筑类型、房屋朝向、建筑结构、装修情况、梯户比例、配备电梯、产权年限、挂牌时间、交易权属、上次交易、房屋用途、房屋年限、产权所属、抵押信息、房本备件、交通出行、周边配套、税费解析、小区介绍、核心卖点、装修描述、售房详情、事宜人群、权属抵押、户型介绍、别墅类型。

②根据"所在区域"的"单价"的平均值进行分组，并将分组结果进行降序排序。

③使用pandas库生成柱形图，其中"所在区域"作为柱形图的x轴。"平均单价"作为柱形图的y轴。标题为"成都各地区二手房均价"。中文问题使用matplotlib.rcParams方式统一解决。

图12-89 输入提示词

ChatGPT 会很快给出解决方案，部分代码如图 12-90 所示。

图12-90 ChatGPT给出解决方案

（3）复制代码，并将其粘贴到 VS Code 中。

将 ChatGPT 生成的代码复制到本地的 VS Code 编辑器环境中。源代码见 code\12\12.py。

```python
import pandas as pd
import matplotlib.pyplot as plt
import matplotlib

# 设置中文显示
matplotlib.rcParams['font.family'] = 'SimHei'

# 步骤1
file_path = r'E:\book\code\11\12.6\lianjia_all_check.csv'
data = pd.read_csv(file_path)

# 步骤2
average_price = data.groupby(' 所在区域 ')[' 单价 '].mean().reset_index(name=' 平均单价 ')
```

```
result = average_price.sort_values(by='平均单价', ascending=False)

# 步骤3
plt.figure(figsize=(12, 6))
result.plot(kind='bar', x='所在区域', y='平均单价', color='skyblue')
plt.xlabel('所在区域')
plt.ylabel('平均单价/元·m⁻²')
plt.title('成都各区域二手房均价')

plt.xticks(rotation=45, ha='right')
plt.show()
```

（4）检查运行结果，如果出错则修改代码。

在 VS Code 环境中执行 ChatGPT 给出的代码，没有出现错误，说明不需要修改。需要说明的是，ChatGPT 给出的示例中处理中文的代码效果不佳，因此可在提示词中进行说明：中文问题使用 matplotlib.rcParams 方式统一解决。

（5）检查结果。

经检查，生成的图表符合需求，实际效果如图 12-91 所示。

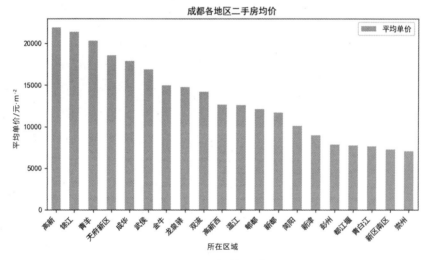

图12-91　生成的图表

对比手动编写的代码和使用 ChatGPT 生成的代码，可以学习到同一个问题的多种解决思路。此外 ChatGPT 还会给出如下提示。

在这个例子中，通过 `matplotlib.rcParams['font.family'] = 'SimHei'` 设置中文字体为宋体，这样可以确保中文正常显示。如果你的系统中没有 SimHei 字体，可以替换为其他支持中文的字体。